全国电力行业"十四五"规划教材
职业教育电力技术类项目制 新形态教材

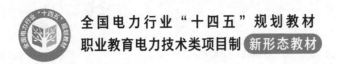

架空输电线路施工

JIAKONG SHUDIAN XIANLU SHIGONG

主 编 李 宏

副主编 侯 梁 孟应山 张秦文

中国电力出版社
CHINA ELECTRIC POWER PRESS

内 容 提 要

本书共分六个学习情境，主要阐述了架空输电线路工程中的典型施工工艺。主要内容包括杆塔基础施工、杆塔组立施工、张力架线施工、接地工程及线路防护设施施工、输电线路施工新技术新工艺以及基本技能训练等。本书能使读者熟悉输电线路施工工艺流程，掌握输电线路施工方法，了解输电线路施工的新技术新工艺等内容。

本书可作为普通高等职业院校输配电专业的教学用书，也可作为电力职业资格和岗位技能培训教材。

图书在版编目（CIP）数据

架空输电线路施工/李宏主编．—北京：中国电力出版社，2024.4（2024.7重印）
ISBN 978-7-5198-7486-5

Ⅰ.①架… Ⅱ.①李… Ⅲ.①架空线路-输电线路-架线施工 Ⅳ.①TM726.3

中国国家版本馆 CIP 数据核字（2023）第 024289 号

出版发行：中国电力出版社
地　　址：北京市东城区北京站西街 19 号（邮政编码 100005）
网　　址：http://www.cepp.sgcc.com.cn
责任编辑：张　旻　常丽燕
责任校对：黄　蓓　常燕昆
装帧设计：王英磊
责任印制：吴　迪

印　　刷：北京九天鸿程印刷有限责任公司
版　　次：2024 年 4 月第一版
印　　次：2024 年 7 月北京第二次印刷
开　　本：787 毫米×1092 毫米　16 开本
印　　张：21.5
字　　数：495 千字
定　　价：65.00 元

《架空输电线路施工》编委会

前　　言

本书是按照经济社会发展需要和技能人才培养规律，根据国家职业标准，以综合职业能力为培养目标，通过输配电专业的典型工作任务分析，构建课程内容体系，并以具体工作任务为学习载体，按照工作过程设计和安排教学活动。

全书共分六个学习情境，内容包括杆塔基础施工、杆塔组立施工、张力架线施工、接地工程及线路防护设施施工、输电线路施工新技术新工艺以及基本技能训练等。

本书体现了职业教育的性质、任务和培养目标；符合职业教育的课程教学基本要求和有关岗位资格及技术等级要求；具有思想性、科学性、先进性和适应性等特点；符合职业教育的特点和规律，具有明显的职业教育特色；符合国家有关部门颁发的技术质量标准。

本书由西安电力高等专科学校李宏担任主编，国网陕西送变电工程有限公司孟应山，西安电力高等专科学校侯梁、张秦文、张宇鑫、李博森、曹娟、井敬，国网青海送变电工程有限公司李相军、韩学文，国网青海省电力公司西宁供电公司朱国强参加了部分内容的编写，江西电力职业技术学院后丽群、国网技术学院李洋主审。本书在编写过程中还得到了许多同行的帮助和支持，在此一并表示衷心的感谢。

限于编者水平，书中难免有不妥之处，欢迎广大读者批评指正。

编者

2023 年 10 月

目　　录

杆塔基础施工

杆塔基础是用来稳固杆塔的重要组成元件。杆塔基础的作用是将杆塔、导线、地线等承受的自重荷载、风压荷载、覆冰荷载、施工安装荷载、线路运行中的不平衡张力及事故断线张力荷载等传递到大地，并将其承受的荷载传递给周围的地基土。杆塔基础是用来稳定杆塔所承受荷载的一种结构，它要承受这些荷载传递到杆塔基础所产生的上拔力、下压力和倾覆力。

【情境描述】

本情境包含六项任务，分别是：土石方工程施工、现浇钢筋混凝土基础施工、人工挖孔桩基础施工、装配式基础施工、钻孔灌注桩基础施工和岩石基础施工。本情境的核心知识点是几种常用杆塔基础的施工方法。

【情境目标】

通过本情境学习，应该达到的知识目标：掌握土石方工程施工的方法，掌握现浇钢筋混凝土基础、人工挖孔桩基础、装配式基础、钻孔灌注桩基础和岩石基础施工的方法及施工工艺；应达到的能力目标：组织并实施输电线路杆塔基础工程施工；应达到的态度目标：牢固树立输电线路工程杆塔基础施工过程中的安全风险防范意识，严格按照标准化作业流程进行施工。

任务一　土石方工程施工

任务描述

土石方工程是架空输电线路工程的五大工程（土石方工程、杆塔基础工程、杆塔组立工程、架线工程和接地工程）之一。土石方工程施工质量的优劣直接影响着杆塔基础工程和接地工程的施工质量。在杆塔基础工程和接地工程施工前，应先进行土石方工程施工。

本学习任务主要是完成土石方工程施工方案的编制，并实施土石方工程施工任务。

任务目标

了解土质的基本类型及特点，熟悉碎石、砂土、黏性土、人工填土等的野外鉴别方法；熟悉土石方工程的主要类型；掌握一般土坑、泥水坑、流砂坑、岩石基坑、掏挖（人工挖孔桩）基坑、接地沟的开挖及基坑回填的方法；明确施工前的准备工作、施工危险点及安全防范措施，并依据相关线路施工验收规范，编制并实施土石方工程施工方案。

任务准备

一、知识准备

（一）土壤力学基础知识

杆塔基础施工是在线路复测分坑之后，根据所钉的坑位桩放样进行基坑挖掘。基坑挖掘时应根据不同的土质采用不同的开挖方法。因此，需要了解土壤力学的基本知识。

1. 土壤的成分及力学性质

土壤是指地球表面的一层疏松的物质，由各种颗粒状矿物质、有机物质、水分、空气、微生物等组成。土壤大致分为黏性土、砂石类土和岩石三大类。黏性土可分为黏土、亚黏土、亚砂土三种。砂石类土可分为砂土和碎石。砂土又可分为砾砂、粗砂、中砂、细砂、粉砂。碎石又可分为大块碎石、卵石及砾石。岩石按其坚固程度可分为硬质岩石和软质岩石；按风化程度可分为微风化岩石、中等风化岩石和强风化岩石。岩石有泥灰岩、页岩和花岗岩。土壤分类和计算参数见表 1-1。

表 1-1　　　　　　　　　　　　土壤分类和计算参数表

土壤名称	土壤状态	计算容重 (t/m³)	计算上拔角 (°)	计算抗剪角 (°)	土抗力系数 (t/m²)	许可耐压力 (kPa)	内摩擦力 (N)	黏聚力 (kg/cm²)
黏土	坚硬	1.8	30	45	10.5	30	18	0.80
	硬塑	1.7	25	35	6.26	20~25	14	0.20
	可塑	1.6	20	30	4.80	15	14	0.20
	软塑	1.5	10~15	15~22	2.72~3.52	10	8~10	0.08
粉质黏土	坚硬	1.8	27	40	8.28	25	18	0.30
	硬塑	1.7	23	35	6.26	20	18	0.13
	可塑	1.6	19	28	4.43	15	18	0.13
	软塑	1.6	10~15	15~22	2.72~3.52	10	13~14	0.04
粉土	坚硬	1.8	27	40	8.26	25	26	0.15
	可塑	1.7	23	35	6.26	15~20	22	0.08
碎石土	—	2.0	32	40	9.20	30~50	—	—
砾砂、粗砂	任意湿度条件	1.8	30	37	7.20	35~45	40	—
中砂		1.7	28	35	6.26	25~35	38	—
细砂		1.6	26	32	5.22	15~30	36	—
微粉砂		1.5	22	25	2.69	10~25	34	—

2. 土壤的特性及野外鉴别方法

（1）碎石土的鉴别。碎石土可按以下方法鉴别：

1) 碎石土根据粒组含量及颗粒形状可分为漂石、块石、卵石、碎石、圆砾和角砾。其密实程度可据其可挖性、可钻性等野外鉴别方法确定。

2) 碎石土的粒径越大，含量越高，承载力就越高；骨架颗粒呈圆形且充填砂土者比骨架颗粒呈棱角形且充填黏土者承载力要高。

3) 碎石土没有黏性和塑性，强度高，压缩性低，透水性好，可作为良好的天然地基。

（2）砂土、黏性土的鉴别。砂土、黏性土鉴别方法见表 1-2。

表 1-2   砂土、黏性土鉴别方法

土壤名称	现场鉴别方法				
	在手掌中搓捻时的感觉	用放大镜看和用眼睛看的情况	土的情况		搓条情况
			干的情况	湿的情况	
砂土	感到是砂粒	看到绝大部分是砂粒	松散	无塑性	搓不成土条
黏性土	不感觉有砂粒	大多数砂是很细的粉末，一般没有砂粒	土块很坚硬，用锤可打成碎块	塑性大，黏结性很大，土团压成饼时不起裂缝	能搓成直径为 1mm 的长条

（3）人工填土的鉴别。由人类活动堆填形成的各类土称为人工填土。按组成和成因，人工填土可以分为素填土、杂填土和冲填土。

1) 素填土。由碎石、砂土、粉土、黏性土等组成的填土，称为素填土。这种人工填土不含杂物，经分层压实者统称为压实填土，可以作为天然地基，但应注意填土年限、密度、均匀性等，以防沉降过大。

2) 杂填土。含有建筑垃圾、工业废料、生活垃圾等杂物的填土，称为杂填土。这种人工填土成分复杂，性质不均匀。对以生活垃圾和腐蚀性工业废料为主要成分的杂填土，不宜作为建筑物地基。对以建筑垃圾和工业废料为主要成分的杂填土，经慎重处理后可以作为一般建筑物的地基。建筑垃圾回填的土经处理后，工程性质较好，承载力可达 400～500kPa，但生活垃圾回填的土则不行。

3) 冲填土。由水力冲填泥砂形成的沉积土称为冲填土。这种人工冲填土含水量较高，强度低，压缩性高，工程性质较差，不宜作为建筑物的天然地基。但对冲填时间长，排水固结较好的冲填土，也可作为一般建筑物的天然地基。

（二）输电线路工程中的土石方工程分类

（1）按照施工过程可分为平整场地、开挖土方（槽、坑、土方、山坡切土）、石方工程、土石方运输、土方回填、打夯、碾压等。

（2）按照开挖方式可分为人工开挖、机械开挖和爆破开挖土石方。

（3）按杆塔基础基坑所处土壤类型可分为一般土壤基坑开挖、泥水和流砂坑开挖、岩石基坑开挖、掏挖基坑开挖等。

（三）土石方工程施工

土石方工程施工前应按照施工图纸设计要求，熟悉杆塔基础和接地沟的形式及尺寸要求，检查杆塔基础及接地沟的土壤类型是否与设计相符。杆塔基础开挖是在施工现场找到杆塔中心桩，经过施工测量确定基坑位置，开始进行基坑开挖作业。

基坑开挖时，应保护好杆塔中心桩和复测时所钉的辅助桩。铁塔基础的坑深以设计给出的洞底标高为准，洞底标高以杆塔中心桩顶面为基准。易积水的杆塔位，应在基坑的外围修筑排水沟，防止雨水流入基坑造成坑壁坍塌。挖坑时如发现基坑土质与原设计不符，或者坑内发现天然溶洞、文物、管线等，应及时通知设计人员及有关部门研究处理。

1. 一般土坑的开挖

中小型杆塔基坑一般采用分层开挖的方式。开挖基坑时，宜从上到下依次进行，挖填土宜求平衡，尽量分散处理弃土。如果必须在坡顶或山腰大量弃土，为了满足环保的要求，应设置足够的保坎（即挡土墙）。弃土的堆放必须满足土堆不回流坑内、弃土不发生较大流失的要求，如图 1-1 所示。

基坑开挖时，坑口尺寸可按下述方法确定：坑口宽度＝基础底盘宽度＋2×施工裕度＋2×a，其中 a＝坑深×tan(土壤安定角)，如图 1-2 所示。

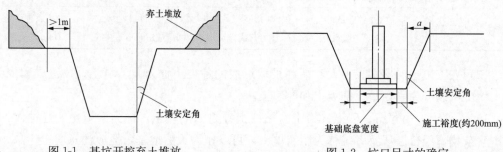

图 1-1　基坑开挖弃土堆放　　　　　图 1-2　坑口尺寸的确定

基坑开挖应减少破坏需要开挖以外的地面，并应注意保护自然植被。人工开挖基坑时，坑壁宜留有适当坡度，坡度的大小应视土质特性、地下水位和挖掘深度等确定。不同土壤对应的安全坡度系数见表 1-3。

表 1-3　　　　　　　　　　不同土壤对应的安全坡度系数

土壤分类	砂土、砾土	砂质黏土	坚土
安全坡度系数	0.50	0.25	0.15

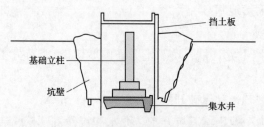

图 1-3　设置挡土板以防止坑壁坍塌

在开挖过程中，应随时注意土壤的变化。如果发现土壤湿度增大或者土质松散，应采取措施，或者增大坡度（或坑壁）加以支撑。基坑上方不准堆土，应在塔基外围低处堆放，并应有相应的防冲刷措施。

2. 泥水、流砂坑开挖

遇到泥水、流砂坑开挖时，通常需设置挡土板以防止坑壁坍塌，如图 1-3 所示。在基坑开挖过程中，当有地下水涌入基坑时，需进行排水。排水的方法是在基坑底设置数个集水井，用抽水机抽出积水以保证坑底施工要求。高地下水位基坑开挖排水如图 1-4 所示。

（1）对基坑较深、地下水位较高的泥水、流砂坑施工时，可采用井点排水法辅助施工，如图 1-5 所示。在基坑开挖时，使地下水位降至坑底以下，实现无水开挖作业。应合理确定井点设置的位置和深度，采取有效措施避免滤管淤塞，确保排水畅通。排水时间视施工情况而定，以能确保施工顺利进行为宜。

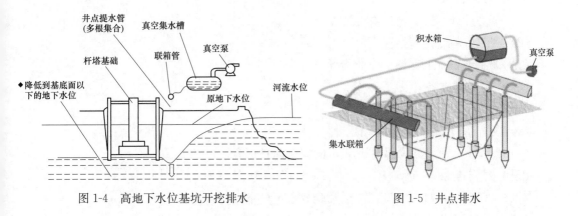

图 1-4　高地下水位基坑开挖排水　　　　　　图 1-5　井点排水

泥水、流砂坑开挖施工过程中，挖出的泥砂应放置在远离坑口 1m 以上的地方。对于不塌方且渗水速度较慢的水坑，可以采用人工排水、边挖边排的施工方法；对于流砂不是很严重的基坑，可以采用大开挖的方法扩大基坑开挖面直至能够掘进为止。在开挖施工过程中，对渗水速度较快或较大、较深的泥水、流砂坑，应采用机动水泵抽水。每挖一层土，先将坑内的一角挖一个槽，使水流入槽内，以便抽水。抽出的水使之流向远处，以免水倒流入坑内，同时对坑壁要适当增大边坡系数。

（2）对地下水较大的泥水坑或流砂较严重的基坑，在开挖时应采取下列措施：

1）当坑深超过 1.5m 时，须用挡土板支挡坑壁，挖掘过程中应注意挡土板有无变形及断裂现象。如发现断裂现象，应及时更换挡土板，更换挡土板时应先装后拆。

2）施工时应先在坑壁四周设水平横撑木，将板桩从撑木及坑壁间插下，边插边打。

3）板桩间距视土质而定，土质较好者为 1.0～1.5m，土质较差者为 0.3～0.5m。

4）横撑木垂直间距不大于 1m。

（3）对于流砂很严重的基坑，可采用混凝土护管的方法或者混凝土护管加井底抽水的方法，混凝土护管应在开工前先行预制。对于流砂特别严重的基坑，可选用沉井法施工，沉井的制作采用现场就地制作的方法。基坑开挖完成后，应采取措施隔离地下水，操作上应紧密衔接、互相配合，且操作速度要快。

3. 岩石基坑开挖

当线路基坑处于岩石地带时，可采用爆破方法进行挖掘。对于冻土坑也可采用爆破方法进行挖掘。参加爆破的人员必须经过专门训练，掌握有关爆破面的基本知识，熟悉爆破器材性质、性能和使用方法，掌握爆破工作的有关要求和注意事项，并取得合格证方能担任爆破工作。

岩石基坑开挖一般采用炸药爆破的方法施工，即用人力或机械的方法在岩石上打眼（一般称炮眼），装入炸药，爆破开挖。具体施工可分为选定炮眼位置、打炮眼、装填炸药、填塞炮泥及起爆几个工序。开挖过程中应保证岩石构造的整体性不被破坏。

二、施工准备

（一）技术准备

（1）审查设计图纸，熟悉有关资料。

（2）搜集资料，摸清情况。

（3）编制土石方工程施工作业指导书。

（二）工器具准备

（1）选用符合要求的测量仪器。

（2）配齐基坑开挖、回填用的工器具。

（3）配备上、下坑工具及作业人员的安全防护用具。

（三）材料准备

对进入现场的材料应按设计图纸及验收规范要求进行清点和检验。

（四）人员要求

参加施工作业的人员必须经培训合格并持证上岗；施工前必须熟悉施工图纸、作业指导书及施工工艺特殊要求。

三、施工危险点分析及安全措施

（一）危险点一：坑壁塌方伤人

（1）坑挖好后应进行支模工作，应采取可靠的防止塌方措施。

（2）土质松软处应设防塌板（板桩）。

（二）危险点二：高处坠物伤人

（1）施工中坑上严禁掉东西，以防止打伤坑内工作人员。

（2）施工工程应由专人指挥、检查，发现问题应及时处理。

（3）坑内不得休息。

（三）危险点三：掉入基坑摔伤

（1）下坑检查时，不应攀踩支木、顶木，以防踩掉摔伤。

（2）拆木模时，应防止钉子扎脚。

任务实施

一、实施前工作

（1）本任务标准化作业指导书的编写。指导学生（学员）完成土石方工程施工作业指导书的编写。

（2）工器具、材料及技术准备。具体包括：

1）配齐基坑开挖、回填用的各种工具。

2）选用适合工程使用的测量仪器，测量仪器和量具应在检测有效期内，使用前必须进行检查与校正。

3）配备上、下坑工具及作业人员的安全用具。

4）爆破施工时，爆破工作人员必须持证上岗，爆炸物品使用的审批手续必须齐全。

（3）办理施工相关手续。工作负责人按规定办理施工作业手续，得到批复后方可进行工作。

（4）召开班前会。

（5）布置工作任务。

（6）工作现场布置。根据作业现场情况合理布置、摆放工器具及材料。

二、实施工作

（一）一般土坑开挖施工

1. 基坑开挖

（1）人力挖掘时，按坑口放样位置，事先清除坑口附近的浮石等杂物，然后逐层进行。向坑外抛扔土石时，应防止土石回落伤人。对松软或潮湿且容易塌方的普通土，不得采用掏洞法挖掘，以防坑壁坍塌压伤人。

（2）坑底面积不超过 $2m^2$ 时，只允许一人挖掘；坑底面积超过 $2m^2$ 时，可由两人同时挖掘，但不得面对面作业。

（3）挖掘混凝土杆主坑或铁塔基坑时，由于挖好后要停留一段时间才能培土，坑壁应留有适当的安全坡度，坡度的大小与土质特性、地下水位、挖掘深度等因素有关。对拉线基坑，因挖好后停留时间短，安全坡度可适当减小。

（4）在挖掘基坑过程中，要随时观察土质情况，如发现有坍塌的可能，应采取放置挡土板或放宽坑口等措施。

（5）平地开挖基坑时常遇到地下水、地表水渗入，造成积水、浸水，进而影响施工的情况，因此必须做好地面截水、疏水及坑内抽水工作的准备。

（6）对积水的基坑，应在坑口周围修筑排水沟，以防雨水倒流入坑内，造成坑壁坍塌。

2. 基坑回填

基础拆模后应及时回填，回填时应清除坑内冰雪、积水、杂物等，且应对称回填。基坑回填，应分层夯实，每回填 300mm 厚度就夯实一次，夯实后的耐压力不应低于原状土的耐压力。对不宜夯实的水饱和黏性土，回填时可不夯，但应分层填实，密度要求为原状土的 70% 以上。所有需要回填的铁塔基坑，在其地平面以上 300mm 处应筑有自然坡度的防沉层。对于冻土及不易夯实的土壤，防沉层应高出地面 500mm。

3. 接地沟开挖

接地沟开挖以人力开挖为主，要根据放样开挖线及地貌条件、设计图纸要求的深度和宽度进行挖掘。接地沟开挖前，应根据设计图纸及现场地形、地貌进行接地沟放样，划出接地沟开挖线。如遇障碍物（如大块岩石等）可绕道避让，但不得改变接地装置形式及减小接地沟长度。开挖接地沟时，如遇地下管道、电缆等应进行避让。

接地装置应按设计图纸敷设，受地质地形条件限制时可做局部修改；在丘陵、山地等倾斜地形，接地体应避免顺山坡方向布置，宜沿等高线布置；两接地体间的平行距离不应小于5m。但无论修改与否，均应在施工质量验收记录中绘制接地装置敷设简图，原设计图形为环形者仍应呈环形。接地沟开挖的长度和深度应符合设计要求并不得有负偏差，接地沟中影响接地体与土壤接触的杂物应清除。

4. 接地沟回填

接地沟的回填宜选取未掺有石块及其他杂物的泥土并应夯实，回填后应筑有防沉层，其高度宜为100~300mm，工程移交时回填土不得低于地面。回填土不够时，不得在沟边取土。对易被雨水冲刷的接地沟表面应采取水泥砂浆护面或砌石灌浆等保护措施。

接地沟回填之前，必须确认接地沟的长度和深度符合设计要求。对于使用降阻剂的接地装置，应待降阻剂初凝后，先回填细土，再回填其他土壤并夯实。

（二）泥水、流砂坑开挖施工

（1）泥水坑的挖掘方法，应视地下水位的高低、渗水的速度、渗水量的大小而定。对渗水量小的水坑，可采用人工掏水的方法，一边掏水，一边挖掘，挖出的土应远离坑口堆放，以避免坑壁坍塌。对渗水量大的水坑，应采取安全技术措施。使用挡土板时，应经常检查有无变形或断裂现象。采用机械水泵排水时，应一边抽水，一边挖掘。坑壁安全坡度要适当放大，挖出的土要远离坑口2m以外堆放。排水时，每挖一层土应先将坑内的一角挖一小槽沟，使水流入小槽沟，以便排水；排出的水应使之流向远处，以免倒流入坑内。

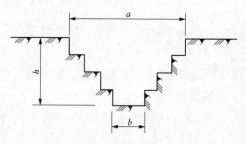

图1-6 阶梯式大开挖
a—坑口宽度；b—坑底宽度；h—坑深

（2）对坑深大于1.5m的泥水坑，一般采用阶梯式（即四周呈阶梯状）大开挖方法，如图1-6所示。挖出的土要堆在距离坑口2m以外的地方。在开挖过程中应及时排水，以减轻坑壁的坍塌压力。

（3）当遇到地下水位较高的淤泥层时，施工中应用抽水泵排水，同时在坑壁周围使用黄沙或草袋挡住淤泥不使其下塌。

（4）当挖掘遇到轻度流砂时，可能会出现因地下水流动而使流砂不断涌出的现象，对此宜采用大开挖的方法，扩大基坑开挖面。对于预制基础或装配式基础，应在施工之前做好一切准备。组织力量采取紧凑的方法进行施工，一边排水，一边下基础或浇制基础。采取突击连续作业的方法，在短时间内完成，以避免因长时间停留而造成塌方。

（5）对地下水很多或带有严重流砂的大型基坑，应使用挡土板支撑坑壁，采用真空泵抽水降低地下水位的方法进行挖掘。由于真空泵所需的设备和工具比较多，操作比较麻烦，属特殊施工，采用时应事先编写施工方案和制定安全措施。

（6）更换挡土板支撑时应先装后拆。拆除挡土板时应待基础浇制完毕后与基坑回填同时进行。

（三）岩石基坑开挖施工

1. 基面清理

清理的范围应比基坑口略大，保留必要的施工裕度。清理后的施工基面应使岩石裸露，并尽量开挖平整。清理时如需爆破，只允许放小炮，以保证岩基的整体性和稳定性。爆破施工必须严格按照国家相关规定进行。

2. 基坑爆破

首先检查岩石地基的表面覆盖层厚度和岩体的稳定性、坚固性、风化程度和裂缝情况等，当发现与施工图纸不符时，应停止开凿，及时与设计单位联系，研究处理措施。岩石爆破应按下列施工顺序进行：选定炮眼位置、打眼、装填炸药、填塞炮泥及起爆。根据施工地质条件，炮眼深度：机械成孔宜为 1.5~2.0m，人工成孔宜为 0.6~0.8m。浅孔爆破法适用于自然坡度在 15°及以下平缓施工基面的开挖爆破；抛掷药壶爆破法适用于自然坡度大于 15°且施工基面下降大于 2m 的陡坡爆破；如遇到孤石需要处理，则可采用表面爆破法。基坑爆破应采用松动爆破的方式，一般采用微差、光面爆破技术，以控制基础尺寸和周边围岩不受破坏。爆破后按施工图纸进行人工修整。岩石基坑深度允许偏差为 +100，0mm。

锚孔的成型应采用普通内燃凿岩机或固定式钻机施工。锚孔钻成后，应立即测量其孔深、孔径、倾斜度、孔间距等，并详细做好记录。锚孔清孔时应将孔中的石粉、浮土及孔壁的松石清除，用清水洗净锚孔，并将水吸干。如清孔后暂不安装，则应用软物塞紧孔口，防止孔壁风化或杂物进入孔内。锚杆埋深允许偏差为 +20，0mm。

3. 辅助措施

当爆破点附近有民房、电力线、通信线、铁路、公路等设施时，应选择松动爆破方法，爆破时爆破点表面应采取覆盖等保护措施。

4. 基坑清理修整

基坑爆破完成后，根据设计要求的尺寸进行基坑清理修整，修整过程中要经常复核规格，使基坑偏差控制在允许偏差范围内。

（四）掏挖（人工挖孔桩）基坑开挖施工

1. 基坑掏挖施工

根据基坑开挖尺寸先挖出样洞，深度约 300mm。样洞直径宜比设计的基础尺寸小 30~50mm。样洞挖好后应复测根开、对角线等尺寸，符合设计要求后方能继续开挖。基坑主柱挖掘过程中，为防止超挖，每挖掘进 0.5m，就在坑中心吊一垂球检查坑位及主柱直径。基坑掏挖以人工为主，使用凿、钢钎、大锤等工具进行。成孔施工要保证土质的整体性和稳定性，为保证掏挖孔径断面不至于过大，可采取先掏挖后修整的程序。基坑内提土应采用吊篮或吊桶，提运时应采用辘轳、三脚架或杠杆，以人力操作的方式将土提运至坑口上方，再倒至距坑口不小于 1.5m 的安全地带。对于较坚硬的岩石，允许放小炮，炮眼深度不应超过 1m，装药量应适当，坑壁应打多个防震孔。对于强风化的岩石，可用小型凿岩机在基坑四周及中央钻孔，再用人工掏挖石渣并修理坑壁，每次钻孔深度不宜超过 0.5m。人工挖孔桩第一节井圈护壁顶面应比施工地面高不小于 150mm，每节井圈控制在

1m左右。基础主柱开挖深度距设计要求埋深尚有100～200mm时，检查主柱直径正确后，用钢尺在主柱坑壁上量出基础底部掏挖部分位置线，从掏挖位置线下方20～40mm处开始挖掘扩大头部分。基坑开挖至距设计要求埋深尚有约50mm时，在基坑底部钉出基坑中心桩，边挖掘边检查尺寸，直至基坑周边尺寸符合施工图纸要求。基坑底部应预留50mm暂不挖，待清理基坑时再进行修整。

2. 基坑修整

修整基坑时，应用与主柱直径等长的专用测量工具测量主柱基坑直径，以保证基坑尺寸符合设计图纸要求。基坑修整应由上至下进行。修整基坑时应保留基坑中心桩，基坑中心桩至周围坑边尺寸应符合设计及规范要求。人工挖孔桩完成后，井圈中心与设计轴线偏差不大于20mm，同一水平面上的井圈任意直径的偏差不大于50mm，内径最大允许偏差为±100mm，垂直度允许偏差为0.5%。

三、实施后工作

（1）质量检查。按GB 50233—2014《110kV～750kV架空输电线路施工及验收规范》检查验收。

（2）工作结束，整理现场。施工完成后应及时做好场地平整、余土处理工作，做到工完料尽场地清。

（3）召开班后会。总结工作经验，分析施工中存在的问题及改进方法等。

任务评价

本任务评价见表1-4。

表 1-4 土石方工程施工任务评价

姓名		学号				
评分项目	评分内容及要求		评分标准	扣分	得分	备注
施工准备 (25分)	施工方案 (10分)	(1) 方案正确。 (2) 内容完整	(1) 方案错误，扣10分。 (2) 内容不完整，每处扣0.5分			
	准备工作 (5分)	(1) 安全着装。 (2) 场地勘察。 (3) 工器具、材料检查	(1) 未按照规定着装，每处扣0.5分。 (2) 工器具选择错误，每次扣1分；未检查，扣1分。 (3) 材料检查不充分，每处扣1分。 (4) 场地不符合要求，每处扣1分			
	班前会 (施工技术 交底) (5分)	(1) 交代工作任务及任务分配。 (2) 危险点分析。 (3) 预控措施	(1) 未交代工作任务，每次扣2分。 (2) 未进行人员分工，每次扣1分。 (3) 未交代危险点，扣3分；交代不全，酌情扣分。 (4) 未交代预控措施，扣2分。 (5) 其他不符合要求，酌情扣分			
	现场布置 (5分)	(1) 安全围栏。 (2) 标识牌	(1) 未设置安全围栏，扣3分；设置不正确，扣1分。 (2) 未摆放任何标识牌，扣2分。 (3) 其他不符合要求，酌情扣分			
任务完成 (60分)	一般土坑 开挖(10分)	(1) 基坑开挖方法。 (2) 工具的使用。 (3) 坑口位置尺寸	(1) 基坑开挖方法不正确，扣2分。 (2) 工具使用方法不正确，扣2分。 (3) 坑口位置尺寸偏差超过允许值，每处扣1分。 (4) 其他不符合要求，酌情扣分			
	泥水、流砂 坑开挖 (10分)	(1) 基坑开挖方法。 (2) 工具的使用。 (3) 坑口位置尺寸	(1) 基坑开挖方法不正确，扣2分。 (2) 工具使用方法不正确，扣1分。 (3) 尺寸偏差不符合规范要求，扣1分			
	岩石基坑 开挖(10分)	(1) 基坑开挖方法。 (2) 工具的使用。 (3) 坑口位置尺寸	(1) 基坑开挖方法不正确，扣2分。 (2) 工具使用方法不正确，扣1分。 (3) 尺寸偏差不符合规范要求，扣1分			
	掏挖基坑 开挖(10分)	(1) 基坑开挖方法。 (2) 工具的使用。 (3) 坑口位置尺寸	(1) 基坑开挖方法不正确，扣2分。 (2) 工具使用方法不正确，扣1分。 (3) 尺寸偏差不符合规范要求，扣1分			

评分项目		评分内容及要求	评分标准	扣分	得分	备注
任务完成 (60分)	接地沟 开挖 (5分)	(1) 接地沟开挖方法。 (2) 工具的使用。 (3) 坑口位置尺寸	(1) 接地沟开挖方法不正确，扣2分。 (2) 工具使用方法不正确，扣1分。 (3) 尺寸偏差不符合规范要求，扣1分			
	基坑回填 (5分)	(1) 基坑回填方法。 (2) 工具的使用	(1) 基坑回填方法不正确，扣2分。 (2) 工具使用方法不正确，扣1分			
	质量检查 (5分)	(1) 坑深检查。 (2) 尺寸偏差	(1) 坑深不符合设计要求，扣1分。 (2) 尺寸偏差不符合规范要求，扣1分			
	整理现场 (5分)	整理现场	(1) 未整理现场，扣1分。 (2) 现场有遗漏，每处扣1分。 (3) 离开现场前未检查，扣1分			
基本素质 (15分)	安全文明 (5分)	(1) 标准化作业。 (2) 安全措施完备。 (3) 作业现场规范	(1) 未按标准化作业流程作业，扣1分。 (2) 安全措施不完备，扣1分。 (3) 作业现场不规范，扣1分			
	团结协作 (5分)	(1) 合理分工。 (2) 工作过程相互协作	(1) 分工不合理，扣1分。 (2) 工作过程不协作，扣1分			
	劳动纪律 (5分)	(1) 遵守工地管理制度。 (2) 遵守劳动纪律	(1) 不遵守工地管理制度，扣2分。 (2) 不遵守劳动纪律，扣2分			
合计	总分100分					
任务完成时间：		时　　　　分				
	教师					

🧠 学习与思考

(1) 如何鉴别碎石、砂土、黏性土、人工填土？

（2）土石方工程的主要类型有哪些？

（3）分别叙述一般土坑，泥水、流砂坑，岩石基坑，掏挖基坑，接地沟的开挖及基坑回填的工艺流程。

（4）阐述一般土坑施工的危险点及防范措施。

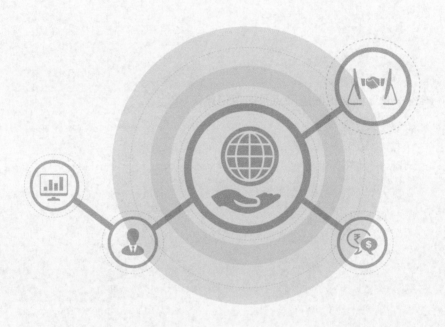

任务二　现浇钢筋混凝土基础施工

任务描述

现浇钢筋混凝土基础施工是在完成杆塔基础的复测、分坑、基坑开挖和基础操平找正等工作之后进行的施工任务，是目前铁塔基础施工最常见的施工方法。

本学习任务主要是完成现浇钢筋混凝土基础施工方案的编制，并实施现浇钢筋混凝土基础施工任务。

任务目标

了解现浇钢筋混凝土基础结构及种类，熟悉混凝土的组成及其配合比的设计，熟悉现浇钢筋混凝土基础施工工艺流程，明确施工前的准备工作、施工危险点及安全防范措施，并依据相关线路施工验收规范，编制并实施现浇钢筋混凝土基础施工方案。

任务准备

一、知识准备

（一）现浇钢筋混凝土基础结构及种类

现浇钢筋混凝土基础主要有地脚螺栓现浇钢筋混凝土基础和插入式现浇钢筋混凝土基础两种，这两种基础是铁塔基础中最常见的基础形式。

1. 地脚螺栓现浇钢筋混凝土基础

地脚螺栓现浇钢筋混凝土基础的基本形式为立柱台阶式，其结构有主柱和底盘两个部分，其中主柱有直柱和斜柱两种，台阶有一层或多层。

（1）直柱式基础。直柱式基础是一种传统的立柱台阶式基础形式，已经在电力线路基础以及其他工业与民用建筑中广泛使用。直柱式基础模型如图 1-7 所示。

直柱式基础的优点是支模、浇制施工方便；缺点是立柱为直柱，不便于荷载传递，且立柱部分受弯，易在立柱与底盘相交处折断。

（2）斜柱式基础。斜柱式基础也属于立柱台阶式基础，是依据力在混凝土中散失传递的原理来设计的，柱体轴心线与铁塔主材倾角一致，立柱部分只承受轴向荷载、不受弯。斜柱式基础结构紧凑，尺寸较小，比直柱式基础省料 40%。斜柱式基础模型如图 1-8 所示。

斜柱式基础为适应不同的地质、地形及荷载条件，其立柱部分尺寸及坡度变化较大，柱断面窄小，钢筋密列，对施工中的模板加工、组装定位、浇灌混凝土等带来很大困难；而且模板通用性不好，会造成斜柱式基础较直柱式基础每立方米混凝土施工费增加 100%～141%。另外，斜柱式基础的地脚螺栓是直埋的，不是斜埋的。考虑力的传递，它是应该斜埋，但斜埋的地脚螺栓从结构和施工角度来讲，难度极大，涉及地脚螺栓的位置固定及基础顶面与铁塔连接配合等问题。

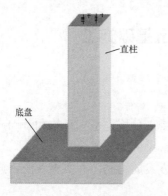

图 1-7　直柱式基础模型

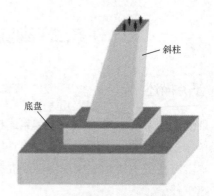

图 1-8　斜柱式基础模型

2. 插入式现浇钢筋混凝土基础

插入式现浇钢筋混凝土基础是一种柔性基础，该基础是将塔腿的四根主材和基础混凝土浇筑为一个整体（直接插入基础立柱或基础底板内），并使基础主柱与铁塔主材在顺线路方向和垂直线路方向的坡度一致，使基础所受的倾覆力达到最小。这种基础省去了地脚螺栓、塔脚板及立柱配筋，基础受力更合理，而且可以节约钢材，因此在 500kV 及以下输电线路中得到广泛应用。

主角钢插入式基础是将与铁塔主材规格相同的角钢直接斜插入立柱的混凝土中，与混凝土浇制成一个整体，省去地脚螺栓、塔脚等，以节省钢材。基础立柱一般为等截面斜柱，顺铁塔主材坡度布置，主角钢多数悬浮于基础立柱中，主角钢坡度随塔型、塔腿坡度的变化而变化。根据计算得到的基础角钢安装位置尺寸，通过测量，将主角钢安装到位；采用专用的单腿调正固定工具，将每条腿的主角钢调正，固定在规定的正确位置。

主角钢插入式基础对地质条件的适应范围较广。基础主柱与塔腿主材坡度一致，铁塔主材内力可沿主柱轴线直接传递至基础底板，大大减小了对基础主柱和底板的偏心弯矩，相应也减少了主柱和底板的配筋；由于主材直接插入基础中锚固，因此省去了塔脚板、地脚螺栓和立柱钢筋，据比较可节省钢材 20％以上。主角钢插入式基础施工方法目前有两种：一种是插入式角钢的下端固定在基础底盘底部上；另一种是悬浮在基础立柱内，上端与铁塔最下端主材（铁塔接腿）搭接相连。这两种方法都是成熟的标准化施工方法。

由于这类基础自重较小，如果上拔力较大，基础需要做得非常深，底盘也大，不经济，因此适用于荷载相对较小、地下水埋深较大的直线塔。这类基础属于大开挖施工基础，土方工程量大，开挖扰动原状土范围较大，在塔基边坡较陡、基面范围狭窄的山区不宜使用。这类基础多用于地势平坦的地区，施工难度大，主柱露头不宜过高。

（二）混凝土及其配合比设计

1. 混凝土及其组成材料

（1）混凝土的定义。混凝土是以胶凝材料、细骨料、粗骨料和水合理混合后硬化而成的建筑材料。

（2）混凝土的分类。混凝土按不同方式可分为以下几类：

1）按胶凝材料的不同可分为水泥混凝土、沥青混凝土、聚合混凝土、纤维混凝土等。

2）按用途的不同可分为普通结构混凝土和特种（防水、耐酸、耐碱、耐低温、耐油、防辐射、高强、快硬等）混凝土。

3）其他类型混凝土，如泡沫（加气）混凝土，即用铝粉或其他发泡剂、水、水泥或加极少的磨细砂制成的混凝土，通常用于保温、隔热。

（3）水泥混凝土。水泥混凝土是由粗骨料（石）、细骨料（砂）、胶结剂（水泥）、水以及适量的外加剂（如减水剂、早强剂、缓凝剂、防腐剂）等构成的混凝土。

水泥混凝土的优点：①具有较高的强度，能承受较大的荷载，外力作用下变形小；②可通过改变原材料的配合比，使混凝土具有不同的物理力学性能，满足不同的工程需求；③具有良好的可塑性；④所用的砂、石等材料便于就地取材；⑤经久耐用，维护量少，正常情况下可用50年。

水泥混凝土的缺点：①现场浇制易受气候条件（低温、下雨等）的影响，浇捣后自然养护的时间长；②干燥后会收缩，呈脆性，抗拉强度低；③加固修理较困难。

2. 混凝土的主要性能指标

（1）强度。混凝土的强度指混凝土的抗拉、抗折、抗剪强度及混凝土与钢筋间的黏结强度、钢筋的抗拉强度等。这里主要考虑混凝土的抗压强度。

（2）和易性。混凝土的和易性又称混凝土的"工作性"，指混凝土在运输、浇灌和捣固过程中的合适程度，是混凝土工艺性能的总称。和易性好的混凝土不易发生离析，便于浇捣成型，不易出现蜂窝、麻面，混凝土的内部均匀，有易密实性和稳定性，强度和耐久性较好。混凝土和易性的衡量，对一般流动性混凝土及低流动性混凝土用"坍落度"表示，对干硬性混凝土则用"工作度"表示。混凝土和易性可分为特干硬性、干硬性、低流动性、流动性、大流动性、流态化等种类，见表1-5。影响混凝土和易性的因素有水泥的种类和细度、加水量、水泥浆的含量、骨料、砂率、塑性附加剂等。

表 1-5　　　　　　　　　　混凝土和易性分类

序号	种类	性　质
1	特干硬性	坍落度为0，工作度大于180s
2	干硬性	坍落度为0，工作度为30～180s
3	低流动性	坍落度为1～3cm，工作度小于30s
4	流动性	坍落度为5～8cm
5	大流动性	坍落度为10～15cm
6	流态化	坍落度大于18cm

（3）密实性。良好的骨料级配，较低的用水量和较小的水灰比，适量地掺入塑化剂、加气剂等，合适的振捣可以使混凝土的密实性好。

（4）抗渗性。取决于混凝土的密实性及混凝土内部毛细孔道的分布状况。

（5）抗冻性。取决于混凝土的密实性、孔隙形状及分布状况。

（6）收缩与膨胀。混凝土的收缩，是指混凝土在搅拌好之后，开始发生"水化作用"，同时大量的水分被蒸发掉，混凝土的体积逐渐缩小的现象。混凝土的膨胀，是指浇制好的混凝土受潮后，未充分反应的硅酸盐晶体继续水化，混凝土的体积出现一定程度的膨胀甚至胀裂的现象。

（7）碳化。混凝土的碳化，是指混凝土中的 $Ca(OH)_2$ 与空气中的 CO_2 反应生成 $CaCO_3$ 和 H_2O。混凝土的碳化会增大混凝土的抗压强度，但也会降低混凝土的碱性，减弱对钢筋的保护作用，增加混凝土的收缩（水分进一步散失），导致混凝土由表及里产生裂纹，降低混凝土的抗拉、抗折强度。

3. 水泥及其组成特性

（1）水泥的定义。水泥是水硬性胶结材料，当其与水或适量的盐类溶液混合后，在常温下经过一定的物理化学变化过程（水化作用），能由浆状或可塑性状逐渐凝结硬化成具有一定强度并将松散物质胶结为整体的硅酸盐类化合物。

（2）水泥的组成及分类。水泥是以硅酸盐熟料、石膏及其他混合材料磨制成的粉末状物质。将石灰质（石灰石、白垩、泥灰质石灰石）和黏土质（黏土、泥灰质黏土）以适当的比例混合后，在 1300～1400℃ 的温度下烧至熔融，冷却后即得到硅酸盐熟料。其主要化学成分是硅酸三钙（37%～60%）、硅酸二钙（15%～37%）、铝酸三钙（7%～15%）、铁铝酸四钙（10%～18%）等。其他的混合材料一般有高炉矿渣、火山灰、粉煤灰等。常见水泥的组成成分见表 1-6。

表 1-6　　　　　　　　　　　　常见水泥的组成成分

名称	简称	组成
硅酸盐水泥	纯熟料水泥、波特兰水泥	以硅酸盐熟料加 4%～5% 石膏磨制而成
普通硅酸盐水泥	普通水泥	以硅酸盐熟料加适量混合材料及石膏磨制而成
矿渣硅酸盐水泥	矿渣水泥	以硅酸盐熟料加不大于水泥质量 20%～70% 的粒化高炉矿渣及适量石膏磨制而成
火山灰质硅酸盐水泥	火山灰质水泥	以硅酸盐熟料加不大于水泥质量 20%～50% 的火山灰质混合料及适量石膏磨制而成
粉煤灰质硅酸盐水泥	粉煤灰质水泥	以硅酸盐熟料加不大于水泥质量 20%～40% 的粉煤灰及适量石膏磨制而成

（3）水泥的水化作用。水泥与水拌和后，水泥颗粒被水包围，由表及里地与水发生化学反应，逐渐水化和水解生成硅酸盐的水化物和凝胶，同时放出热量（水化热）。这些水化物和凝胶与砂石颗粒表面间有很大的附着力，表现为极强的黏结力；且硅酸盐的水化物和凝胶在适当的温度与湿度环境下，经过一定时间逐渐浓缩凝聚，形成晶体结构，具有很大的强度。

水泥与水拌和后，1～3h 内，凝胶开始形成，称为初凝；5～8h 后，凝胶形成终止，称为终凝；终凝后水泥的凝胶及其他水化物逐渐结晶，由软塑状变为固体状，称为硬化。初凝前，混凝土具有流动性，可进行运输、浇灌及捣固；初凝到终凝前，流动性消失，凝胶若遇到损伤尚能闭合；终凝后，胶体逐渐结晶，此时遇到损伤则不能闭合，混凝土的强度受损。

（4）水泥的主要品质指标。水泥的主要品质指标有密度和容重、标号、细度、凝结时间、水化热、体积安定性、耐腐蚀性、抗冻性等。

1）标号。水泥的标号是表示水泥抗折强度和抗压强度的指标。

2）细度。水泥的颗粒越细，水化作用越大，凝结硬化越快，早期强度越高。水泥的细度用标准筛（0.080mm 方孔筛）的筛余百分数表示。

3）凝结时间。为了有充分的施工时间且凝结硬化时间又不至于太长，国家标准要求水泥的凝结时间：初凝时间大于 45min，终凝时间小于 12h。目前使用的水泥，其初凝时间多为 1~3h，终凝时间多为 5~8h。

4）水化热。水化热指水泥在水化作用过程中释放的热量。不同种类水泥的水化热是不同的。水化热的存在，一定程度上有助于加快水泥的凝结硬化，因为水泥的硬化需要一定的环境温度，且温度越高硬化速度越快；但是水化热过大，会使混凝土凝结前后的体积变化大，尤其是对大体积混凝土，热量不易散失，内外温差过大引起的应力会使混凝土产生裂纹，进而影响工程质量。

5）体积安定性。体积安定性是指水泥在硬化过程中各部分体积变化是否均匀的性质。体积安定性是水泥的重要性质，不符合要求的水泥严禁使用。体积安定性用"煮沸法"检验。

6）耐腐蚀性。水泥的腐蚀是指水泥硬化后，在特定的介质中逐渐受到侵蚀，强度减低甚至完全破坏。水泥的耐腐蚀性能是指水泥抵抗周围介质腐蚀破坏作用的能力。

几种常见水泥的品质指标见表 1-7。

表 1-7　　　　　　　　　　　常见水泥的品质指标

项目	硅酸盐水泥	普通水泥	矿渣水泥	火山灰质水泥	粉煤灰水泥
密度（g/cm³）	2.00~2.15	2.00~2.15	2.1~2.9	2.0~2.8	2.0~2.8
容重（kg/m³）	1000~1600	1000~1600	1000~1200	1000~1200	1000~1200
硬化	快	—	慢	慢	慢
早期强度	高	高	低	低	低
水化热	高	高	低	低	低
抗冻性	好	好	较差	较差	较差
耐热性	较差	较差	好	较差	较差
干缩性	—	—	较大	较大	较小
抗水性	—	—	较好	较好	较好
耐腐蚀性	—	—	较好	较好	较好

（5）水泥的选用。水泥的选用主要考虑环境条件和工程特点，另外考虑是否受腐蚀以及是否需要特定的养护条件等因素。不同品种水泥不得混合使用，同一品种不同标号、不同出厂时间的水泥不得混合使用。水泥的选用见表 1-8。

表 1-8　　　　　　　　　　　　　　水泥的选用

	项目	硅酸盐水泥	普通水泥	矿渣水泥	火山灰质水泥	粉煤灰水泥
环境条件	在普通气候环境中的混凝土	—	优先选用	可用	可用	可用
	在干燥环境下的混凝土	—	优先选用	可用	不得选用	不得选用
	在高温环境中或永远处于水下的混凝土	—	—	优先选用	可用	可用
	在严寒地区处于地下水升降范围内的混凝土（水泥标号大于 325）	—	优先选用	可用	不得选用	不得选用
	在严寒地区处于地下水升降范围内的混凝土（水泥标号大于 425）	—	优先选用	不得选用	不得选用	不得选用
工程特点	厚大体积混凝土	—	—	优先选用	优先选用	优先选用
	要求快硬的混凝土	优先选用	可用	不得选用	不得选用	不得选用
	C40 以上的混凝土	优先选用	可用	不得选用	不得选用	不得选用
	有抗渗要求的混凝土	—	优先选用	可用	优先选用	可用
	有耐磨性要求的混凝土（水泥标号大于 325）	优先选用	优先选用	可用	不得选用	不得选用

（6）水泥的储存。每批水泥必须有质量证明文件，应按品种、强度、出厂日期、生产厂商等分别堆放，先到先用；堆放地点应干燥、不透风、距离地面 30cm；堆放高度不应超过 10 包；储存时间不应超过出厂日期后三个月。储存时间超过三个月或受潮结块，都需要重新检验其强度后再使用。由于水泥能吸收空气中的水分进而使强度降低，一般存放三个月后强度损失 10%～20%，存放六个月后强度损失 25%～30%，存放一年后强度损失 40%，因此使用时应降低标号使用；如已结块坚硬，应筛去硬块并将小硬颗粒粉碎后检验，并不得用在重要的承重部位，可用于砌筑砂浆或掺入同品种的新水泥一起使用（掺入量不得大于水泥质量的 20%）。

4. 组成混凝土的其他材料

组成混凝土的材料有水泥、砂、石、水、外加剂及钢筋等，水泥前面已经介绍，下面介绍其他材料。

（1）石。石与砂都在混凝土中充当骨架，所以砂、石统称为骨料，石是粗骨料，砂是细骨料。砂、石是混凝土中的廉价材料，用它们可降低混凝土的成本，并减小水泥在硬化过程中的收缩率。一般石占混凝土总体积的 70%～80%。

1）石的分类。从石的产地和来源可将石分为卵石和碎石。卵石又可分为山卵石、海卵石、河卵石。山卵石一般含有较多的黏土、尘屑、有机杂质，海卵石中常混有贝壳，河卵石较清洁。用人力或机械破碎硬质岩石（花岗岩、辉绿岩、石灰岩、砂岩等），可得到粒径 5～80mm 的碎石。配制高标号混凝土应用碎石。

2）混凝土用石的技术要求。①粒径。石的最大粒径不得超过结构截面最小尺寸的 1/4，且不得超过钢筋最小间距的 3/4，所以混凝土基础中常用的石的粒径为 20～40mm，混凝土底板则视配筋情况适当放宽。②颗粒级配合适。良好的颗粒级配可以使混凝土的空隙率尽可能小，从而改善混凝土的密实性，节约水泥。③针状及片状颗粒少。颗粒的长度大于该颗粒所属粒级平均粒径的 2.4 倍者称为针状颗粒，厚度小于平均粒径 0.4 倍者称为片状颗粒。平均粒径指该粒级上下限粒径的平均值。针状和片状颗粒本身易折断，会影响混凝土的强度；拌制混凝土时会使空隙率较大；颗粒滚动性差，会使混凝土的和易性差。④含泥量。砂的含泥量：混凝土强度等级大于或等于 C60 时，含泥量不大于 2.0%；混凝土强度等级为 C55～C35 时，含泥量不大于 3.0%；混凝土强度等级小于或等于 C30 时，含泥量不大于 5.0%。石（碎石或卵石）的含泥量：混凝土强度等级大于或等于 C60 时，含泥量不大于 0.5%；混凝土强度等级为 C55～C35 时，含泥量不大于 1.0%；混凝土强度等级小于或等于 C30 时，含泥量不大于 2.0%。⑤强度。要求混凝土中的石必须坚硬、密实，有足够的强度。应对石中软弱颗粒的含量加以限制。软弱颗粒指在静压力（粒径为 5～10、10～20、20～40、40～70mm 时，分别施加 147、245、343、441N 的静压力）作用下破碎的石颗粒。

（2）砂。砂用来填充石间的空隙，增加混凝土的和易性，节约水泥并减小水泥浆在硬化过程中的收缩率。砂是岩石风化或经人工破碎后形成的粒径在 0.15～5.00mm 的疏松颗粒状物质，一般都用天然砂。

1）砂的分类。按砂的来源，可将砂分为天然砂和人工砂。天然砂又可分为河砂、海砂和山砂。按平均粒径，可将砂分为粗砂（≥0.5mm）、中砂（0.35～0.50mm）、细砂（0.25～0.35mm）、特细砂（<0.25mm）。

2）混凝土用砂的技术要求。①良好的颗粒级配。使小颗粒的砂恰好填满中等颗粒的空隙，而中等颗粒的砂又恰好填满大颗粒砂的空隙，以减小整个砂的空隙率。②含泥量要少。泥会影响水泥与砂之间的胶结作用，从而降低混凝土的强度。③坚固性。要求用硫酸钠溶液法检验时，试验 5 次循环后，其质量损失应小于 10%。④有害物质含量。云母含量不大于 2.0%，轻物质含量不大于 1.0%，硫化物及硫酸盐含量不大于 0.5%，有机物含量合格。⑤氯盐含量。在水上或水位变动地区以及潮湿或露天下使用的钢筋混凝土，氯盐含量小于 0.1%（与干砂重之比）；对预应力混凝土，禁止使用海砂。

3）砂的试验内容及取样方法。砂的试验内容包括比重、容重、空隙率、颗粒级配、含泥量、坚固性、有害物质含量等。取样时，同一产地 200m³ 为一批，不足 200m³ 的也可为一批。每批砂样应间隔一定距离、于不同深度的五个以上的部位采取，各取 20～30kg。砂样取出后，应妥善包装，防止散失，并附卡片标明试样的编号、产地、规格、质量、要求检验的项目及取样方法等。

（3）水。下面介绍水的作用及混凝土用水的技术要求：

1）水的作用。水在混凝土中主要是参与水化作用（参与水化作用的水占水泥质量的 15%～25%）；其次是起润滑作用，改善混凝土的和易性；最后是补充蒸发掉的水分。混凝土中的水量应严格按照配合比来确定，不宜随意增减。水过多，多余的水分蒸发掉后会在混凝土内部留下大量的气孔，使混凝土的密实性差；水太少，混凝土的和易性不好，甚至不能充分地完成水泥的水化作用，影响混凝土的强度。

2）混凝土用水的技术要求。①混凝土用水要求是可饮用的水或天然洁净的水。不允许水中含有影响混凝土正常凝结和硬化的油类、糖类或其他有害物质；pH 不小于 4；硫酸盐含量不大于 1‰（水重）。②取水样时应用洁净瓶装 3～4kg 的水样，瓶口应密封；应详细注明日期、地址、用途及编号。水样运输时应避免日晒、振荡、受热、受冻等，瓶内不得留有气泡，从取样到化验时间不得超过 3d。

（4）外加剂。外加剂又称混凝土添加剂，是一般在混凝土搅拌前或搅拌中加入，并能改善混凝土性能的材料。混凝土外加剂名称及作用见表 1-9。

表 1-9　　　　　　　　　　　　混凝土外加剂名称及作用

外加剂名称	作　　用
减水剂	在保持混凝土稠度不变的条件下，具有减水增强作用
引气剂	在混凝土搅拌过程中，能引入分布均匀的细微气泡，以减少混凝土拌和物泌水离析，改善和易性并显著提高混凝土抗冻融耐久性
引气减水剂	兼有引气和减水作用
缓凝剂	能延缓混凝土凝结时间，并对混凝土后期强度发展无不利影响
缓凝减水剂	兼有缓凝和减水作用
早强剂	能提高混凝土的早期强度，并对混凝土后期强度无不利影响
早强减水剂	兼有早强和减水作用
防冻剂	在规定温度下，能显著降低混凝土的冰点，使混凝土的液相不冻结或部分冻结，以保证水泥的水化作用，并能在一定的时间内获得预期强度
膨胀剂	能使混凝土（砂浆）在水化过程中产生一定的体积膨胀，并在有约束的条件下产生一定的自应力

外加剂的掺入量为水泥质量的 0.005%～5%，混凝土外加剂的选用参见相关手册。为了改善混凝土的和易性，节省水泥，在配合比设计时，应考虑加入减水剂。减水剂对混凝土的水泥有扩散作用，可提高混凝土的可塑性，增大坍落度，若保持相同的坍落度，则可减少用水量 10%～15%。由于混凝土的强度取决于水灰比，因此在保持混凝土坍落度和强度不变的条件下，加入减水剂可节约水泥 10%。在实际施工中常用木质素磺酸钙减水剂，用量为水泥质量的 0.25%，若超量使用，会延长混凝土的凝结时间，甚至不凝固。

5. 配合比的概念及设计

（1）配合比概念。下面介绍几个配合比的概念：

1）水灰比。水灰比是单位体积混凝土内所含的水与水泥的质量比。它是决定混凝土强度的主要因素，水灰比越小，混凝土强度越大。常用的水灰比为 0.4～0.8，现场浇制混凝土常用的水灰比为 0.7。

2）坍落度。坍落度是衡量混凝土和易性的指标，它决定着单位体积混凝土的用水量。

3）配合比。配合比是混凝土组成材料的质量比，一般用水：水泥：砂：石来表示，且以水泥的质量为标准质量。

4）砂率。砂率是混凝土中砂质量与砂、石总质量之比。密实的混凝土，应该是砂填满石的空隙，水泥浆包裹住砂、石并填满砂的空隙，达到最大的密实度。

（2）配合比设计。配合比的设计要将计算与试验相结合。首先根据混凝土的技术要求、材料情况及施工条件等计算出理论配合比；然后用施工所用材料进行试拌，检验混凝土的和易性和强度，如不符合要求，则调整各材料的比例，直到符合要求为止。

（三）铁塔基础复测

线路复测是输电线路施工前的一项重要工作。线路复测是在现场复查、校核设计图纸上的塔位桩、方向桩的位置，检查档距、转角度数是否与图纸相符，检查现场埋设的桩是否偏移或丢失等。铁塔基础复测内容在本系列教材《输电线路测量》中讲述，这里不再赘述。

（四）铁塔基础分坑

基础分坑是杆塔基础施工前的一道关键工序。基础分坑是根据塔位中心桩、方向桩以及塔的基础类型的尺寸数据要求将基坑的位置大小确定在塔位地面上；同时检查档距、转角度数是否与图纸相符合，校核交叉跨越位置的标高。铁塔基础分坑内容在本系列教材《输电线路测量》中讲述，这里不再赘述。

（五）杆塔基坑开挖

杆塔基坑开挖是在铁塔基础分坑之后，根据测量确定的坑位桩进行挖掘。挖掘时应根据不同的土壤采取不同的开挖方法，其内容在本情境的任务一中已讲解，这里不再赘述。

（六）基坑的操平及找正

将经纬仪安放于杆塔中心桩处，检查坑深、根开、对角线等尺寸，结果应与设计相符。坑位中心应保留木桩或印记。基坑操平就是使基础的坑底面平整且标高符合设计要求；基础找正就是使基础前后、左右的位置（如底盘中心、基础底层的内外角、地脚螺栓等）置于设计要求的位置上。每个基坑操平时，应不少于五个点，即一个坑中心和四个角。当同一基础的基坑深度相同时，在坑深允许的误差范围之内按最深一坑操平；当同一基础的基坑深度不同时，应分别按设计坑深操平。现浇钢筋混凝土基础有垫层者，未浇灌垫层前应进行第一次坑底操平；浇灌垫层后应进行第二次坑底操平。

（七）钢筋加工及绑扎

钢筋加工一般包括冷拉、冷拔、调直、除锈、划线、剪切、弯钩、绑扎、焊接等。冷拉、冷拔可提高钢筋的屈服强度，节约钢筋。

1. 钢筋的调直和除锈

钢筋调直的方法有人工和机械两种，除锈的方法有用钢丝刷、用砂盘打、用酸洗、用电动除锈机等。调直和除锈应满足下列要求：钢筋表面应洁净（无油渍、漆污、浮皮、铁锈、水锈等）；钢筋应平直、无局部曲折；用调直机调直后，钢筋截面减少量应小于5%。

2. 钢筋的配料

钢筋加工应根据基础施工图纸中材料表所列规格、型号、简图、长度、质量等编制配料表，进行备料加工。

3. 钢筋的划线和剪切

钢筋的划线可用粉笔划印或用标尺样板代替划线；钢筋的剪切方法有用锤子打击冲或用手动钢筋切断机、钢筋切断机或气焊切断。

4. 钢筋的焊接

钢筋的焊接方法有对焊、电弧焊、气焊等，焊接要求满足 JGJ 18—2012《钢筋焊接及验收规程》、JGJ/T 27—2014《钢筋焊接接头试验方法标准》等规程、规定和国家标准的要求。

5. 钢筋的绑扎与安装

钢筋绑扎方法较多，有十字花扣、反十字扣、兜扣、缠扣、兜扣加缠、套扣、一面顺扣等。钢筋一般用 20～22 号铁丝绑扎，绑扎用铁丝长度应满足要求，钢筋绑扎接头的搭接长度也要符合规定。主柱、梁-箍筋转角与钢筋的交接点均应扎牢，钢筋与箍平直部分的相交点可交错扎成梅花式。

基础钢筋绑扎一般是在基坑内进行的。但在坑内施工困难时，也可在坑外绑扎成型后放入坑内。坑外绑扎时，应根据设计图纸要求，将主筋和箍筋在支架上进行绑扎；绑扎前应将箍筋按图纸尺寸规定的间距排好，然后先绑扎两端，再绑扎中间。坑内绑扎时，绑扎顺序应由下向上，底层钢筋应垫起，纵横向钢筋应按图纸要求均匀布置，如图 1-9 所示。

图 1-9　基础钢筋绑扎

钢筋进场时，应按 YB/T 4902—2021《绿色设计产品评价技术规范　钢筋混凝土用热轧带肋钢筋》的规定抽取试件做力学性能检验，其质量必须符合有关标准的规定。钢筋加工形状、尺寸应符合设计要求，其偏差应符合表 1-10 的规定。

表 1-10　　　　　　　　　　　　　　　　钢筋加工允许偏差

项目	允许偏差（mm）
受力钢筋顺长度方向全长的净尺寸	±10
弯起钢筋的弯折位置	±20
箍筋内净尺寸	±5

（八）模板支立

输电线路基础模板按材质可分为木模板、钢模板、复合竹胶模板以及由其他材料制成的模板等。在线路施工中一般采用钢模板。为了提高混凝土基础表面的质量，在输电线路基础施工中已逐步采用复合竹胶模板。复合竹胶模板安装如图 1-10 所示。

模板既要保证混凝土基础的形状，又要承受混凝土的压力。混凝土成型后的外观质量，主要靠模板安装的质量来保证。由于基础配筋及形式的不同，模板安装有时也与钢筋绑扎交叉进行。浇制混凝土的模板内表面应平整，接缝应严密，以保证基础的尺寸和浇制质量。当直接用土模浇制混凝土时，必须防止泥土杂物混入混凝土中。支立模板前应复核直线塔、转角杆塔间的档距，顺线路、横线路以及对角线等的杆塔根开尺寸，并平整坑底使其达到设计要求；在坑底找出基础中心位置，使其误差不大于10mm。模板安装

图 1-10　复合竹胶模板安装

应牢固，位置要正确，在浇制混凝土前应在模板表面涂刷一层隔离剂（即废机油加柴油混合物）。模板立柱应支撑牢固，防止浇灌时走动、变形。

钢筋骨架与模板之间应有一定的保护层距离，距离应符合规范的要求。模板就位后应进行对中（即与基础中心的铅垂线相重合）、找正（以根开控制桩拉十字线，组合模板的两条中线应与十字线相重合）、操平（以组合模板的四个角为观测点，其高差不大于2mm）。整基模板安装后，应用井字线测量根开、对角线等。

（九）地脚螺栓安装

首先，将地脚螺栓垂直，不要让它有任何倾斜的状态；其次，在地脚螺栓安装时，对地脚螺栓进行灌浆处理，在灌浆之前一定要在地脚螺栓的上面预留一些孔洞，以在安装设备时再穿上一条螺栓；再次，将混凝土和水泥砂浆搅拌均匀后，将地脚螺栓全部封死；最后，将地角螺栓拧紧。

地脚螺栓的固定，一般按设计采用18号铁丝绑扎箍筋和地脚螺栓，但由于细铁丝、箍筋、地脚螺栓都是圆柱状的，摩擦力小，因此必须用样板固定才能保证四根地脚螺栓按设计的几何尺寸固定。可以用点焊代替绑扎，即用一套定型模具将四根地脚螺栓固定好，检查四根地脚螺栓的根开、对角线、相对高差是否符合设计和规程要求，确认无误后把箍筋点焊于地脚螺栓，使四根地脚螺栓形成牢固整体。这样做省去了样板，方便了浇筑，可以一次浇筑抹面基础平面。

（十）基础混凝土浇筑

浇灌的混凝土要求内实外光，尺寸正确，而浇灌是混凝土成型的关键。

（1）搅拌好的混凝土应立即进行浇灌。浇灌应从一角开始，不能从四周同时浇灌。

（2）混凝土倒入模盒内时，其自由倾落高度不应超过2m。超过2m时应沿溜管、斜槽或串筒落下，以免混凝土发生离析现象。

（3）混凝土应分层浇灌和捣固。浇灌层厚度不宜超过200mm，应采用捣固机械振捣。采用插入式振捣器时应做到直上直下，快插慢拔，插点均匀，上下插动，层层扣搭。混凝土捣固如图1-11所示。

（4）浇灌时要注意模板及支撑是否变形、下沉及移动，防止流浆。

（5）浇灌时应随时注意钢筋笼与四周模板保持一定的距离，严防露筋。

图 1-11　混凝土捣固

（6）浇灌混凝土时，应连续进行，不得中断。如因故中断超过 2h，不得继续浇灌，必须待混凝土的抗压强度达到 12kg/cm³ 后，将连接面打毛，并用水清洗，然后浇一层厚 10～15mm 且与原混凝土同样成分的水泥砂浆，再继续浇灌。

（7）在立柱与台阶接头处，砂浆可能从没有模板的平面漏掉，可用"减半石混凝土"（增加了砂浆比例）及"稍定一些时间"（让混凝土初凝）浇灌的办法处理，以保证连接处的施工质量。

（十一）基础养护

基础养护应自混凝土浇完后 12h（炎热和干燥有风天气为 3h）内开始，采用浇水养护的方法。养护时应在基础模板外加遮盖物，浇水次数以能保护混凝土表面湿润为度。日平均气温低于 5℃时不得浇水养护，养护用水应与拌制混凝土用水相同。

混凝土的浇水养护期限：采用普通硅酸盐和矿渣硅酸盐水泥拌制的混凝土不得少于 5 昼夜；使用其他品种水泥的基础或大跨越塔基础，其养护期限应符合 GB 50628—2010《钢筋混凝土工程施工质量验收规范》的规定，或经试验确定。

应严格把住基础拆模关口，自上而下拆模，以保证混凝土表面及棱角不受损坏，且强度不低于 2.5MPa。如果用养生液养护，则要及时喷刷（雨天不能喷刷）。

（十二）拆模

拆模时间随养护时环境温度及所用水泥品种的不同而有所不同。一般在常温（15～25℃）下，采用硅酸盐水泥和普通水泥的混凝土，其拆模时间为 2～3d；采用火山灰及矿渣水泥的混凝土，其拆模时间为 3～6d。如气温低到 10℃时，则要延长 1～2d。如果是用钢模板浇制的混凝土，则其拆模时间可稍早些。

二、施工准备

（一）技术准备

（1）审查设计图纸，熟悉有关资料。

（2）按施工图纸要求对基坑尺寸进行验收。

（3）确定混凝土配合比。

（4）技术资料准备。内容包括：①杆塔明细表；②基础形式配置表；③基础施工图纸；④基础施工手册等。

（5）编制现浇钢筋混凝土基础施工作业指导书。

（二）工器具准备

（1）混凝土搅拌机。混凝土搅拌机应设置在平整坚实的场地上，装设好后应使用前后支架承力，使轮胎离地，不得以轮胎代替支架。

（2）插入式振捣器。插入式振捣器的电动机电源上，应安装漏电保护装置，接地或接零应安全可靠。

（三）材料准备

（1）基本材料包括基础钢筋、塔基钢筋、地脚螺栓、模板、水泥、砂、石、水、木桩。

（2）水泥的品种、标号符合施工设计要求。运到现场的水泥要保管好并放在干燥处，要防止水泥吸潮变硬而使强度降低。

（3）要准备合格的水，水量要充足。

（4）所选择的砂、石料应符合有关要求。

（5）基础使用的钢筋品种、规格、数量要符合施工图纸要求。凡弯曲变形的钢筋，在施工前要校正，浮锈要去除，表面应清洁。

本任务所需工器具及材料见表1-11。

表 1-11　　　　　　　　　　现浇钢筋混凝土基础施工工器具及材料

序号	名称	规格	单位	数量	备注
1	经纬仪		台	1	
2	水准尺		套	1	
3	花杆		根	4	
4	塔尺		根	2	
5	皮尺		个	2	
6	铁锹		把	3	
7	木桩		根	若干	
8	铁钉		颗	若干	
9	锤子		把	2	
10	计算器		个	4	
11	锥形扳手		把	4	
12	灰刀		把	4	
13	照相机		台	4	
14	钢筋		根	若干	
15	钢管及配件		套	若干	
16	地脚螺栓		套	4	
17	复合竹胶模板		块	4	
18	水泥		袋	若干	
19	砂		t	若干	
20	石		t	若干	
21	水		m^3	若干	

（四）人员要求

参加施工作业的人员必须经培训合格并持证上岗；施工前必须熟悉施工图纸、作业指导书及施工工艺特殊要求。

三、施工危险点分析及安全措施

（一）危险点一：坑壁塌方伤人

（1）坑挖好后应进行支模工作，应采取可靠的防止塌方措施。

（2）土质松软处应设防塌板（板桩）。

（3）往外抛土时，应注意避免石块回落伤人。

（二）危险点二：高处坠物伤人

（1）施工中坑上严禁掉东西，以防止打伤坑内工作人员。

（2）施工工程应由专人指挥、检查，发现问题应及时处理。

（3）坑内不得休息。

（三）危险点三：掉入基坑摔伤

（1）在施工平台上工作时，应采取防滑措施，平台面积应足够且牢固，防止作业人员掉入坑内摔伤。

（2）下坑检查时，不应攀踩支木、顶木，以防踩掉摔伤。

（3）拆木模时，应防止钉子扎脚。

任务实施

一、实施前工作

（1）本任务标准化作业指导书的编写。指导学生（学员）完成现浇钢筋混凝土基础施工作业指导书的编写。

（2）工器具及材料准备。对进入现场的材料应按设计图纸及验收规范要求进行清点和检验。

（3）办理施工相关手续。工作负责人按规定办理施工作业手续，得到批复后方可进行工作。

（4）召开班前会。

（5）布置工作任务。

（6）工作现场或模拟现场布置。根据作业现场或模拟现场情况合理布置、摆放工器具及材料。基坑完成操平找正工作。

二、实施工作

（一）钢筋绑扎及安装

钢筋绑扎前应检查基坑各有关尺寸，清除坑内浮土及杂物，按设计要求做好坑底处理；必须检测基础钢筋规格、数量、尺寸，并与设计相符。绑扎前应去除表面浮锈和油污；有焊接点的主筋，应错开布置，同一立柱上的接头钢筋应尽量分散布置在不同侧面。绑扎时利用划线笔在主筋上等距离划印，底板钢筋间距允许偏差为±20mm，主筋间距相等，箍筋绑扎均匀。

钢筋绑扎后应按设计图纸进行复查，确保数量正确，位置尺寸在允许范围内，确保底盘筋四周及底部保护层厚度。钢筋绑扎允许偏差见表 1-12。

表 1-12　　　　　　　　　　　　　钢筋绑扎允许偏差

项目		允许偏差（mm）	优良级（mm）
主筋	间距	±10	±8
	排距	±5	±4
立柱宽及高		±5	±4
箍筋间距		±20	±16
网眼尺寸		±20	±16
钢筋弯起点位置		20	16
保护层偏差		—5	—4

钢筋接头焊接时，设置在同一构件内的接头宜相互错开。在同一连接区段内，纵向受力钢筋的接头面积百分率不宜大于 50%；基础地脚螺栓箍筋与地脚螺栓等间距点焊，箍筋直径小于 $\phi 8$ 时不得点焊。同组地脚螺栓所用箍筋采用点焊的方式进行组装，抬运过程中施工人员应步调一致，抬运道路应平整。

（二）模板支设

模板采用复合竹胶模板，用木龙骨固定。立柱模板最上层露出地面部分必须采用整块模板，模板接缝尽可能错开。立柱模板采用槽钢吊装法，用可调式顶撑器固定，柱身每隔 600mm 利用角钢加固。所有模板必须连接紧密，固定牢靠，模板操平时要保证底盘厚度和主柱顶端主筋保护层厚度（各种塔型异型模板 a 值），如图 1-12～图 1-14 所示。750kV 双回线路各种塔型异型模板 a 值见表 1-13。

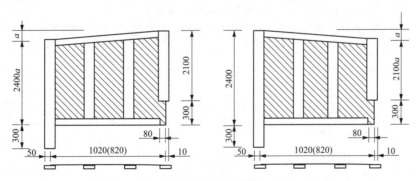

图 1-12　复合竹胶模板制作示意图（单位：mm）

模板内表面应平整，接缝应严密，钢筋与模板之间的保护层应符合设计图纸要求的保护距离。斜柱基础的模板筒顶面尺寸控制均沿对角线方向丈量。操作步骤如下：

（1）根据图纸及高差计算模板顶端及底端内角点和外角点至中心桩的半对角线线长，如果高差过大不便用水平线丈量时，还应计算半对角线对应的斜距。

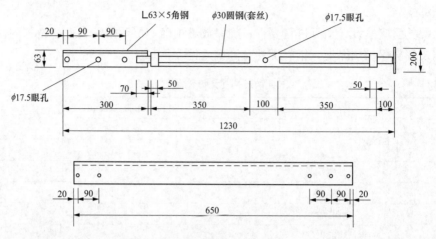

图 1-13　模板支撑器加工图（单位：mm）

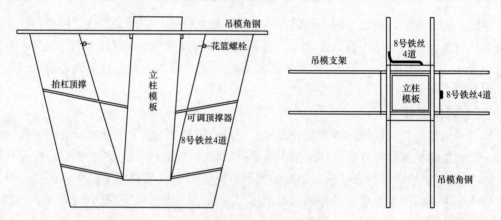

图 1-14　模板吊装示意图

表 1-13　　　　　　　　　　　　各种塔型异型模板 a 值

序号	塔型	立柱宽（mm）	立柱斜率（单面）	a（mm）
1	ZGU115	800	0.112318	90
		1200	0.112318	135
2	ZGU315	1000	0.108219	108
		1200	0.108219	130
3	ZGU415	1300	0.124873	162
4	ZGU215	1200	0.132613	159
5	JGU1	1400	0.152599	214
6	JGU2	1500	0.163362	245
		1600	0.163362	261
7	ZJGU25	1500	0.112000	168

（2）经纬仪安放于中心桩处，按线路前进方向的 45°方位设置对角水平线或斜距线，

确保模板筒上下端的内角点和外角点对准水平线，其距离符合设计要求。

（3）钉出对角线的两个水平桩 P_1、P_2，量取中心桩到 P_1 间的斜距，依据高差算出水平距离，分别量出 P_1 至内角点和外角点的距离，分别加上算出的水平距离，其和的1/2应与设计的半对角线线长相同。

（4）在对角线方向校准模板后，还应用经纬仪钉出该基础的半根开辅桩 F_1、F_2，然后在其上架经纬仪，对准中心桩后旋转 $90°$，在基坑外侧钉出与 F_1、F_2 等高的水平桩 P_3、P_4，F_1P_3 和 F_2P_4 的交叉点至 F_1 或 F_2 的距离应与设计半根开值相符。

模板支好后应会同监理工程师检查，填写隐蔽工程签证单后方可进行下一道工序。模板安装和拆卸过程中，上下传递工具时必须采用绳索传递，严禁抛扔，上下工作人员应密切配合。施工现场或模拟现场应及时清理，材料及工器具应摆放整齐，施工通道应始终保持畅通。模板安装允许偏差见表1-14。

表 1-14　　　　　　　　　　　　　模板安装允许偏差

项目		允许偏差（mm）
模板轴线位置		5
底层模板上表面标高		±5
内部尺寸	底板	±10
	立柱	−5～+4
相邻两模板表面高差		2

模板应侧立抬运，模板组装时应统一组织，坑上、坑下人员应配合密切；模板长度较长、单片质量过大时，应搭设三脚架进行吊装。

（三）地脚螺栓的控制及找正

（1）对于有四个直柱地脚螺栓或四个斜柱地脚螺栓且基础断面小于1m的基础形式，由项目部材料站将地脚螺栓找正好，并将设计箍筋牢固焊接在地脚螺栓上运至施工现场，再由施工队用小型起重设备（上楼板用的拖拉机或者小型起重机）将其吊装进基础模板，地脚螺栓顶部用加工好的样板固定好后即可进行下一道工序。

（2）对于有四个斜柱地脚螺栓且基础断面大于1m的基础形式，可由项目部材料站将地脚螺栓找正好，并将设计箍筋牢固焊接在地脚螺栓上运至施工现场，再由施工队整体将其吊装进基础模板与钢筋笼可靠绑扎，地脚螺栓顶部用加工好的样板固定；也可以采用将螺栓逐根下到基础里面进行找正、现场焊接箍筋的方法，但同时应将地脚螺栓火曲以下部分和钢筋笼可靠焊接，以保证螺栓外露部分垂直于基础表面。

（3）对于有八个地脚螺栓的基础形式，应将地脚螺栓现场逐根下到基础里面，采用环形定位板固定的方法进行找正和操平，如图1-15所示。然后由施工人员进入基础里面现场焊接箍筋，采用斜柱地脚螺栓时应将地脚螺栓火曲以下部分和钢筋笼可靠焊接，以保证螺栓外露部分垂直于基础表面。

（四）混凝土浇制

（1）严格控制配合比，材料用量每班日或每个基础腿应检查两次以上。用料偏差：砂

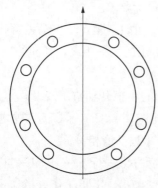

图 1-15　地脚螺栓环形定位板

石为±3％，水泥、水为±2％。砂为中粗砂，石为 2～4cm 开口石，水泥为普通硅酸盐水泥。

（2）严格控制水灰比，坍落度每班日应检查两次以上。测试坍落度的方法：将一个上口 100mm、下口 200mm、高 300mm 喇叭状的湿润坍落度筒放在铁皮上，把拌好的混凝土分三层装入筒内，每层捣实后的高度大致为坍落度筒高的三分之一。每层用铁钎捣固 25 次，插捣底层时，捣棒需稍倾斜并贯穿整个深度；插捣第二层和顶层时，捣棒应插透本层并使之刚刚插入下面一层；插捣顶层时，应将混凝土灌至高出坍落度筒。顶层插捣完后，将溢出的混凝土刮平，小心地垂直提起坍落度筒，并在不大于 150s 的时间内完成。提起坍落度筒后混凝土因自重产生坍落现象，测量坍落度筒高与混凝土最高处之间的高差度，即为其坍落值。取值必须取测量三次的平均值。坍落度试验如图 1-16 所示。

（3）机械搅拌，机械振捣。混凝土浇筑过程中，搅拌台不得搭于吊模槽钢上。试块制作应在现场同等条件下进行，其养护条件与基础相同。转角、耐张、终端塔基础每基制作一组，直线塔每三基或不满三基制作一组。试块尺寸为 150×150×150（mm×mm×mm），施工班应对所做的试块做好记录。

图 1-16　坍落度试验

（4）坑底为干燥的非黏性土时应洒水待湿润后再浇筑，混凝土下料应由一个角开始逐渐延伸直至浇完每个台阶，拐角接缝处的混凝土要填实。混凝土下料时应用锹将料和浆送至浇筑位置，不得将料和浆推下或洒下，从而使砂浆和石子分离，石子滚到模板边，形成基础露筋。对于坑深大于 2.5m 的基础，须用漏斗或溜槽将料和浆送到浇筑位置。

（5）浇筑混凝土时要分层捣固，振捣时采用插入式振捣器。底盘要求每 200mm 高振捣一次，主柱部分每 300mm 振捣一次。振捣器使用时要快插慢拨，插点要均匀排列，逐点移动，振捣器插点移动间距宜为 300～400mm。振捣器在每一位置上的振动时间，以混凝土表面呈水平并保证水泥浆不再出现气泡、不再显著沉落为宜，振捣时间一般为 20～30s。掏挖基础扩孔部浇制人员必须下洞振捣，以确保扩大头混凝土的密实度。

（6）为了确保钢筋保护层的厚度，在装好钢筋笼后、浇制混凝土前，要求在钢筋笼与模板间放 45mm 长的木板四根，长度伸至立柱底。在浇制混凝土过程中，边浇边往上拔，混凝土浇制完，木板全部拔出。

（7）基础浇筑完成后，应将基础地脚螺栓表面的砂浆等杂物清除干净，涂黄油并缠牛皮纸加以保护。再次检查地脚螺栓根开和同组地脚螺栓对中心的偏移，检查基础根开、对角线尺寸、基础顶面高差是否符合设计及规范要求。

（8）地脚螺栓必须垂直于立柱顶面，地脚螺栓外露高度符合表 1-15 规定。

表 1-15 地脚螺栓外露高度允许值

规格	M52	M56	M60	M64
外露尺寸（mm）	195	205	230	235

（9）铁塔基础尺寸的允许偏差应符合表 1-16 要求。

表 1-16 铁塔基础尺寸的允许偏差值

项目			允许偏差（mm）	优良级（mm）
整基基础中心与中心桩间位移	直线塔	横线路方向	30	24
	转角塔	横线路方向	30	24
	转角塔	顺线路方向	30	24
基础根开、对角线尺寸			±2‰	±1.6‰
基础顶面高差			5	5
整基基础扭转（括号内数值为高塔值）			10′（5′）	8′（4′）
保护层厚度			−5	−5
立柱及各底座断面尺寸			−1%	−0.8%
同组地脚螺栓中心对立柱中心的偏移			10	8
地脚螺栓露出混凝土面高度			+10，−5	+8，−4

（五）混凝土养护

混凝土浇筑后应在 12h 内开始浇水养护，天气炎热干燥有风时应在 3h 内开始浇水养护。混凝土外露部分应加遮盖物，养护时始终保持混凝土表面湿润。对普通硅酸盐和矿渣硅酸盐水泥拌制的混凝土的浇水养护期限，一般塔基础不得少于 5 昼夜；当使用其他品种水泥或是大跨越塔基础时，不得少于 7 昼夜。养护用水应与浇制用水相同。

（六）拆模

基础强度达到 2.5MPa 时即可拆模，拆模时应注意不得使混凝土表面及其棱角受损。拆模时要求项目部质监部门会同监理工程师按施工记录项目并对照 GB 50233—2014《110kV～750kV 架空输电线路施工及验收规范》的规定检查基础表面质量及结构尺寸，验收合格后应立即回填，并认真填写施工记录。对基础表面的缺陷，应会同有关单位进行检查与判断，对质量有影响的可采取修复措施，对质量有影响的应研究处理办法并经总工程师批准后实施。

三、实施后工作

（1）质量检查。铁塔基础尺寸允许偏差应符合施工验收规定。

（2）基坑回填。基础拆模并经表面质量检查合格后应立即回填土，并应对基础外露部分加遮盖物，按规定期限继续养护，养护时应使遮盖物及基础周围的土始终保持湿润。回填土时应分层回填、分层夯实，每层厚约 300mm，为补偿沉降加防沉层 300～500mm，并顺地形做 5％的散水坡。

（3）工作结束，整理现场。

（4）召开班后会。总结工作经验，分析施工中存在的问题及改进方法等。

任务评价

本任务评价见表1-17。

表 1-17　　　　　　　　　　现浇钢筋混凝土基础施工任务评价表

姓名		学号					
评分项目		评分内容及要求	评分标准	扣分	得分	备注	
施工准备 (25分)	施工方案 (10分)	(1) 方案正确。 (2) 内容完整	(1) 方案错误，扣10分。 (2) 内容不完整，每处扣0.5分				
	准备工作 (5分)	(1) 安全着装。 (2) 场地勘察。 (3) 工器具、材料检查	(1) 未按照规定着装，每处扣0.5分。 (2) 工器具选择错误，每次扣1分；未检查，扣1分。 (3) 材料检查不充分，每处扣1分。 (4) 场地不符合要求，每处扣1分				
	班前会 (施工技术交底) (5分)	(1) 交代工作任务及任务分配。 (2) 危险点分析。 (3) 预控措施	(1) 未交代工作任务，每次扣2分。 (2) 未进行人员分工，每次扣1分。 (3) 未交代危险点，扣2分；交代不全，酌情扣分。 (4) 未交代预控措施，扣2分。 (5) 其他不符合要求，酌情扣分				
	现场布置 (5分)	(1) 安全围栏。 (2) 标识牌	(1) 未设置安全围栏，扣3分；设置不正确，扣1分。 (2) 未摆放任何标识牌，扣2分；漏摆一处，扣1分；标识牌摆放不合理，每处扣1分。 (3) 其他不符合要求，酌情扣分				
任务完成 (60分)	基坑操平、找正(5分)	(1) 基坑操平方法。 (2) 基坑找正方法	(1) 基坑操平方法不正确，扣3分。 (2) 基坑找正方法不正确，扣2分				
	钢筋绑扎及模板支设 (10分)	(1) 底板钢筋绑扎及支模； (2) 立柱钢筋绑扎及支模	(1) 未检查配料表与施工图纸是否相符、钢筋成品与下料表是否相符，各扣1分。 (2) 钢筋的品种、规格、数量、绑扎牢固、搭接长度不符合规范要求，各扣1分				
	地脚螺栓安装 (10分)	(1) 模板安装方法。 (2) 地脚螺栓安装方法	(1) 模板安装不符合规范要求，扣2分。 (2) 地脚螺栓安装不符合规范要求，各扣2分				

姓名		学号				
评分项目		评分内容及要求	评分标准	扣分	得分	备注
任务完成 （60分）	混凝土浇筑 （10分）	（1）试块浇制。 （2）混凝土搅拌。 （3）混凝土浇筑	（1）试块浇制不符合规范要求，扣2分。 （2）混凝土搅拌不符合规范要求，扣2分。 （3）混凝土浇筑不符合规范要求，扣2分			由于任务实施较困难，可采用现场提问方式进行考核
	基础养护 （5分）	（1）基础养护方法。 （2）基础养护注意事项	基础养护方法不符合规范要求，扣1分			
	模板拆除 （5分）	（1）模板拆除方法。 （2）模板拆除注意事项	模板拆除方法不符合规范要求，扣1分			
	质量检查 （5分）	（1）混凝土表面检查。 （2）尺寸偏差。 （3）混凝土强度检查	（1）混凝土表面不符合规范要求，扣1分。 （2）尺寸偏差不符合规范要求，扣1分。 （3）混凝土强度不符合规范要求，扣1分			
	整理现场 （5分）	整理现场	（1）未整理现场，扣1分。 （2）现场有遗漏，每处扣1分。 （3）离开现场前未检查，扣1分			
基本素质 （15分）	安全文明 （5分）	（1）标准化作业。 （2）安全措施完备。 （3）作业现场规范	（1）未按标准化作业流程作业，扣1分。 （2）安全措施不完备，扣1分。 （3）作业现场不规范，扣1分			
	团结协作 （5分）	（1）合理分工。 （2）工作过程相互协作	（1）分工不合理，扣1分。 （2）工作过程不协作，扣1分			
	劳动纪律 （5分）	（1）遵守工地管理制度。 （2）遵守劳动纪律	（1）不遵守工地管理制度，扣2分。 （2）不遵守劳动纪律，扣2分			
合计	总分100分					
任务完成时间：		时 分				
教师						

学习与思考

（1）水泥混凝土是由哪些成分组成的？混凝土中水泥的用量是否越多越好？

（2）某基础现场浇制所用水、砂、石、水泥的质量分别为 35、120、215、50kg，试计算该基础的配合比。

（3）某基础配合比为 0.66：1：2.17：4.14，测得砂含水率为 3%，石含水率为 1%。试计算一次投料一袋水泥（50kg）时的水、砂、石用量为多少？

（4）阐述现浇钢筋混凝土基础施工工艺流程。

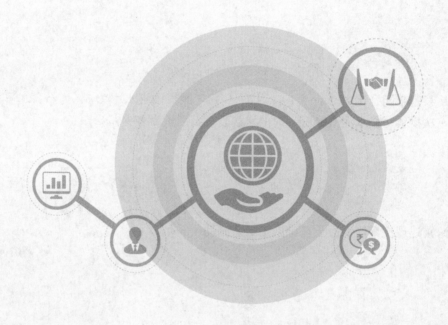

任务三 人工挖孔桩基础施工

任务描述

人工挖孔桩基础是采用人工开挖方式成孔、现浇钢筋混凝土基础成型的一种基础形式。

本学习任务主要是完成人工挖孔桩基础施工方案的编制，并实施人工挖孔桩基础施工任务。

任务目标

了解人工挖孔桩基础的结构和种类，熟悉人工挖孔桩基础施工工艺流程，明确施工前的准备工作、施工危险点及安全防范措施，并依据相关线路施工验收规范，编制并实施人工挖孔桩基础施工方案。

任务准备

一、知识准备

人工挖孔桩施工方便、速度较快、不需要大型机械设备，挖孔桩要比木桩、混凝土打入桩抗震能力强，造价比冲击锥冲孔、冲击钻机冲孔、回旋钻机钻孔、沉井基础节省。但挖孔桩井下作业条件差、环境恶劣、劳动强度大，安全和质量显得尤为重要。场地内打降水井抽水，当确因施工需要采取小范围抽水时，应注意对周围地层及建筑物进行观察，发现异常情况应及时通知有关单位进行处理。

人工挖孔桩基础的孔桩一般较粗（最细的直径也在 800mm 以上），能够承载楼层较少且压力较大的结构主体，目前应用比较普遍。桩的上面设置承台，再用承台梁拉结、联系起来，使各个桩的受力均匀分布，用以支撑整个建筑物。由于人工挖孔桩基础具有施工机具设备简单、操作方便、施工速度快、对环境影响小、施工质量可靠、挖孔桩抗震能力强、工程造价低等优点，在输电线路工程建设中得以广泛应用。

人工挖孔桩基础施工时，首先用经纬仪进行根开、档距、高差测量，其次进行基础分坑，最后根据放样的开挖尺寸进行土方开挖。开挖过程中应充分利用机械化施工优势，基坑应尽量采用机械化掏挖，对无法采用机械掏挖的可采用人工掏挖；掏挖时遇到岩石地质，人工掏挖较为困难时，可配合钢钎类简易工具，分层剥离，忌用大开挖的方法；必要时可采用风镐机械开凿，开凿过程中应保证塔基以及附近岩体的完整性和稳定性。混凝土采用机械搅拌、机械捣固，个别交通条件允许的区域采用商品混凝土浇制的方式进行施工。

二、施工准备

（一）技术准备

（1）审查设计图纸，熟悉有关资料。

（2）搜集资料，摸清情况。

（3）测量仪器和量具应在检测有效期内，使用前必须进行检查与校正，符合计量要求，经纬仪最小角度读数不应大于$1'$。

（4）编制人工挖孔桩基础施工作业指导书。

（二）工器具准备

（1）选用适合工程使用的测量仪器。

（2）配齐基坑开挖、回填用的各种工具。

（3）配备上、下坑工具及作业人员的安全防护用具。

（三）材料准备

对进入现场的材料应按设计图纸及验收规范要求进行清点和检验。

本任务所需工器具及材料见表1-18。

表 1-18　　　　　　　　人工挖孔桩基础施工所需工器具及材料

序号	名称	单位	数量	备注
1	提土机	套	1	KCD-500
2	发电机	台	1	WX6500
3	电焊机	台	1	BX1-400A
4	混凝土搅拌机	台	2	JZC320
5	配电箱	只	1	SDXK-01-01
6	护壁模板	套	2	
7	插入式振捣器	套	2	
8	测量工具	套	1	包括经纬仪、塔尺、花杆、钢卷尺、垂球等
9	磅秤	台	1	100kg
10	软梯或安全绳	套	2	13～15m
11	溜槽、串桶	个	15	
12	试块盒	组	2	150mm×150mm×150mm
13	坍落度筒	个	1	标准
14	钢模板	套	4	300～500mm
15	速差保护器	套	4	15～30m
16	通风照明设备	套	1	12W
17	气体检测仪	台	1	CD-4 型
18	扭矩扳手	把	2	

（四）人员要求

参加施工作业的人员必须经培训合格并持证上岗；施工前必须熟悉施工图纸、作业指导书及施工工艺特殊要求。

三、施工危险点分析及安全措施

（一）危险点一：坑壁塌方伤人

（1）坑挖好后应进行支模工作，应采取可靠的防止塌方措施。

（2）土质松软处应设防塌板（板桩）。

（3）往外抛土时，应注意避免石块回落伤人。

（二）危险点二：高处坠物伤人

（1）施工中坑上严禁掉东西，以防止打伤坑内工作人员。

（2）施工工程应由专人指挥、检查，发现问题应及时处理。

（3）坑内不得休息。

（三）危险点三：掉入基坑摔伤

（1）下坑检查时，不应攀踩支木、顶木，以防踩掉摔伤。

（2）拆木模时，应防止钉子扎脚。

任务实施

一、实施前工作

（1）本任务标准化作业指导书的编写。指导学生（学员）完成人工挖孔桩基础施工作业指导书的编写。

（2）工器具及材料准备。

（3）办理施工相关手续。工作负责人按规定办理施工作业手续，得到批复后方可进行工作。

（4）召开班前会。

（5）布置工作任务。

（6）工作现场或模拟现场布置。根据作业现场或模拟现场情况合理布置、摆放工器具及材料。

二、实施工作

（一）基坑开挖

（1）在基坑开挖前各控制桩应完整无缺，复查根开尺寸、转角度数、横担方向等，确认控制尺寸正确无误。

（2）基坑开挖过程中如遇地质与设计不符以及溶洞、坟墓、暗浜等情况，应及时报项目部处理，不得擅自增减基础的有效埋深。

（3）人工挖孔与混凝土护壁浇制交替进行。每挖好 1m，随即浇制一节混凝土护壁；待至少 24h，混凝土达到一定强度后，方能开挖下一节。

（4）基坑开挖采用人工挖孔的方法，禁止采用大开挖的方法，以保证塔基及附近土质的完整性及稳定性。挖掘时先挖中间后挖周边，每次开挖前，要用垂球测出桩孔中心，如

图 1-17 所示。开挖过程中应随时检查桩径（允许偏差为±50mm）和桩孔垂直度（误差小于0.5%），防止挖偏。每挖完一节，必须根据桩孔口上的轴线吊直、修边，使孔壁圆弧保持上下顺直。

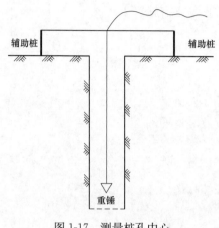

图 1-17 测量桩孔中心

（5）逐层往下循环作业。开挖时应掌握现场土质情况，随时观察土体松动情况，操作进程要紧凑，不留间隔空隙，避免坍孔。

（6）基坑开挖时，挖出的土石方应及时运离孔口，不得放在坑口四周5m范围内和坑口的上坡方向。

（7）挖孔时，应设坑盖及安全围栏，加挂警示牌。安全围栏采用钢管扣件连接，刷红白漆；人员上下时使用软梯（爬梯）及速差器，以确保安全。安全文明施工措施必须符合国网（基建/3）187—2015《国家电网公司输变电工程安全文明施工标准化管理办法》要求。

坑深超过1.5m时，上下必须采用梯子；超过3m时，上下基坑时采用软梯。软梯需用铁桩或角钢固定在基面上并绑扎牢固，软梯放入基坑时末端也需设置可靠的固定措施，同时必须设置$\phi 14$的尼龙绳作为应急爬梯绳（绳子每间隔0.5m设一防滑结）。基坑开挖过程须设置专人进行监护。

人员上下必须使用速差器。速差器根据坑深现场配置，坑深小于10m时配置10m速差器，坑深大于15m时配置15m速差器。速差器固定在坑口锚桩上。安放锚桩时需提前策划，在浇制第一节护壁前就要考虑：在坑口2m之外使用∠100°×1.2m桩锚，用钻桩作为爬梯或者速差器的固定锚桩。

（8）开挖过程中，当挖至5m深时，须采用通风设备向洞内送入空气。送风时间按$T=1.2\pi R^2 H/3.5(\text{min})$计算，其中$R$为桩的半径，$H$为开挖深度，1.2为盈余系数。通风机送风量为25L/s，应持续通风，以确保洞内作业时空气清新。每日作业前应采用通风设备向洞内送风，并用气体检测仪检测坑内是否缺氧。监护人员应密切注意挖孔人员，防止发生有毒气体中毒事件；同时应不定时更换基坑开挖作业人员，采取坑上坑下轮换作业的方式，轮换间隔时间最好不要超过2h；当发现坑内人员有异常状况时，应及时了解坑内空气质量，并根据具体情况及时开展抢救工作。

（9）施工出土时，采用在坑口安置的电动提升装置，通过钢丝绳和提土桶将土石提出，放置在坑口外5m以外的地方。弃土应按照基础配置表中要求处置，不能危及铁塔安全，不能破坏环境和影响农田耕作。提升架安装必须牢固可靠，吊钩必须要有防止滑脱的装置。电动提土机如图1-18所示。

采用电动提土机提土时的注意事项如下：

1）机座要站立稳固，对于小型提土机的机架，所压重物不得小于400kg，且距提土机的垂直机架距离不得小于2m；为方便现场操作及做好现场预控，特加工配重标准块，标准块需与提土机相配套，单块配重质量控制为50kg，每个施工班组配置8块配重块。提土机起重质量不得大于100kg。提土机距坑口边不得小于500mm，提绳要与提土桶系牢。

2）提升人员要控制提升节奏，不能急起急落，要保持平衡上升；提升时人应站在提土桶的侧面，以防提土桶意外坠落。

3）要经常检查提土桶及提土绳的安全状况，尤其是桶鼻是否有损坏。

4）坑口边作业人员应打好安全带并设置速差自控器。

5）提土的钩子必须有防脱落装置。

（10）挖扩底桩时应先将扩底部位桩身的圆柱体挖好，再按扩底部位的尺寸、形状自上而下削土扩充，直至符合设计图纸的要求。扩底部分不做护壁。扩大头的开挖既要保证扩大头的尺寸，又要保证不能偏心，待掏挖至基本接近要求的外形时，用专用三角板沿立柱周围边测边修整，如图1-19所示。

1）挖孔成型后，应严格保证该基础底部扩大头的高度及进深不小于施工图纸要求尺寸，如井筒尺寸增大，则按照施工图纸中的尺寸比例相应增大扩大头的高度及扩大头的直径等尺寸。

2）孔深允许偏差为+100mm，0mm，在允许范围内以较深处为准操平；若偏差大于100mm，则超过部分应采用原标号混凝土处理。

3）挖孔前四周应设防水沟，挖孔暂停或结束时用雨布盖好，请监理工程师及现场安全质量监督人员到现场验坑，经签证后方可进行混凝土浇制。

图1-18 电动提土机

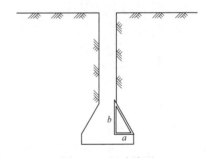

图1-19 尺寸检测

（11）基坑内的照明要求如下：

1）孔内作业照明应采用安全矿灯或12V以下的安全灯。

2）坑内作业实行一人一灯制，对临时用灯或外来人员用灯必须严格登记。

3）每个下坑员工取灯时，应对亮度和外观进行检查，有不合格者，应立即通知充电工进行修理或更换，严禁不完好的矿灯下坑。

（二）混凝土护壁

1. 护壁相关规定

（1）护壁中心线与设计轴线的偏差不得大于 20mm。

（2）采用人工成孔时必须边挖边设置护壁。护壁每节高度为 500～1000mm；护壁顶高出地面的距离：A、B 型护壁为 100mm，C 型护壁为 150mm。往下施工时，每挖好一节，浇制一节混凝土护壁；上节混凝土护壁强度大于 3MPa 后，方可进行下一节的基坑开挖；上下节护壁的搭接长度不得小于 50mm。护壁模板的拆除应在灌注混凝土后 24h 内进行（当遇土质特殊情况时应另行处理）。当护壁有露筋、漏水、空洞现象时，应及时补强。

（3）浇制前必须将基坑清理干净，去掉坑壁的松动土、石，方可进行浇制施工。为保证基础的垂直度，要求每浇筑完三节护壁，需校核基坑中心位置。同一水平面上井圈任意直径的偏差不得大于 50mm。当遇到厚度不大于 1.5m 的流动性淤泥和可能出现涌土涌沙时，应将每节开挖的深度和护壁的深度控制在 0.3～0.5m，并应随挖随验、随做护壁；或采取钢护筒护壁施工，并采取有效的降水措施。

（4）为保证护壁的垂直度，每节护壁做好后，应将桩位十字线对中，检查孔壁垂直平整度和孔中心。

（5）上下节护壁的竖向钢筋采用钢丝绑扎搭接，搭接长度不小于 300mm。

（6）护壁混凝土强度与柱体同等级；每节护壁均应在当日连续施工完毕；护壁混凝土必须捣固密实，如有渗水现象应根据土层渗水情况使用速凝剂。

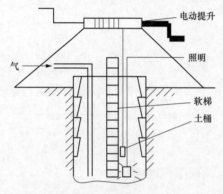

图 1-20　斜阶形护壁形式

2. 护壁施工

（1）现浇混凝土护壁挖孔桩基础施工时，护壁的结构形式为斜阶形，如图 1-20 所示。应按设计图纸的要求布置护壁钢筋。修筑护壁所用的模板应为工具式钢模板。

挖孔桩基础开挖时应根据设计要求采取护壁措施，并需按设计要求加设护壁钢筋。采用护壁方式的基础，基坑开挖时开挖直径＝基础直径＋护壁厚度×2。在开挖前必须清除基坑上方的松动石块和坑壁上的浮土。每开挖 1000mm 时应做护壁，待 24h 后方能开挖下一节（当遇土质特殊情况时另行处理）。护壁搭接长度不小于 50mm。护壁施工参考图如图 1-21 所示。

（2）采用挖孔桩基础的塔位，锁口及第一节井壁均应采用混凝土护壁。对于硬质岩石地基，护壁施工应到强风化岩层顶面以下 0.5m；对于软质岩石地基，护壁施工应到中风化岩层顶面以下 0.2m；对于黄土（黄土状粉土和粉土）、粉质黏土、碎石土、沙土及破碎类岩石地基，护壁施工应到基础扩大头顶面。

（3）护壁分为 A、B、C 型，A 型适用于桩径 1.4m 及以下基础的施工，B 型适用于桩径大于 1.5m 但小于等于 2.0m 基础的施工，C 型适用于桩径大于 2.0m 但小于等于 2.6m 基础的施工。

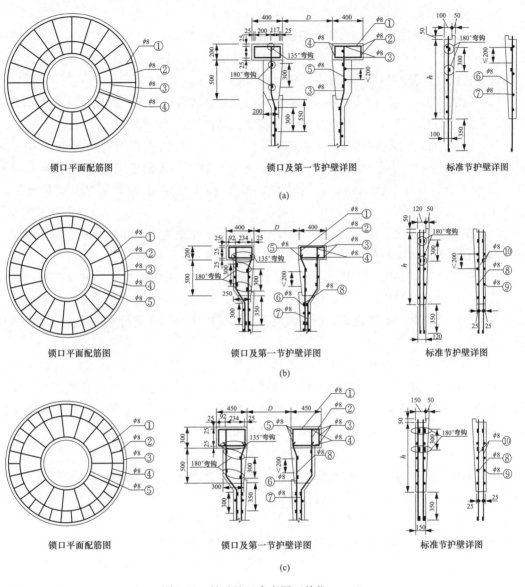

锁口平面配筋图　　　　锁口及第一节护壁详图　　　　标准节护壁详图

(a)

锁口平面配筋图　　　　锁口及第一节护壁详图　　　　标准节护壁详图

(b)

锁口平面配筋图　　　　锁口及第一节护壁详图　　　　标准节护壁详图

(c)

图 1-21　护壁施工参考图（单位：mm）

(a) A 型护壁；(b) B 型护壁；(c) C 型护壁

（4）放线定位。根据基础设计尺寸和护壁厚度，确定挖孔桩实际开挖直径，用经纬仪按放样尺寸进行放样，并在基坑口四周打出定位十字桩和开挖高程桩，以便在开挖过程中定出基坑中心和开挖深度。

（5）测量控制和坑壁制模。每次基坑开挖前都要在基坑口四周的十字桩拉线，用垂球将基坑中心点引入井底，通过放样确定开挖尺寸，并通过开挖高程量出开挖的深度。安装护壁模板时也必须用桩心点校正模板位置。护壁模板采用 $\phi60$ 的木棒支撑，要求支撑牢固。上下节护壁的搭接长度为 50mm。

（三）钢筋的绑扎与安装

1. 钢筋的绑扎

（1）绑扎前必须检查基础钢筋的规格、数量、尺寸是否与设计图纸要求相符。主筋间距允许偏差为±10mm，箍筋间距允许偏差为±20mm，钢筋笼直径允许偏差为±10mm，钢筋骨架长度允许偏差为±50mm。

（2）钢筋笼绑扎时应防止变形。安放前需再次检查坑内的情况，以确定坑内无塌方和沉渣。安放时要对准坑口，扶稳并缓慢顺直，避免碰撞坑壁，严禁墩笼、扭笼。

（3）施工中要保证钢筋间距和保护层厚度。绑扎立柱或支模时要保护好绑扎好的钢筋，不使其变形。主筋间距要相等，箍筋应均匀放置，钢筋四周主筋上每隔一定距离应设置一个"耳环"作为垫块，同时增加绑扎垫块，使主筋保护层厚度满足设计图纸要求。

（4）钢筋绑扎时应清除坑内积水杂物，按施工要求在主钢筋下部垫混凝土块，以保证底板钢筋混凝土保护层厚度。

（5）基础钢筋应在坑内绑扎，按照设计数量均匀分布。扎筋时要求主筋与箍筋相切且满点绑扎，以免钢筋笼松散变形，影响主柱的浇制。同时由于钢筋太长，而因自身的重量可能导致其产生弯曲或墩笼现象，所以在主筋顶端要用铁丝等将钢筋笼拉住，以承受部分重量。

（6）钢筋绑扎后应按基础施工图纸要求进行复查，以确保钢筋数量正确，位置尺寸在允许偏差范围内。除特殊注明外其余保护层皆为60mm，要注意直螺纹连接套筒直径大于钢筋直径，保护层厚度按钢筋直径计算。现场在外箍筋上加混凝土垫块，以控制钢筋保护层。要确保底盘筋四周及底部保护层符合设计图纸要求。

2. 钢筋的安装

当主筋长度为大于10m的超长钢筋时，需要人工配合起立钢筋。其吊装施工步骤如下：

（1）将钢筋一端插入基坑端口，将底部放在坑口中心位置，并用一根$\phi 14 \times 20m$的锦纶绳拴紧腿部，起立钢筋时施工人员收紧锦纶绳作为绊脚绳。

（2）在坑口架设电动提土机架的动力设备三脚架，如图1-22（a）所示。吊钩与主筋应绑扎牢固，吊点设置在主筋长度的2/3处，并在抱杆头部拴紧后，启动动力装置慢慢收紧使钢筋起立。

（3）待钢筋起立后，缓送钢筋腿部$\phi 14 \times 20m$的锦纶绳，将钢筋慢慢放入坑内，直到全部放入基坑内为止。

（4）注意钢筋上部端头以下1/3处需绑扎一个控制绳，防止钢筋在起立过程中由于惯性向三脚架倾倒。控制绳可经过地面绊绳桩以减小尾部受力，方便人员控制，如图1-22（b）所示。

3. 模板支设

模板配置除应符合基础尺寸外，模板内表面应平整，接缝应严密，对于重复使用的模板应将表面硬块凿掉，并涂刷脱模剂。

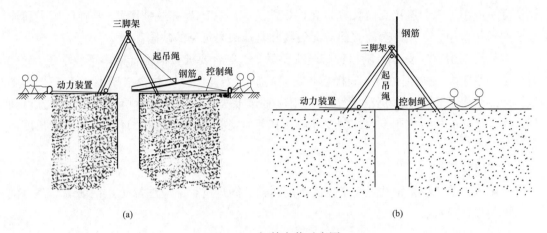

图 1-22　钢筋安装示意图

(a) 钢筋起立示意图；(b) 防止钢筋向三脚架倾倒控制示意图

（1）对于露头过高的基础，施工时应搭设施工台，模板四周应支撑牢固，超过 1.5m 的基础还需要加装爬梯。

（2）钢筋与模板之间应有一定的保护距离，四周用符合图纸要求保护层厚度的木条与立柱隔离，浇制时边浇边往上抽木条。

（3）模板支好后应会同监理工程师检查，合格后方可进行下一道工序。

（4）模板安装允许偏差见表 1-19。

表 1-19　　　　　　　　　　　　　　模板安装允许偏差

项目	允许偏差（mm）
模板轴线位置	5
底层模板上表面标高	±5
立柱	−5～+4
相邻两模板表面高差	2

（四）直螺纹制作与连接

1. 制作要求

（1）基础主筋采用直螺纹连接，接头属Ⅱ级接头。

（2）设置在同一基础的接头位置应相互错开。基础主筋连接时，同一构件的接头应相互错开，相邻钢筋的接头中心距为连接钢筋直径的 35 倍。同一区域内，同一根钢筋不得有两个接头，并且接头钢筋的截面面积不得超过钢筋总面积的 50%。

（3）主筋保护层厚度为 60mm，钢筋各部位保护层厚度要满足设计要求，其误差不超过 ±5mm。

2. 制作准备

对照图纸核对钢筋规格、数量是否满足设计要求。钢筋不应弯曲，若有弯曲，应校直。钢筋螺纹丝头不应有损坏及锈蚀，丝头有效螺纹数量不得小于设计规定；丝头有效螺纹长度不应小于 1/2 连接套筒长度,允许误差为 ±2P(P 为螺纹螺距)。要确保丝头和连接套的丝扣干净、无损。套筒表面应无裂纹和其他肉眼可见的缺陷。

应采用专用工具按 10% 随机抽查丝头质量是否符合要求,抽检合格率不应小于 95%。若合格率小于 95%,则另行取同样数量进行检验。当两次检验总合格率不小于 95%,则该批产品合格;若合格率仍小于 95%,则应对该批次产品逐个进行检验,合格者方可使用。丝头尺寸的检验应用专用的螺纹环规,其环通规应能顺利旋入,环止规旋入的长度不得超过 3P。

3. 钢筋就位

采用人力或机械将钢筋运至塔位,钢筋运输、搬运过程中应注意防止钢筋端部挤、碰变形进而损坏丝头。

4. 接头连接

先将套筒与一根钢筋丝头进行连接,套筒应沿钢筋轴线进行旋拧,手工初拧后,使用两把紧固扳手将套筒与钢筋拧紧。进行另一根钢筋连接操作时,待接钢筋尽量成一条直线,同样使用扳手将钢筋与套筒拧紧,应使钢筋丝头在套筒中央位置相互顶紧,如图 1-23 所示。

受力钢筋滚轧直螺纹接头的位置应相互错开。在任一接头中心至长度为钢筋直径 35 倍的区段范围内,有接头的受力钢筋截面面积不宜超过钢筋总截面面积的 50%。

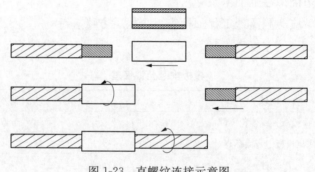

图 1-23　直螺纹连接示意图

(五)声测管埋设

1. 声测管技术要求

(1)挖孔桩基础均需埋设声测管。桩径小于 800mm 时布置 2 根声测管;桩径大于 800mm 且小于或等于 1600mm 时布置 3 根声测管;桩径大于 1600mm 时布置 4 根声测管。

(2)声测管上端高出基础顶面 100mm,下端至桩底;声测管底部用钢板焊接密封,顶部用木塞或橡胶塞封闭,防止砂浆、杂物堵塞管道。

(3)声测管设于桩基钢筋笼内侧,采用绑扎固定或焊接固定;若采用绑扎固定,当绑扎材料采用 20 号火烧丝时,管间距离必须一致并互相平行。

(4)声测管接头采用套管连接,连接时在紧固件内放置止水密封圈,使接头有效;严禁采用对焊方法连接。

(5)声测管沿钢筋笼内侧呈对称形状布置,并依次编号。

(6)安装完毕后,应在管内注满清水,检查声测管密封性能,如有渗漏点应进行堵漏处理；密封性没问题后，加盖或加塞封闭关口，以防浇筑混凝土时落下异物，堵塞孔道。

（7）挖孔桩基础采用声波透射法进行检测。采用挖孔桩基础的塔位，检测数量不少于总数的20%且每个塔基不少于1根。检测方法按 Q/GDW 11653—2017《输变电工程地基基础检测规范》的相关规定执行。

2. 声测管施工注意事项

（1）声测管自进入工地现场后，在装卸、搬运、安装过程中，要避免使声测管的管体扭曲和挤压变形。

（2）声测管安装时，首先要对管体进行检验，内壁不光滑或扭曲变形的声测管不得安装。

（3）由于声测管间距随深度的变化难以确定，各深度处的声速只能采用柱顶两根声测管的距离来计算，因此必须将声测管埋设得相互平行。为减少偏差，可在相邻声测管之间焊接等长的水平撑杆。

（4）若声测管需要割断，应采用切割机切断，并对管口进行打磨除刺，不得用点焊机烧断。焊接钢筋时，应避免焊液流溅到声测管管体上或接头上。声测管连接时，应在钢管插入端适量涂油，以保证接头的顺利插入。

（5）浇筑混凝土之前，应检查声测管内的水位，如管内水不满，则应检查渗漏点并进行堵漏处理；处理后在管内注满清水，对管口进行有效密封。浇筑过程中，应避免振捣器振捣时损伤声测管。

（6）基础地脚螺栓采用偏心设计的，安装时应核实声测管与地脚螺栓是否相碰，确认无碍后方可固定声测管。

（7）检测后要求切除声测管外露部分，并在声测管上部灌浆封堵，封堵高度不应小于1m，封堵后要求水不渗入声测管内。

（8）声测管底部距桩底须留有一个保护层厚度。

（9）冬季施工时，基础浇筑前需向声测管中注水以检查密封性，待浇筑完基础混凝土后把管中水抽出以防管内水冻胀。

（10）原则上应完成检测后再进行承台浇筑施工。

（11）检测完成后，需将管内水排除，并按（7）中要求进行封堵。

（六）混凝土浇筑

1. 搅拌

必须采用机械搅拌，并严格按照配合比通知单进行配料。没有料斗的搅拌机不得使用。

（1）搅拌机装料顺序：先倒入砂和水泥，后加入石子充分混合后再加水，至稠度适当、颜色基本一致时为止。

（2）机械搅拌混凝土的搅拌最短时间（s）见表1-20。

2. 下料

混凝土下料时应使用流槽或串筒从立柱中心开始逐渐延伸至四周，并应避免将钢筋向一侧挤压变形。混凝土自高处倾落的自由高度不应大于2m。如浇筑高度超过2m，应采用串筒向坑内进行浇筑。

表 1-20 搅拌最短时间

坍落度	机型	搅拌机出料量（L）		
		<250	250～500	>500
35～50mm	自落式	135s	135s	180s

3. 振捣

（1）混凝土振捣必须采用机械振捣，施工现场必须有两台插入式振捣器互换和备用；个别施工部位采用插入式振捣器无法振捣时应辅以人工捣固，并有专人负责。电动振捣器外壳应接地良好并配漏电保安器。

（2）振捣时应按顺序逐点前进，移动间距不大于 1.5 倍的作用半径；先边角后中间，振捣器到模板的距离不大于振捣器作用半径（一般为 400mm）的一半。每一插点要掌握好振捣时间，一般振捣时间为 20～30s。振捣时间过短，不易捣实和使气泡排出；振捣时间过长，可能造成混凝土分层离析，致使混凝土表面颜色不一致。混凝土振捣时，振捣器若紧靠模板振捣，则很可能将气泡赶至模板边，反而不利于气泡排出，故振捣器应与模板保持 150～200mm 的间隙，以利于气泡排出。

（3）振捣器每次振捣深度以 300mm 为宜，插入下层混凝土深度不小于 50mm。

（4）振捣时应"快插慢拔"，直至混凝土内部密实均匀，表面呈现浮浆，且无沉落现象。

（5）振捣器不应直接碰振钢筋笼，以免钢筋笼偏移。

（6）混凝土在浇灌与振捣过程中，有可能产生钢筋笼倾斜等现象，故要随时测量监视钢筋笼、模板及地脚螺栓的方位、根开和高差等，如有偏差应及时校正。特别要注意保证基础顶面高差在允许偏差范围内。

4. 主筋保护层的控制

利用事先浇制好的 C25 强度的预制混凝土块，其规格为 $100 \times 100 \times 60$(mm×mm×mm)，在钢筋笼找正固定后，在坑壁侧的主筋上绑上预制混凝土块，视主柱直径的大小均匀绑扎 6～8 块，同一根主筋上混凝土块上下间距约 2m，如图 1-24 所示。预制混凝土块在主筋上须绑扎牢固，不因振捣及人员上下而脱落。

要注意，主筋保护层厚度为 60mm。对于直螺纹套筒连接部位保护层，需按套筒直径计算，现场在连接部位附近控制主筋保护层即可。

（七）地脚螺栓的安装

（1）铁塔基础一般采用 M4、M8 地脚螺栓连接，单腿 8 个及以上地脚螺栓小跟开由顶部的定位模板控制，固定锚板由项目部统一加工，各施工队到项目部材料站领用。定位模板由施工队根据固定锚板进行加工。地脚螺栓定位模板如图 1-25 所示，其中箭头表示铁塔中心方向。

（2）地脚螺栓安装前，首先检查地脚螺栓固定支架尺寸是否准确，并除去地脚螺栓浮锈。

（3）地脚螺栓的组装是采用两根 14a 槽钢悬吊在基坑中进行的。首先，在基坑周围垒沙袋，垒沙袋的高度应采用经纬仪进行定位；其次，在坑内一定高度的箍筋上放置角钢（放置角钢的箍筋应加固处理），搭设一个施工简易平台，方便施工人员进入坑内施工，以及定位模板的放置；最后将槽钢横放在坑口边的沙袋上，定位模板放置在槽钢上，环形锚板放在坑内临时用 8 号铁丝固定在主筋上。地脚螺栓组装悬吊示意图如图 1-26 所示。

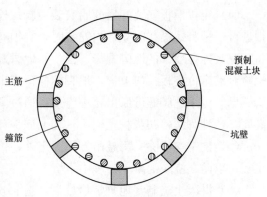

图 1-24 钢筋保护层控制

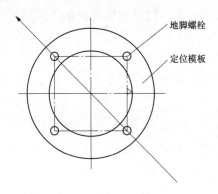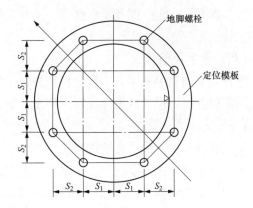

图 1-25 地脚螺栓定位模板

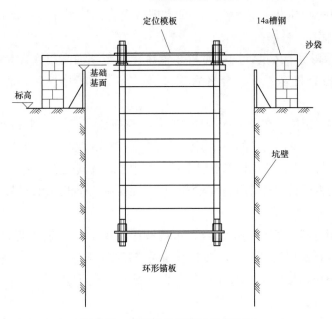

图 1-26 地脚螺栓组装悬吊示意图

（4）定位模板安装好后开始安装地脚螺栓，地脚螺栓安装时，采用单根安装的方式逐根进行。地脚螺栓在向立柱内安装时，必须有四个人使用直径不小于 14mm 的尼龙绳，并将其双头拴在顶部的地脚螺母下面，将地脚螺栓缓慢松放到定位模板的下面，然后将地脚螺栓对准定位模板孔向上提，地脚螺栓顶露出定位模板 30mm 左右时即可安装最上面的地脚螺母。调平地脚螺母后可松去绳索，通过紧固最顶端的地脚螺母将地脚螺栓提升至指定高度，待地脚螺栓初步找正位后，套上底部环形模板及地脚螺栓钢筋套，最后进行微调。

（5）地脚螺栓除采用悬吊方式固定外，仍用三角抱杆等辅助设备支撑悬吊地脚螺栓固定板，以防在浇筑混凝土过程中下沉。

（6）混凝土浇制到地脚螺栓处后，应再次找正固定，固定好并找正后方可继续浇制。地脚螺栓找正后，用紧固拉条将地脚螺栓底端对拉固定在钢筋笼上，防止地脚螺栓歪斜。紧固模板上下螺母应紧固到位，均应紧贴紧固模板。在浇制过程中应随时检查地脚螺栓位置、大小根开、出土高度及垂直度等，尤其是应按设计要求控制地脚螺栓的方向，控制其整体扭转。

（八）承台浇筑施工

承台浇筑施工中采用人工配合机械进行基坑开挖；采用人工绑扎钢筋，定型钢模无拉筋法固定模板；采用机械搅拌浇制、洒水养护。

1. 基坑开挖及处理

采用放坡开挖方法，开挖坡度采用 1∶1，用反铲挖掘机开挖，人工配合，并加强坑内的排水。挖掘时注意不要碰到支挡结构，挖至距承台底设计标高约 30cm 厚的最后一层土时，采用人工挖除修整，以保证土结构不受破坏。如在施工中发现基坑在地下水面以下，可用木板桩支撑，边开挖边开撑。对需要设挡板支撑的基坑，要根据施工现场条件，在基坑四周每 30cm 打一根木桩（或钢管），在木桩（钢管）后设 2～4mm 厚的木板（或钢板），防止边坡坍塌。

开挖到承台标高后，按设计图纸将桩顶混凝土凿至顶面高出底设计标高的 10cm 处，清理桩头杂物并进行桩基检测。合格后方可进行下一道工序施工，若不合格，应立即处理。

基底处理及测量定位：夯入 10cm 厚的碎石层，层面略低于承台底设计标高，如遇砂土层等地质不良情况，按设计要求的厚度铺设石渣或干拌 C15 混凝土。处理完毕后，马上组织测量人员对基坑进行操平，放出桩基点以及长、宽中心线及其交点（中心点）的位置，用仪器检查各点位置是否正确，然后用钢尺复测，确认无误后，挂线连出系梁边缘位置。

2. 承台施工

（1）定出桩顶轴线，放出基坑边线，边坡坡比采用 1∶1。若工程量大，采用机械开挖，挖至桩顶设计标高后清理整平，在基坑四周挖好排水沟、集水井，保障能及时排除积水。采用空气压缩机连接风钻凿除桩顶多余的混凝土。凿至桩顶标高以上 10cm 后，可以进行系梁（承台）施工。

（2）在基底铺垫一层 10cm 厚的素混凝土至系梁、承台底面设计标高。待达到一定强度后，按设计要求绑扎钢筋，钢筋骨架要绑扎牢固，整体性要强。安装时应预埋墩柱钢筋，要求位置准确，然后用 20mm 厚塑料面胶合板立模，立模之前涂刷脱模剂，保证结构物尺寸满足设计要求，支撑固定。钢筋和模板必须经监理工程师检查合格后，方可进行混凝土浇筑。混凝土浇灌厚度控制在 30cm 左右，一次性浇筑完成。混凝土连续浇筑，采用 ϕ70 振捣器振捣密实，不得漏振。要及时洒水养护（7d）。保持混凝土表面湿润，确保混凝土强度。

（九）钢筋安装

（1）钢筋在钢筋制作棚制作，严格按设计要求下料。

（2）采用电弧焊接时，两钢筋搭接端部就预先折向一侧，使两接合钢筋轴线一致；接头采用双面焊，焊接长度不小于 $5d$（d 为钢筋直径），要求焊缝饱满、平质、无蜂窝，并应敲掉焊渣。

（3）在同一部位内，同一钢筋不宜有两个接头，同一断面面积不超过 50%，两接头断面间距不小于 $35d$（d 为钢筋直径）或 50cm（视钢筋直径而定）。

（4）安装时应绑扎牢固，符合设计要求和 GB 50233—2014《110kV～750kV 架空输电线路施工及验收规范》要求，并加垫混凝土块以保证保护层厚度。

（十）模板的安拆

（1）采用大面积模板，模板要有足够的强度，要求拼装严密，接口平顺，大而平整，尺寸符合设计要求，拼装质量符合规范要求。用门式支架或方木纵横架支撑牢固。

（2）模板安装完毕后，对其平面位置、顶部标高、节点联系及纵横向稳定性进行检查，并报监理工程师检查签认后，方可浇筑混凝土。

（3）浇筑混凝土时，发现模板有超过允许偏差的变形时，应及时纠正。浇筑完成后，模板拆除应在混凝土达到一定强度后方可进行，以保证不损面、不掉角，保持外形美观。

（十一）混凝土浇筑注意事项

（1）浇筑混凝土前，由工程质检员会同监理人员检查钢筋和模板，合格后方可浇筑。

（2）施工顺序是先浇筑至帽梁顶面标高，待混凝土达到一定强度后再浇筑耳背墙及挡块。浇筑分层进行，每层厚度不超过 30cm，以插入式振捣器振捣密实。

（3）在浇筑过程中，派专人检查模板的稳定性，以确保安全。混凝土浇筑连续进行，如因故必须间断，其时间应小于前层混凝土的初凝时间。整个浇筑工程均需监理人员和技术人员进行旁站监督，不定时地检查混凝土拌和物的坍落度，按规定浇制试件，并做好施工记录。

（4）浇筑完成后，应及时进行养护，养护期一般不少于 7d，要保持混凝土表面经常处于湿润状态，以保证混凝土强度正常增长。

（十二）养护、拆模

同现浇钢筋混凝土基础施工。

三、实施后工作

（1）质量检查。铁塔基础尺寸允许偏差应符合施工验收规定。

（2）工作结束，整理现场。

（3）召开班后会。总结工作经验，分析施工中存在的问题及改进方法等。

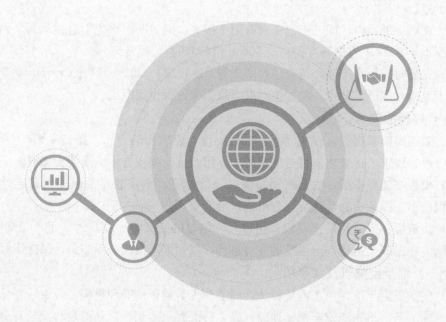

任务评价

本任务评价见表 1-21。

表 1-21 　　　　　　　　　　人工挖孔桩基础施工任务评价表

姓名		学号				
评分项目		评分内容及要求	评分标准	扣分	得分	备注
施工准备 (25 分)	施工方案 (10 分)	(1) 方案正确。 (2) 内容完整	(1) 方案错误，扣 10 分。 (2) 内容不完整，每处扣 0.5 分			
	准备工作 (5 分)	(1) 安全着装。 (2) 场地勘察。 (3) 工器具、材料检查	(1) 未按照规定着装，每处扣 0.5 分。 (2) 工器具选择错误，每次扣 1 分；未检查，扣 1 分。 (3) 材料检查不充分，每处扣 1 分。 (4) 场地不符合要求，每处扣 1 分			
	班前会 (施工技术交底) (5 分)	(1) 交代工作任务及任务分配。 (2) 危险点分析。 (3) 预控措施	(1) 未交代工作任务，每次扣 2 分。 (2) 未进行人员分工，每次扣 1 分。 (3) 未交代危险点，扣 3 分；交代不全，酌情扣分。 (4) 未交代预控措施，扣 2 分。 (5) 其他不符合要求，酌情扣分			
	现场布置 (5 分)	(1) 安全围栏。 (2) 标识牌	(1) 未设置安全围栏，扣 3 分；设置不正确，扣 1 分。 (2) 未摆放任何标识牌，扣 2 分；漏摆一处，扣 1 分；标识牌摆放不合理，每处扣 1 分。 (3) 其他不符合要求，酌情扣分			
任务完成 (60 分)	基坑开挖、混凝土护壁 (10 分)	(1) 基坑开挖方法。 (2) 混凝土护壁	(1) 基坑开挖方法错误，扣 2 分。 (2) 混凝土护壁方法不正确，扣 2 分。 (3) 其他不符合要求，酌情扣分			
	钢筋的绑扎与安装 (10 分)	钢筋的加工、绑扎与安装	(1) 未检查配料表与施工图纸是否相符，扣 2 分；未检查钢筋成品与下料表相符，扣 2 分。 (2) 钢筋的品种、规格、绑扎牢固程度、搭接长度不符合规范，每处扣 2 分。 (3) 尺寸偏差不符合规范要求，扣 1 分			

续表

评分项目		评分内容及要求	评分标准	扣分	得分	备注
任务完成 （60分）	直螺纹制作 与连接、 模板的安装 （10分）	（1）直螺纹制作与连接方法。 （2）模板的安装方法	（1）直螺纹制作与连接方法不正确，扣2分。 （2）模板的安装方法不正确，扣2分。 （3）其他不符合要求，酌情扣分			
	声测管 埋设（5分）	（1）声测管埋设技术要求。 （2）声测管埋设注意事项	（1）声测管埋设方法不正确，扣2分。 （2）声测管埋设不符合规范要求，扣2分。 （3）其他不符合要求，酌情扣分			
	混凝土浇筑 （10分）	（1）混凝土搅拌。 （2）混凝土振捣	（1）混凝土搅拌方法不正确，扣1分。 （2）混凝土振捣不符合规范要求，扣2分。 （3）其他不符合要求，酌情扣分			
	养护、拆模 （5分）	（1）基础养护方法。 （2）基础拆模方法	（1）基础养护方法不正确，扣2分。 （2）基础拆模方法不正确，扣1分			
	质量检查 （5分）	（1）坑深检查。 （2）尺寸偏差	（1）坑深不符合设计坑深要求，扣1分。 （2）尺寸偏差不符合规范要求，扣1分			
	整理现场 （5分）	整理现场	（1）未整理现场，扣1分。 （2）现场有遗漏，每处扣1分。 （3）离开现场前未检查，扣1分			
基本素质 （15分）	安全文明 （5分）	（1）标准化作业。 （2）安全措施完备。 （3）作业现场规范	（1）未按标准化作业流程作业，扣1分。 （2）安全措施不完备，扣1分。 （3）作业现场不规范，扣1分			
	团结协作 （5分）	（1）合理分工。 （2）工作过程相互协作	（1）分工不合理，扣1分。 （2）工作过程不协作，扣1分			
	劳动纪律 （5分）	（1）遵守工地管理制度。 （2）遵守劳动纪律	（1）不遵守工地管理制度，扣2分。 （2）不遵守劳动纪律，扣2分			
合计	总分100分					
任务完成时间：		时　　　　分				
	教师					

学习与思考

（1）说出人工挖孔桩基础的适用条件。

（2）说出人工挖孔桩基础承台施工方法。

（3）叙述人工挖孔桩基础施工工艺流程。

（4）说出人工挖孔桩基础施工危险点及防范措施。

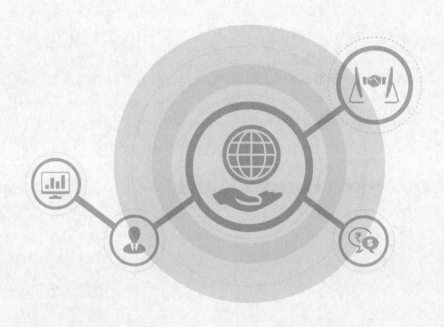

任务四　装配式基础施工

任务描述

铁塔的装配式基础分为金属装配式基础和混凝土预制装配式基础两种。金属装配式基础多用于高山地区且交通运输条件较困难的铁塔塔位。混凝土预制装配式基础一般用于混凝土杆基础和交通运输较方便的铁塔塔位。

本学习任务主要是完成装配式基础施工方案的编制，并实施装配式基础施工任务。

任务目标

了解装配式基础的结构和种类，熟悉装配式基础施工工艺流程，掌握装配式基础施工方法，明确施工前的准备工作、施工危险点及安全防范措施，并依据相关线路施工验收规范，编制并实施装配式基础施工方案。

任务准备

一、知识准备

（一）装配式基础概述

装配式基础又称预制基础，装配式基础是杆塔基础施工中常见的基础形式。它是将杆塔基础分为若干构件，在工厂加工制造，然后运送到杆塔位置后现场组装施工完成。金属装配式基础的构件是用型钢制造的，质量比较小，多用于高山地区且交通运输条件较困难的塔位。

装配式基础的优点是：①构件的生产工厂化，特别是混凝土构件的生产工厂化，使得基础加工的质量有保证（工厂加工条件好），从而保证了混凝土质量；②现场施工比较简单，比现浇钢筋混凝土基础节省 30%～50% 的劳动力，可缩短工期 1/3～1/2，可减少野外作业工作量；③减少材料运输量，特别是在山区和交通困难地方施工时，采用金属装配式基础更优越；④施工作业受季节气候影响小，有利于机械化或半机械化作业，从而降低了施工人员的作业强度，是输电线路基础施工的发展方向。

（二）金属装配式基础

金属装配式基础是一种传统的基础形式，多为钢结构。其主柱有立柱式和人字式两种，其底板有枕木式和格子式两种。金属装配式基础一般采用角钢制造，使用螺栓连接。其优点是质量小、结构简单、运输施工方便，缺点是钢材耗用量大。金属装配式基础适用于山地且土质好（风化的岩石、坚质黏土、砂土等），交通运输困难，不受地下水影响的塔位。

金属装配置基础按其结构可分为钢格排型、压制金属底板型、混凝土加强型等几种。

1. 钢格排型基础

如图 1-27 所示，钢格排型基础包括底板和立柱两个部分。底板常用槽钢或角钢通过螺栓连成一体，成格排状；立柱为角钢，又分为单柱和多柱两种，直线塔多用单柱，耐张

59

塔多用多柱甚至桁架结构。

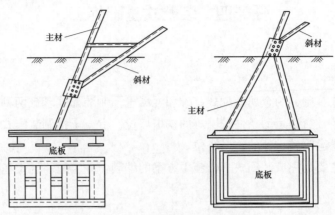

图 1-27　钢格排型基础示意图

2.压制金属底板型基础

如图 1-28 所示,压制金属底板型基础的底板由约 12mm 厚的钢板压制而成,立柱与钢格排型基础的相似。

3.混凝土加强型基础

如图 1-29 所示,混凝土加强型基础是为了克服普通钢结构预制基础承受水平荷载能力较差的缺陷,底板结构仍为钢格排型,对金属结构的预制基础浇制混凝土的立柱,使之适用于荷载较大的输电线路。

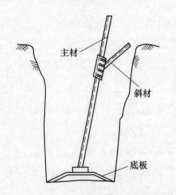

图 1-28　压制金属底板型基础示意图

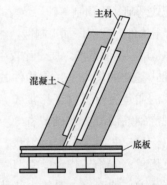

图 1-29　混凝土加强型基础示意图

(三)混凝土预制装配式基础

混凝土预制装配式基础,是用单个或多个部件拼装而成的预制钢筋混凝土基础。这种基础在预制件工厂统一配料、制造,因此其优点是:加工条件好,质量能够保证;便于采用新技术、新工艺,减少原材料消耗(如预应力基础)。一般预制基础单件质量大,运输困难,适用于缺砂、石、水等原材料但交通方便的地区。混凝土预制装配式基础按其结构可分为单件整体式和多件组合式两种。

1.单件整体式基础

如图 1-30(a)、(b)所示,单件整体式基础指将底板、立柱预制成一个整体或只有底板的基础，如混凝土杆的底盘，其质量较大，用人力运输吊装困难，不适用于大型基础，宜采用起重机整体吊装，适用于交通方便的地区。

2. 多件组合式基础

如图 1-30（c）所示，多件组合式基础的底板与立柱分离，甚至底板也是由多个砌块组成，用螺栓或水泥砂浆灌注后连接。立柱有单柱和多柱两种，单柱用钢管或混凝土杆，用法兰盘连接；多柱由角钢组合制成，用螺栓连接。

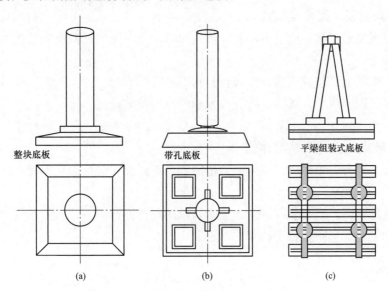

整块底板　　　　　　带孔底板　　　　　平梁组装式底板

(a)　　　　　　　　(b)　　　　　　　(c)

图 1-30　混凝土预制装配式基础示意图

（a）整体底板单件整体式；（b）带孔底板单件整体式；（c）多件组合式

二、施工准备

（一）技术准备

（1）审查设计图纸，熟悉有关资料。

（2）搜集资料，摸清情况。

（3）编制装配式基础施工作业指导书。

（二）工器具准备

（1）选用适合工程使用的测量仪器。

（2）配齐基坑开挖、回填用的各种工具。

（3）配备上、下坑工具及作业人员的安全防护用具。

（三）材料准备

对进入现场的材料应按设计图纸及验收规范要求进行清点和检验。

（四）人员要求

参加施工作业的人员必须经培训合格并持证上岗；施工前必须熟悉施工图纸、作业指导书及施工工艺特殊要求。

三、施工危险点分析及安全措施

(一) 危险点一：坑壁塌方伤人

（1）坑挖好后应进行支模工作，应采取可靠的防止塌方措施。

（2）土质松软处应设防塌板（板桩）。

（3）往外抛土时，应注意避免石块回落伤人。

(二) 危险点二：高处坠物伤人

（1）下模板传递工具等应上下协调，传递过程中互叫互应，防止突然扔下、扔上砸伤坑内外工作人员。

（2）施工中坑上严禁掉东西，以防止打伤坑内工作人员。

（3）施工工程应由专人指挥、检查，发现问题应及时处理。

（4）坑内不得休息。

(三) 危险点三：掉入基坑摔伤

（1）在施工平台上工作时，应采取防滑措施，平台面积应足够且牢固，防止作业人员掉入坑内摔伤。

（2）下坑检查时，不应攀踩支木、顶木，以防踩掉摔伤。

（3）拆木模时，应防止钉子扎脚。

📡 任务实施

一、实施前工作

（1）本任务标准化作业指导书的编写。指导学生（学员）完成装配式基础施工作业指导书的编写。

（2）工器具及材料准备。

（3）办理施工相关手续。工作负责人按规定办理施工作业手续，得到批复后方可进行工作。

（4）召开班前会。

（5）布置工作任务。

（6）工作现场或模拟现场布置。根据作业现场或模拟现场情况合理布置、摆放工器具及材料。

二、实施工作

(一) 金属装配式基础的安装

金属装配式基础的安装是基坑开挖后，将基坑操平，然后进行安装。

1. 钢格排型基础的安装

首先，底板下土壤应为原状土，并铺一层150～250mm厚的密实的碎石，进行铺石灌浆。其次，安装底板，可在地面上组装后吊入坑中，也可在坑内组装底板，然后校正底板位置，在底板上铺一层较大的石块。再次，组装立柱，组装时要紧固螺栓，并按120°方向打冲，在露出的丝杠上涂刷油漆。最后，操平找正，然后回填土壤并适度夯实。

2. 压制金属底板型基础的安装

为了防止在金属板下存有松砂，应先在底板下堆一砂墩，再将底板覆盖其上，进行基础的找正操平；然后用原地平移基础的方法降低砂层厚度，要求基础就位后砂床最小处厚度为7.5cm，以便基础下部与土层间无空腔存在，基础承压后底板均匀受力。

3. 混凝土加强型基础的安装

混凝土加强型基础的底板安装与钢格排型基础的底板安装相同，其立柱外应先安装模板，通常为圆形套筒，在套筒内浇灌混凝土，形成由混凝土加强的立柱。

（二）混凝土预制装配式基础的安装

布置找正线，使找正线在每个塔腿上形成十字形，如图1-31所示。在基坑上搭设吊架，准备吊装构件入坑。

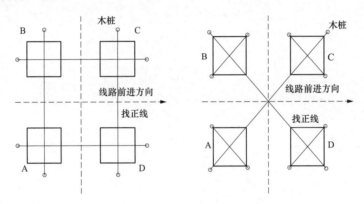

图1-31　基础的操平找正示意图

1. 基坑操平

基坑底应多点操平，使坑底基本平整；然后铺上厚50mm的粗砂或细碎石垫层，再多点操平，使全坑底平整，以保证基础底板受力均匀。这是装配式基础安装的关键。

2. 基础拼装

如图1-32所示，利用吊架或起重机将基础各部分吊入安装，并用垂球操平找正。

3. 防腐及回填

底板与立柱连接处铁件应以水泥砂浆浇制保护层，外露铁件应热浸镀锌并加刷沥青漆防腐。回填时要求在底板上铺一层大于底板之间空隙的块石后再回填土壤，对石坑可按石与土3:1~4:1的比例分层回填夯实，但回填土中石块不宜过大，防止卡坏立柱。

三、实施后工作

（1）质量检查。铁塔基础尺寸允许偏差应符合施工验收规定。

（2）工作结束，整理现场。

（3）召开班后会。总结工作经验，分析施工中存在的问题及改进方法等。

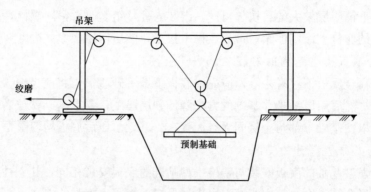

图 1-32　预制装配式基础简易吊装支架法

任务评价

本任务评价见表 1-22。

表 1-22　　　　　　　　　　装配式基础施工任务评价表

姓名		学号		扣分	得分	备注
评分项目		评分内容及要求	评分标准	扣分	得分	备注
施工准备 （25分）	施工方案 （10分）	（1）方案正确。 （2）内容完整	（1）方案错误，扣10分。 （2）内容不完整，每处扣0.5分			
	准备工作 （5分）	（1）安全着装。 （2）场地勘察 （3）工器具、材料检查	（1）未按照规定着装，每处扣0.5分。 （2）工器具选择错误，每次扣1分；未检查，扣1分。 （3）材料检查不充分，每处扣1分。 （4）场地不符合要求，每处扣1分			
	班前会 （施工技术交底） （5分）	（1）交代工作任务及任务分配。 （2）危险点分析。 （3）预控措施	（1）未交代工作任务，每次扣2分。 （2）未进行人员分工，每次扣1分。 （3）未交代危险点，扣3分；交代不全，酌情扣分。 （4）未交代预控措施，扣2分。 （5）其他不符合要求，酌情扣分			
	现场安全布置 （5分）	（1）安全围栏。 （2）标识牌	（1）未设置安全围栏，扣3分；设置不正确，扣1分。 （2）未摆放任何标识牌，扣2分；漏摆一处，扣1分；标识牌摆放不合理，每处扣1分。 （3）其他不符合要求，酌情扣分			
任务完成 （60分）	基坑找正 （5分）	（1）基坑找正方法。 （2）工具的使用	（1）基坑找正方法错误，扣2分。 （2）工具使用方法不正确，扣1分			
	搭设吊架 （5分）	（1）搭设吊架方法。 （2）工具的使用	（1）搭设吊架方法不正确，扣2分。 （2）工具使用方法不正确，扣1分			
	基坑操平 （5分）	（1）基坑操平方法。 （2）工具的使用	（1）基坑操平方法不正确，扣2分。 （2）工具使用方法不正确，扣1分			
	基础拼装 （10分）	（1）基础拼装方法。 （2）工具的使用	（1）基础拼装方法不正确扣2分。 （2）工具使用方法不正确扣1分			
	构件吊装 （10分）	（1）构件吊装方法。 （2）工具的使用	（1）构件吊装方法不正确，扣2分。 （2）工具使用方法不正确，扣1分			
	基础操平找正 （10分）	（1）基础操平。 （2）基础找正	（1）基础操平方法不正确，扣2分。 （2）基础找正方法不正确，扣2分			

续表

评分项目		评分内容及要求	评分标准	扣分	得分	备注
任务完成 (60分)	基础防腐 及回填 (5分)	(1) 基坑防腐。 (2) 基坑回填	(1) 基础防腐方法不正确，扣1分。 (2) 基坑回填方法不正确，扣1分			
	质量检查 (5分)	(1) 坑深检查。 (2) 尺寸偏差	(1) 坑深不符合设计坑深要求，扣1分。 (2) 尺寸偏差不符合规范要求，扣1分			
	整理现场 (5分)	整理现场	(1) 未整理现场，扣1分。 (2) 现场有遗漏，每处扣1分。 (3) 离开现场前未检查，扣1分			
基本素质 (15分)	安全文明 (5分)	(1) 标准化作业。 (2) 安全措施完备。 (3) 作业现场规范	(1) 未按标准化作业流程作业，扣1分。 (2) 安全措施不完备，扣1分。 (3) 作业现场不规范，扣1分			
	团结协作 (5分)	(1) 合理分工。 (2) 工作过程相互协作	(1) 分工不合理，扣1分。 (2) 工作过程不协作，扣1分			
	劳动纪律 (5分)	(1) 遵守工地管理制度。 (2) 遵守劳动纪律	(1) 不遵守工地管理制度，扣2分。 (2) 不遵守劳动纪律，扣2分			
合计	总分100分					
任务完成时间：		时　　　分				
	教师					

🧠 学习与思考

(1) 装配式基础施工按材料不同有哪两种形式？它们各具有什么特点？

(2) 说明混凝土预制装配式基础安装的方法。

（3）说出装配式基础施工工艺流程。

（4）说出装配式基础施工危险点及防范措施。

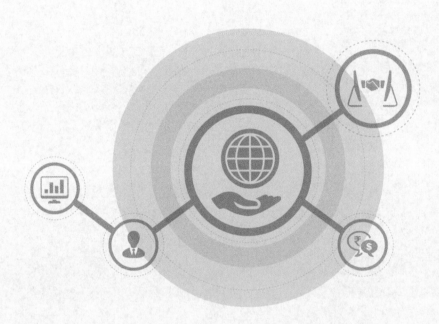

任务五　钻孔灌注桩基础施工

任务描述

钻孔灌注桩基础一般用于河滩、河床等地下水位较高、桩基土质较弱的杆塔塔位。这类基础的施工环境较差。

本学习任务主要是完成钻孔灌注桩基础施工方案的编制，并实施钻孔灌注桩基础施工任务。

任务目标

了解钻孔灌注桩基础结构形式及适用条件，熟悉钻孔灌注桩基础施工工艺流程，明确施工前的准备工作、施工危险点及防范措施，并依据相关线路施工验收规范，编制并实施钻孔灌注桩基础施工方案。

任务准备

一、知识准备

（一）钻孔灌注桩基础

钻孔灌注桩基础是按设计确定的桩径和埋深挖一个竖直的井孔，在井孔内注入一定比重的泥浆水，使其高于地下水位，放入钢筋笼，然后通过导管进行混凝土水中浇灌而成的一种基础形式。即先在桩位上成孔，再浇制混凝土的一种基础形式。成孔的方式有人工成孔、机械钻孔、爆扩成孔三种。

钻孔灌注桩基础一般用于黏性土、砂性土等土质软弱且地下水位比较高的地方。钻孔较深时，孔壁极易坍塌。造成坍塌的原因是地下水位高，在其渗透压力作用下，水向孔内涌入，孔壁附近土壤颗粒在地下水的带动下会流入孔内。渗透压力随孔深的增加而增加，底部流失土壤较多，达到一定程度时孔会坍塌，给成孔工作带来极大的困难。解决的办法是在成孔过程中在孔内注满水，使孔内的水位高于地下水位，使孔内的水压始终保持一个正压，这样就阻止了地下水向孔内渗透，从而保护孔壁不坍塌。如果用泥浆代替清水，其效果更加明显（泥浆护壁）。

钻孔灌注桩基础的优点是承载力大、抗冲刷能力强、节省材料，因此近年来在输电线路中得到了广泛的应用。

（二）钻孔灌注桩基础施工流程

钻孔灌注桩基础施工流程示意图如图 1-33 所示。

这种泥浆护壁成孔灌注混凝土基础的浇筑是在水中或泥浆中进行的，故称浇筑水下混凝土。水下混凝土强度宜比设计强度提高一个强度等级，水下混凝土必须具备良好的和易性，其配合比应通过试验确定。

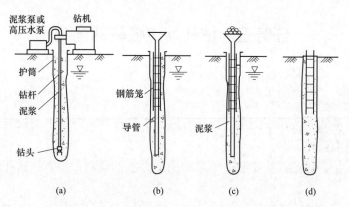

图 1-33　钻孔灌注桩基础施工流程示意图

（a）成孔；（b）下导管和钢筋笼；（c）浇筑水下混凝土；（d）成桩

水下混凝土浇筑的方法很多，常用的是导管法。浇筑时，先将导管及漏斗内灌满混凝土，其量保证导管下端一次埋入混凝土面以下 0.8m 以上，然后剪断悬吊隔水栓的钢丝，混凝土拌和物在自重作用下迅速排出球塞进入水中。

浇筑水下混凝土时不能将混凝土直接倾倒于水中。因为当混凝土直接与水接触穿过水层时，骨料和水泥很快将产生分离，骨料很快沉入水底，而水泥在较长时间内处于悬浮状态，当其下沉时，已凝结硬化。因此水下混凝土的浇灌，必须在与周围环境水隔离的条件下进行。采用导管法进行水下混凝土灌注时，导管宜分段制作，每节长 2m 左右，最下端一节宜为 3～6m，采用法兰连接；导管应不漏水、不漏气。在孔内水面以上 20～30cm 处设置隔水栓，待混凝土灌下时，剪断隔水栓的连接绳。为保证水下灌注混凝土的速度和质量要求，导管上应采用混凝土储料斗。水下灌注混凝土时应连续进行，严禁中途停顿。导管在混凝土中埋入深度一般为 2～4m，在任何情况下不得小于 1m 或大于 6m。导管提升过程中，应保持位置居中，轴线垂直，逐步提升。混凝土实际灌注高度应比设计桩顶高出一定高度。高出的高度应根据桩长、地质条件和成孔工艺等因素合理确定，其最小高度不宜小于桩长的 5%，且不小于 2m。在灌注接近结束时，由于导管内混凝土柱高度减小，压力降低，而导管外的泥浆稠度增加，如出现混凝土顶升困难，可在孔内加水稀释泥浆，并掏出部分沉淀土，使灌注工作顺利进行。

（三）钻孔灌注桩成孔方法

钻孔灌注桩成孔方法有干作业成孔、泥浆护壁成孔、套管成孔和人工挖孔四种。

1. 干作业成孔

干作业成孔适用于地下水位以上的黏性土、粉土、填土、中等密实以上的砂土和风化岩层等。

2. 泥浆护壁成孔

（1）回转钻机成孔适用于地下水位较高的软、硬土层，如淤泥、黏性土、砂土、软质岩层等。

（2）潜水钻机成孔适用于地下水位较高的软土层，如淤泥、淤泥质土、砂夹卵石等。

（3）冲击钻成孔适用于黄土、黏性土或粉质黏土和人工填土层等。

3．套管成孔

（1）振动沉管成孔适用于黏性土、淤泥、淤泥质土、粉土及回填土。

（2）锤击沉管成孔适用于黏性土、淤泥、淤泥质土及回填土。

4．人工挖孔

人工挖孔适用于无地下水或水较少的黏性土、粉质黏土以及含少量的砂、砂卵石、姜结石的黏土层。

二、施工准备

（一）技术准备

（1）清除地上、地下障碍物，修通进场通道，平整施工场地。

（2）按施工图纸要求对基坑尺寸进行验收；按施工图纸进行分坑测量，并在不受影响的地点设置桩基轴线和高程控制桩，做好记录。

（3）清除护壁上的淤泥、孔底残渣、积水。

（4）编制钻孔灌注桩基础施工作业指导书。

（二）工器具准备

（1）对进入施工现场的机具、工器具进行清点、检验或现场试验，确保施工工器具完好并符合相关要求。

（2）检查钻孔桩机、搅拌机、振动机、发电机、电焊机等设备安全可用。

（3）设置供水系统，接通供电线路，准备照明设备。

（4）埋设护筒，并确保埋设位置正确和稳定，护筒与坑壁间应用黏土填实。

（三）材料准备

（1）设置钢筋加工棚、水泥储放棚、泥浆池、砂石堆放场并设置备用电源和出渣沉淀池。

（2）确定混凝土配合比。

（四）人员要求

参加施工作业的人员必须经培训合格并持证上岗；施工前必须熟悉施工图纸、作业指导书及施工工艺特殊要求。

三、施工危险点分析及安全措施

（一）危险点一：坑壁塌方伤人

（1）坑挖好后应进行支模工作，应采取可靠的防止塌方措施。

（2）土质松软处应设防塌板（板桩）。

（3）往外抛土时，应注意避免石块回落伤人。

（二）危险点二：高处坠物伤人

（1）施工中坑上严禁掉东西，以防止打伤坑内工作人员。

（2）施工工程应由专人指挥、检查，发现问题应及时处理。

（3）坑内不得休息。

（三）危险点三：掉入基坑摔伤

（1）在施工平台上工作时，应采取防滑措施，平台面积应足够且牢固，防止作业人员掉入坑内摔伤。

（2）下坑检查时，不应攀踩支木、顶木，以防踩掉摔伤。

（3）拆木模时，应防止钉子扎脚。

🔭 任务实施

一、施工前工作

（1）本任务标准化作业指导书的编写。指导学生（学员）完成钻孔灌注桩基础施工作业指导书的编写。

（2）工器具及材料准备。

（3）办理施工相关手续。工作负责人按规定办理施工作业手续，得到批复后方可进行工作。

（4）召开班前会。

（5）布置工作任务。

（6）工作现场或模拟现场布置。根据作业现场或模拟现场情况合理布置、摆放工器具及材料。

二、实施工作

（一）护筒的制作

（1）护筒通常采用钢筋混凝土和钢制两种，视具体情况而定。钢护筒厚 4～8mm，钢筋混凝土护筒厚 8～10cm。护筒上部设 1～2 个溢浆孔。

（2）护筒的内径比钻孔桩设计直径稍大。用回转钻机钻孔的宜加大 20～30cm；用冲击钻和冲抓钻钻孔的宜加大 30～40cm。

（二）护筒的埋设

钻孔前，应在现场放线定位，按桩位挖去桩孔表层土，并埋设护筒。埋设护筒时可采用挖埋或锤击、振动、加压等方法。埋置深度一般情况下为 2～4m，特殊情况下应加深。护筒顶端高程应满足孔内水位设置高度的要求，如图 1-34 所示。

（三）泥浆制备

（1）泥浆的作用包括在孔壁形成泥皮以稳定孔壁，以及悬浮钻渣、润滑钻具、正循环排渣等。

（2）泥浆的组成及要求如下：

1）水。水的 pH 为 7～8，不含杂质；

2）黏土（或膨润土）。塑性指数大于 25，粒径小于 0.005mm 的颗粒含量多于总量的 50%，相对密度为 1.1～1.5。

3）添加剂。无机添加剂包括纯碱等，可促使颗粒分散、防止凝聚下沉。有机添加剂

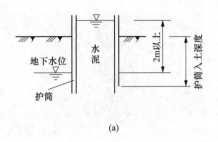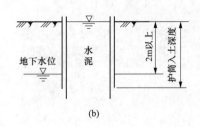

图 1-34　护筒埋设

（a）地下水位较高；（b）地下水位较低

包括丹宁液、拷胶液等，可降低泥浆黏度。

（3）泥浆制备常用设备如图 1-35 和图 1-36 所示。

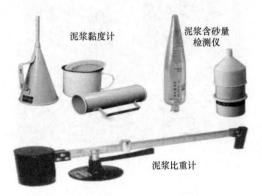

图 1-35　泥浆池　　　　　　　　图 1-36　泥浆指标检测仪器

（四）钻架与钻机就位

能够承受钻具和其他辅助设备的重量，具有一定的刚度，具有足够的高度。钻孔过程中，成孔中心必须对准桩位中心，钻架必须保持平稳，不发生位移、倾斜和沉陷。钻架安装就位时，应详细测量，底座应用枕木垫实、塞紧，顶端用缆风绳固定平稳，并在钻进过程中经常检查。

（五）钻孔

钻机安装时，钻机钻头中心应与桩基中心重合。钻机底座地基应铺设垫木等以保证稳固，钻杆用扶正器固定以确保钻杆找正后不发生位移。为使钻进成孔正直，扩孔率小，应使钻头旋转平稳，钻杆钻进垂直、无偏晃，使钻杆在受拉状况下工作。钻孔过程中应注意控制钻进速度，不同的地层地质转换不同的挡速，以保证钻头顺利通过各地层。应注意调节泥浆密度，及时清理循环系统，保证钻孔过程中不出现塌孔。钻孔完成后，应立即检查成孔质量，并填写施工记录。成孔质量必须符合：孔径允许偏差为 ±50mm；孔垂直度允许偏差小于桩长的 1%；孔深大于设计深度。

（六）钢筋笼的制作和安装

钢筋骨架一般每隔 2.0～2.5m 设置直径 14～18mm 的加强箍筋一道；钢筋骨架可分段制作；要确保保护层厚度，如图 1-37 和图 1-38 所示。

图 1-37　钢筋笼制作　　　　　　　　　　图 1-38　钢筋笼焊接

　　钢筋骨架运输时，无论采用何种方法，均不得使骨架变形；钢筋骨架可采用钻机塔架、扒杆或起重机吊起，对准护筒中心缓慢下放至设计标高，如图 1-39 和图 1-40 所示。

图 1-39　灌注桩钢筋冷挤压连接　　　　　　图 1-40　钢筋笼吊装

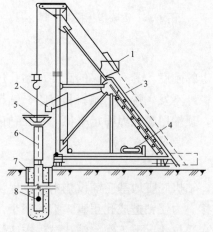

图 1-41　水下混凝土灌注现场布置示意图
1—上料斗；2—储料斗；3—滑道；4—卷扬机；
5—漏斗；6—导管；7—护筒；8—隔水栓

　　下放钢筋骨架时应防止碰撞孔壁。当最后灌注的混凝土开始初凝时，应立即割断钢筋骨架的吊环。

（七）水下混凝土的灌注

　　水下混凝土灌注现场布置如图 1-41 所示。开始灌注混凝土时，导管内的隔水栓位置应临近水面，如图 1-42 和图 1-43 所示。初次灌注时导管底部至孔底的距离宜为 300～500mm，并有足够的混凝土储备量，使导管内的混凝土能保证将隔水栓从导管内顺利排出，以及能将导管埋入混凝土中 800mm 以上。

　　随着混凝土的灌注应适当提升和拆除导管。提升导管时不能挂住钢筋骨架，导管埋深宜为 2～6m，严禁把导管底端提出混凝土面。混凝土灌注过程中每拆除一节导管应同时计算一次桩深，应设专人测量导管埋深及管内混凝土面的高差，填写水下混凝土灌注记录。水下混凝土的灌注应连续进行，不得中断；每根桩的灌注时间按出盘混凝土的初凝时间控制，如图 1-44 和图 1-45 所示。

图 1-42　水下混凝土灌注专用下料斗图

图 1-43　水下混凝土灌注开始

图 1-44　水下混凝土灌注

图 1-45　分节拆除导管

当孔中混凝土灌注接近桩顶部位时，应控制最后一次灌注量，使灌注标高比设计标高至少高出 800mm，保证桩顶的浇筑质量。

（八）桩头处理

灌注桩施工完成后找出桩头，先开挖桩基上部基坑，将浮浆层清除，再进行扩桩头施工。桩头处理如图 1-46 和图 1-47 所示。

图 1-46　截桩头

图 1-47　桩头混凝土取样

（九）承台及连梁浇筑

承台及连梁的钢筋安装、支模、混凝土浇筑、混凝土养护及拆模等同现浇钢筋混凝土基础施工。

三、实施后工作

（1）质量检查。铁塔基础尺寸允许偏差应符合施工验收规定。

（2）工作结束，整理现场。

（3）召开班后会。总结工作经验，分析施工中存在的问题及改进方法等。

任务评价

本任务评价见表1-23。

表 1-23 钻孔灌注桩基础施工任务评价表

姓名		学号				
评分项目		评分内容及要求	评分标准	扣分	得分	备注
施工准备 (25分)	施工方案 (10分)	(1) 方案正确。 (2) 内容完整	(1) 方案错误，扣10分。 (2) 内容不完整，每处扣0.5分			
	准备工作 (5分)	(1) 安全着装。 (2) 场地勘察。 (3) 工器具、材料检查	(1) 未按照规定着装，每处扣0.5分。 (2) 工器具选择错误，每次扣1分；未检查扣1分。 (3) 材料检查不充分，每处扣1分。 (4) 场地不符合要求，每处扣1分			
	班前会 (施工技术交底) (5分)	(1) 交代工作任务及任务分配。 (2) 危险点分析。 (3) 预控措施	(1) 未交代工作任务，每次扣2分。 (2) 未进行人员分工，每次扣1分。 (3) 未交代危险点，扣3分；交代不全，酌情扣分。 (4) 未交代预控措施，扣2分。 (5) 其他不符合要求，酌情扣分			
	现场布置 (5分)	(1) 安全围栏。 (2) 标识牌	(1) 未设置安全围栏，扣3分；设置不正确，扣1分。 (2) 未摆放任何标识牌，扣2分；漏摆一处扣1分；标识牌摆放不合理，每处扣1分。 (3) 其他不符合要求，酌情扣分			
任务完成 (60分)	测量定位 (10分)	(1) 测量定位方法。 (2) 测量工具的使用。 (3) 坑口位置尺寸	(1) 测量定位方法错误，扣2分。 (2) 工具使用方法不正确，扣2分。 (3) 坑口位置尺寸偏差超过允许值，每处扣1分			
	埋设护筒 (10分)	(1) 埋设护筒方法。 (2) 工具的使用。 (3) 坑口位置尺寸	(1) 埋设护筒方法不正确，扣2分。 (2) 工具使用方法不正确，扣1分。 (3) 尺寸偏差不符合规范要求，扣1分			
	机械钻孔 (5分)	(1) 机械钻孔方法。 (2) 工具的使用。 (3) 坑口位置尺寸	(1) 机械钻孔方法不正确，扣2分。 (2) 工具使用方法不正确，扣1分。 (3) 尺寸偏差不符合规范要求，扣1分			

续表

评分项目		评分内容及要求	评分标准	扣分	得分	备注
任务完成 (60分)	清孔 (5分)	(1) 清孔方法。 (2) 工具的使用。 (3) 坑口位置尺寸	(1) 未清孔，扣2分。 (2) 清孔方法不正确，扣1分。 (3) 工具使用方法不正确，扣1分			
	钢筋笼制作 与吊装 (10分)	(1) 钢筋笼制作方法。 (2) 钢筋笼吊装方法	(1) 钢筋笼制作方法不正确，扣2分。 (2) 钢筋笼吊装方法不正确，扣2分。 (3) 钢筋笼制作不符合规范要求，扣1分。 (4) 钢筋笼吊装不符合规范要求，扣1分			
	混凝土灌注 (10分)	(1) 混凝土灌注方法。 (2) 工具的使用	(1) 混凝土灌注方法不正确，扣2分。 (2) 混凝土灌注不符合规范要求，扣1分。 (3) 工具使用方法不正确，扣1分			
	质量检查 (5分)	(1) 坑深检查。 (2) 尺寸偏差	(1) 坑深不符合设计坑深要求，扣1分。 (2) 尺寸偏差不符合规范要求，扣1分			
	整理现场 (5分)	整理现场	(1) 未整理现场，扣1分。 (2) 现场有遗漏，每处扣1分。 (3) 离开现场前未检查，扣1分			
基本素质 (15分)	安全文明 (5分)	(1) 标准化作业。 (2) 安全措施完备。 (3) 作业现场规范	(1) 未按标准化作业流程作业，扣1分。 (2) 安全措施不完备，扣1分。 (3) 作业现场不规范，扣1分			
	团结协作 (5分)	(1) 合理分工。 (2) 工作过程相互协作	(1) 分工不合理，扣1分。 (2) 工作过程不协作，扣1分			
	劳动纪律 (5分)	(1) 遵守工地管理制度 (2) 遵守劳动纪律	(1) 不遵守工地管理制度，扣2分。 (2) 不遵守劳动纪律，扣2分			
合计	总分100分					
任务完成时间：		时　　分				
教师						

💡 **学习与思考**

（1）说明钻孔灌注桩基础安装的主要步骤。

（2）说出钻孔灌注桩基础施工工艺流程。

（3）说出钻孔灌注桩基础施工危险点及防范措施。

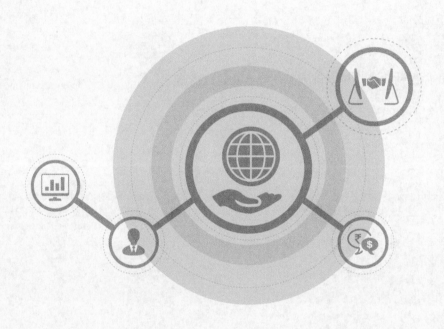

任务六　岩石基础施工

任务描述

岩石基础是由岩石锚杆和顶部承台组成的基础，一般用于地基覆盖层较厚的轻风化及中等风化的硬质岩石地区的塔位。

本学习任务主要是完成岩石基础施工方案的编制，并实施岩石基础施工任务。

任务目标

了解岩石的分类，熟悉岩石基础的结构、基本类型及适用条件，掌握岩石基础施工方法，明确施工前的准备工作、施工危险点及安全防范措施，并依据相关线路施工验收规范，编制并实施岩石基础施工方案。

任务准备

一、知识准备

岩石基础是将锚筋直接锚固于灌浆的岩石孔内，借助岩石自身的抗拔、抗剪切能力，岩石与水泥砂浆间、水泥砂浆与锚筋间的黏结力来抵抗杆塔传递下来的荷载，以保证基础结构稳定性的一种基础形式。岩石基础也称"原状土"式基础，其强度取决于岩石自身的抗拔、抗剪切强度，岩石与水泥砂浆间、水泥砂浆与锚筋间的黏结强度，钢筋的抗拉、抗剪切强度等。岩石基础的特点是：充分利用岩石的整体性和坚固性，抗压能力强；岩孔较大，开挖基坑较小，节约材料，成本低廉；岩孔开凿多用机械，节省劳动力。

（一）岩石的分类

岩石的类型比较多，可按其坚固程度和风化程度分类。

1. 按坚固程度分类

岩石按坚固程度分类见表1-24。

表 1-24　　　　　　　　　　　　　岩石按坚固程度分类

岩石类型	代表性岩石
硬质岩石	花岗岩、花岗片岩、玄武砾岩、石灰岩、闪长岩
软质岩石	页岩、黏土岩、绿泥石片岩、云母片岩

凡新鲜岩石的饱和单轴极限抗压强度大于 300kg/cm^2（29.4MPa）者，称为硬质岩石；小于 300kg/cm^2（29.4MPa）者，称为软质岩石。

2. 按风化程度分类

岩石按风化程度分类见表1-25。

表 1-25   岩石按风化程度分类

风化程度	特　征
微风化	岩质新鲜，表面稍有风化痕迹，整体性好，较坚硬
中等风化	结构和构造层理清晰；岩体被节理、裂隙分割为碎石状（20～50cm），裂隙中有少量的风化填充物，锤击声脆，且不易击碎，手折不断；用镐难以挖掘，岩心钻可钻进
强风化	结构和构造层理不甚清晰，矿物成分已显著变化；岩石被节理、裂隙分割成碎石状（2～10cm），碎石可用手折断；用镐可以挖掘，手摇钻不易钻进

（二）岩石基础的基本类型

1. 直锚式岩石基础

直锚式岩石基础用于覆盖层厚度小于 0.3m、微风化硬质岩石，如图 1-48 所示。

2. 承台式岩石基础

承台式岩石基础适用于覆盖层厚度在 0.8～1.5m、中等风化、硬度稍差的岩石，如图 1-49 所示。

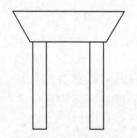

图 1-48　直锚式岩石基础模型

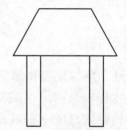

图 1-49　承台式岩石基础模型

3. 嵌固式岩石基础

嵌固式岩石基础又称岩固式岩石基础，适用于质地较软的强风化岩石，但要求岩石完整性好，如图 1-50 所示。

4. 自锚式岩石基础

自锚式岩石基础适用于微风化、硬质、完整性好的岩石，如图 1-51 所示。

5. 拉线式岩石基础

拉线式岩石基础适用于岩质较硬、中等风化或弱风化岩石，如图 1-52 所示。

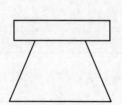

图 1-50　嵌固式岩石基础模型

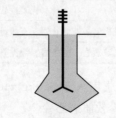

图 1-51　自锚式岩石基础模型

图 1-52　拉线式岩石基础模型

在以上几种形式的岩石基础中，除了拉线式外，随着基础承受的荷载的大小，又可分为单孔和多孔岩石基础。

（三）岩石基础强度的设计计算

1. 岩石基础的五种破坏形式

对岩石而言，其承受下压力的能力远大于一般土壤（如软质岩石的 $[P] \geqslant 100\text{MPa}$），所以岩石基础一般不存在下压失稳的问题，抗倾覆也不成问题，岩石基础的控制条件是上拔稳定。岩石基础上拔稳定破坏一般有以下几种情况：

（1）锚筋被拉断。上拔力超过锚筋的允许拉应力。

（2）锚筋被拔出。锚筋与水泥砂浆间的黏结力不够。

（3）冰棒破坏。锚筋与水泥砂浆块一起从岩孔中拔出，水泥砂浆块与岩石间的黏结力不够。

（4）岩石整体性破坏。以岩孔为中心的同心圆状裂隙向四周辐射，岩石基础垂直变形超过 10mm。

（5）岩体被抬起（基础位于孤岩）。

前三种破坏可通过提高钢筋抗拉强度，钢筋与水泥砂浆间、水泥砂浆与岩孔壁间黏结力来满足设计要求，而第四种破坏则受岩石强度和岩石完整程度的控制，因此确定岩体自身抗拔力是岩石基础设计的关键。

2. 岩石基础的上拔稳定计算

（1）锚筋的抗拉强度计算。钢筋与地脚螺栓合称锚筋。钢筋的抗拉强度取其屈服点强度 $\sigma(\text{kg/mm}^2$ 或 $\text{N/mm}^2)$。锚筋抗拉强度校核计算公式为：

$$nA[\sigma] \geqslant T \tag{1-1}$$

式中　n——锚筋的根数；

　　A——锚筋的面积；

　　$[\sigma]$——钢筋的允许拉应力；

　　T——基础承受的上拔力。

（2）锚筋与砂浆的黏结力应满足：

$$n\pi dh_0\tau_a \geqslant KT \tag{1-2}$$

式中　n——锚筋的根数；

　　d——锚筋直径；

　　h_0——锚筋的埋深；

　　τ_a——锚筋与砂浆间的极限黏结强度；

　　K——安全系数，取 1.7。

τ_a 与水泥砂浆的标号、锚筋的表面情况等因素有关，对于相同的水泥砂浆，一般有：

$$\tau_{a螺纹} : \tau_{a光面} = 1.38 : 1 \tag{1-3}$$

一般地，对 200 号的水泥砂浆，取 $\tau_a = 20\text{kg/mm}^2$；对 300 号的水泥砂浆，取 $\tau_a = 30\text{kg/mm}^2$。在实际的工程中，通常在锚筋的下部焊接圆盘、帮带、鱼尾等附加装置。因此 τ_a 的物理学意义就不仅是反映锚筋与砂浆间的黏结能力，而且反应了锚筋下部焊接的附加装置在上拔中对砂浆块的剪切能力，严格说来应称 τ_a 为黏剪强度。

（3）水泥砂浆与岩石间的黏结力应满足：

$$n\pi Dh\tau_b \geqslant KT \tag{1-4}$$

式中　n——岩孔数；

　　　d——锚筋直径；

　　　D——岩孔直径；

　　　h——岩孔深度；

　　　τ_b——砂浆与岩石间的黏结强度，其值主要与岩石的坚固性和风化程度有关，取值请查阅相关参数表。

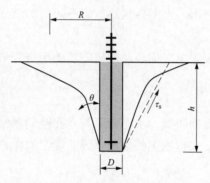

图 1-53　岩石抗拔力计算示意图

（4）岩石的抗拔力校核计算。

1）岩石的破坏，呈喇叭状，其理想曲线如图 1-53 中虚线所示。则有

$$\theta = \arctan \frac{R - \dfrac{D}{2}}{h} \tag{1-5}$$

有理论认为岩体的破裂面不是喇叭形，而是正弦曲线形。岩石抵抗上拔荷载依靠的是均匀分布在岩石破裂面上的抗剪强度 τ_s（kg/mm² 或 N/mm²）的合力在垂直方向的分力。破裂面的大小又取决于 θ 的大小，它一般取 30°或 45°。下面以取 45°来介绍岩体抗拔力的校核计算公式。

2）τ_s 的确定方法。τ_s 通常是根据实验资料，选择具有代表性的岩石，在其上进行上拔破坏性实验而得到的。τ_s 的实验数据的离散程度，是由岩体的不均匀性及不同种类岩石间的差异引起的，所以对 τ_s 只能极其谨慎地规定其取值区间，以粗略地反映岩体抗拔能力与岩石质地的硬、软及风化程度等之间的关系。一般来说，岩石坚硬程度越高，风化程度越弱，岩石的抗拔力越强。

3）岩石基础的上拔稳定校核计算。对岩石基础的抗拔力，一般不考虑基础自重，因为岩石基础本身尺寸不大，而岩石基础的抗剪强度很大，自重在抗拔力中占的比例很小。

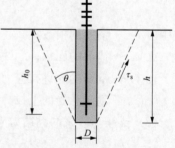

图 1-54　岩石上拔力计算示意图

对单孔锚，如图 1-54 所示，其上拔力校核公式为：

$$\pi(D + h)h\tau_s \geqslant KT \tag{1-6}$$

式中　D——岩孔直径；

　　　h——岩孔埋深；

　　　τ_s——岩石破裂面上的抗剪强度。

对于嵌固式或多孔群锚，其上拔力校核公式

$$Q + \pi(D + h)h\tau_s \geqslant KT \tag{1-7}$$

式中　Q——承台自重。

D——对于嵌固式基础，基础下部直径，如图 1-55 所示；对于多孔群锚基础，岩孔外接圆的直径，如图 1-56 所示，其计算公式为：

$$D = \sqrt{b} + D_1 \tag{1-8}$$

式中 b——多孔群锚基础的孔间距；

D_1——岩孔直径。

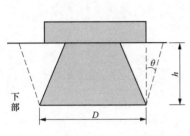

图 1-55 嵌固式岩石基础示意图

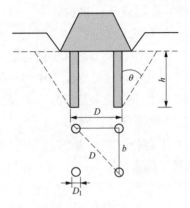

图 1-56 多孔群锚岩石基础示意图

（四）岩石基础施工

岩石基础施工，首先应根据设计资料逐基核查覆土层厚度及岩石性状，当实际情况与设计不符时，由设计单位提出处理方案。一般来说，岩石基础的经济性较好，但在原设计为岩石基础的情形下，若实际塔位的覆土层厚度大于普通大开挖基础的埋深，采用岩石基础已无经济价值，为节省投资可将其改为普通大开挖基础；若原设计为大开挖基础，而实际的覆土层厚度小于设计的埋设深度，应可将其改为岩石基础，以降低工程成本。

（五）钻机

岩石基础施工与其他现浇钢筋混凝土基础的不同点是不开挖基坑，只凿岩孔。凿岩孔有人工和机械两种方法，人工凿岩孔用钢钎，机械凿岩孔用岩石钻机。

二、施工准备

（一）技术准备

（1）审查设计图纸，熟悉有关资料。

（2）搜集资料，摸清情况。

（3）编制岩石基础施工作业指导书。

（二）材料准备

混凝土选用强度等级为 C30 的细石混凝土；水泥选用 P.O 42.5 的普通硅酸盐水泥；砂子选用中砂；石子选用粒径为 5~10mm 的碎石。灌注用水泥浆标号为 M20，水灰比为 1:1。

（三）工器具准备

运输和连接钻孔机械时，注意液压系统的连接和接头的保护。

（四）人员要求

参加施工作业的人员必须经培训合格并持证上岗；施工前必须熟悉施工图纸、作业指导书及施工工艺特殊要求。

三、施工危险点分析及安全措施

（一）危险点一：机械伤人

（1）编写钻孔机钻孔专项施工方案。

（2）所有设备及工器具要进行定期维护保养。

（3）钻孔机应具备专业机构出具的检测合格证和钻孔机安装质量检测报告。

（4）钻孔机操控人员应熟练掌握操控钻孔机械。

（二）危险点二：砸伤

（1）下钢筋传递工具等应上下协调，传递过程中应互叫互应，防止突然扔下、扔上砸伤坑内外工作人员。

（2）施工中孔上严禁掉东西，以防止打伤坑内工作人员。

（3）施工工程应由专人指挥、检查，发现问题应及时处理。

🔭 任务实施

一、实施前工作

（1）本任务标准化作业指导书的编写。指导学生（学员）完成岩石基础施工作业指导书的编写。

（2）工器具及材料准备。

（3）办理施工相关手续。工作负责人按规定办理施工作业手续，得到批复后方可进行工作。

（4）召开班前会。

（5）布置工作任务。

（6）工作现场或模拟现场布置。根据作业现场或模拟现场情况合理布置、摆放工器具及材料。

二、实施工作

（一）清理基面

按照正常的分坑施工方式，将铁塔基础进行分坑，并清理施工基面，测定并做好基础立柱位置和基础顶面标高。将各腿的基础立柱位置大致放样至大出立柱边缘 0.5m，平整、清理上面的覆土直到看到岩石或密实的原状土，以便于在上面标记锚筋孔和支固钻机。

（二）钻孔

为防止钻机在钻孔过程中跳动移位，需对钻机底盘的四周进行锚固或在钻机底盘上用重物垒压，以保证钻机中心稳定。钻机设备运至现场后，按说明要求组装。将钻机钻头中心置于孔中心位置，用经纬仪、垂球或水平尺控制，从正面和侧面调整钻机底座，使钻杆垂直，然后在钻机底座四周打下四根膨胀螺栓，固定钻机。根据岩石不同的硬度选择不同的钻头，当钻进速度较慢或出岩芯时，可加入钢砂配合钻头钻孔。每钻进 200mm 左右提起钻头清孔一次；倒换钻具时，使用专用卡具卡牢钻头后方可拆卸。注意固定好钻机底座，保持钻杆始终垂直。技术人员要注意观察、记录岩层变化情况，如果发现地质情况与设计提供资料不符时应停机，通知设计部门处理。

（三）清孔

钻孔完成后，移开钻孔设备，清理基面四周的泥水、粉砂、碎石。锚孔清洗前对其他锚孔要覆盖，防止泥水、碎石等杂物流入或掉入孔内。清洗之前用高压风管伸进锚孔内吹风，直到里面不再吹出粉砂、灰尘为止，然后用水清洗锚孔。清洗锚孔时采用反复循环淘水法，即用清水沿孔壁四周缓慢倒入，冲洗孔壁四周附着的泥沙，将风管伸进孔内，采用略小的气压，将水冲起来清洗孔壁。注意气压不能过大，防止水流冲出孔口太高浇湿施工人员。反复数次，然后用淘水工具将水排出，直至排出与进入的水颜色基本一致，无砂粒或很少砂粒，用手触摸孔口壁无泥砂为止。

（四）验孔

灌注前，应对锚孔进行检验，锚孔允许偏差见表 1-26。经技术人员检验合格后，方可灌注 C30 的细石混凝土。

（五）锚筋支固

钻孔完成后，将锚固螺纹钢筋置于孔内。为保证锚筋对孔壁的距离均匀，在锚筋的周围固定点焊一定长度的钢筋头支撑。钢筋头支撑根据长度设置，一般设置两层，但为防止点焊时对锚筋性能的影响，将其分层点焊。锚筋支固如图 1-57 所示。

表 1-26 锚孔允许偏差表

序号	检验项目	允许偏差值	备注
1	锚孔直径	$0\sim+10$mm	
2	锚孔深度	$0\sim+100$mm	不应小于设计值
3	锚孔倾斜度	小于 $1\%H$	H 为设计锚孔深度
4	锚孔间距	$\pm1\%$	设计值

锚筋底部的定位固定环应按设计图纸要求加工。灌注前将露出地面的锚筋固定在地面的支撑物上，调整测定好高度。

（六）锚筋灌注

锚筋采用 C30 的细石混凝土灌注，细石的粒径要求 5~10mm。考虑空洞内混凝土的流动性，坍落度要求在 160~170mm，同时按照水泥质量的 3%~5% 添加膨胀剂。灌注混凝土前，锚孔必须保证湿润，每个锚孔一次灌注完成。对混凝土灌入量应进行严格计算控制，单根灌入量的混凝土体积不得小于计算理论量。向锚孔内灌入混凝土时可采用自制漏斗，分层采用捣固钢筋进行捣固，分层高度不大于 300mm；沿锚筋四周用捣固钎进行捣固，每一次捣固要彻底均匀；用手电照亮孔底混凝土，保证混凝土出浆。锚筋灌注如图 1-58 所示。

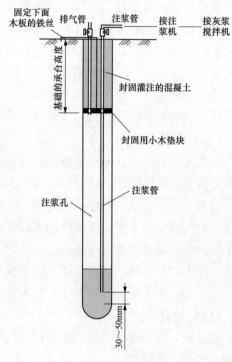

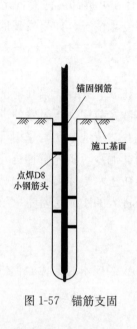

图 1-57　锚筋支固　　　　　　　　　图 1-58　锚筋灌注

（七）压力注浆

每个腿断面中间的孔为压力注浆孔，深度同锚杆孔。锚固钢筋混凝土和注浆孔上部封固用混凝土初凝（约 2h）后，即可进行压力注浆。注浆前将注浆孔内的空气和水等排出，注满浆，当浆溢出后，将排气孔的阀门关住，注浆压力值调整到 4MPa 后开始压力注浆，压力稳定持续时间大于 5min 方可视为注浆完成，将注浆孔的阀门关住后泄压。灌注用水泥砂浆标号为 M20，水灰比宜为 1∶1；浆液应搅拌均匀，边搅拌边用，并在初凝前用完，不得使用已经初凝的浆液。

（八）锚筋检验

锚筋灌注、注浆完成 15d 后，可申请技术人员进行锚筋试验，锚筋试验抽检率不得小于 1％，采用专用拉力设备对锚筋进行不小于额定受力 125％的拉力检验，满足要求后即可进行承台的开挖和浇制。单根锚筋试验由技术人员根据地基条件和锚筋形式确定。

（九）承台施工

基础承台掏挖时，不得采用爆破施工，必须保证下面岩石的整体性不受破坏。承台开挖到达设计深度后，应清理干净坑底和锚固钢筋，然后按照其他基础施工方法进行。

三、实施后工作

（1）质量检查。铁塔基础尺寸允许偏差应符合施工验收规定。

（2）工作结束，整理现场。

（3）召开班后会。总结工作经验，分析施工中存在的问题及改进方法等。

任务评价

本任务评价见表 1-27。

表 1-27   岩石基础施工任务评价表

姓名		学号				
评分项目		评分内容及要求	评分标准	扣分	得分	备注
施工准备 (25分)	施工方案 (10分)	(1) 方案正确。 (2) 内容完整	(1) 方案错误，扣10分。 (2) 内容不完整，每处扣0.5分			
	准备工作 (5分)	(1) 安全着装。 (2) 场地勘察。 (3) 工器具、材料检查	(1) 未按照规定着装，每处扣0.5分。 (2) 工器具选择错误，每次扣1分；未检查，扣1分。 (3) 材料检查不充分，每处扣1分。 (4) 场地不符合要求，每处扣1分			
	班前会 (施工技术交底) (5分)	(1) 交代工作任务及任务分配。 (2) 危险点分析。 (3) 预控措施	(1) 未交代工作任务，每次扣2分。 (2) 未进行人员分工，每次扣1分。 (3) 未交代危险点，扣3分；交代不全，酌情扣分。 (4) 未交代预控措施，扣2分。 (5) 其他不符合要求，酌情扣分			
	现场安全布置 (5分)	(1) 安全围栏。 (2) 标识牌	(1) 未设置安全围栏，扣3分；设置不正确，扣1分。 (2) 未摆放任何标识牌，扣2分；漏摆一处，扣1分；标识牌摆放不合理，每处扣1分。 (3) 其他不符合要求，酌情扣分			
任务完成 (60分)	分坑清理基面 (5分)	(1) 基础分坑。 (2) 基面覆盖层清理	(1) 基础分坑方法错误，扣3分。 (2) 基面覆盖层清理不符合规范，扣1分			
	钻孔 (5分)	(1) 钻孔。 (2) 工具的使用	(1) 钻孔方法不正确，扣2分。 (2) 工具使用不规范，扣1分			
	清孔 (5分)	(1) 清孔。 (2) 工具的使用	(1) 未清孔，扣5分。 (2) 清孔方法不正确，扣2分			
	验孔 (5分)	(1) 验孔。 (2) 孔口位置尺寸	(1) 未验孔，扣5分。 (2) 验孔方法不正确，扣2分			
	锚筋支固 (10分)	(1) 锚筋支固。 (2) 锚筋支固位置	(1) 锚筋支固方法不正确，扣2分。 (2) 尺寸偏差不符合规范要求，扣1分			
	锚筋灌注 (5分)	(1) 锚筋灌注。 (2) 工具的使用	(1) 锚筋灌注方法不正确，扣2分。 (2) 锚筋灌注不符合规范要求，扣1分			

续表

评分项目		评分内容及要求	评分标准	扣分	得分	备注
任务完成 (60分)	压力注浆 (5分)	(1) 压力注浆。 (2) 工具的使用	(1) 压力注浆方法不正确，扣2分。 (2) 工具使用方法不正确，扣1分			
	承台 (10分)	(1) 承台。 (2) 工具的使用	(1) 承台方法不正确，扣2分。 (2) 工具使用方法不正确，扣1分			
	质量检查 (5分)	(1) 孔深检查。 (2) 尺寸偏差	(1) 孔深不符合设计坑深要求，扣1分。 (2) 尺寸偏差不符合规范要求，扣1分			
	整理现场 (5分)	整理现场	(1) 未整理现场，扣1分。 (2) 现场有遗漏，每处扣1分。 (3) 离开现场前未检查，扣1分			
基本素质 (15分)	安全文明 (5分)	(1) 标准化作业。 (2) 安全措施完备。 (3) 作业现场规范	(1) 未按标准化作业流程作业，扣1分。 (2) 安全措施不完备，扣1分。 (3) 作业现场不规范，扣1分			
	团结协作 (5分)	(1) 合理分工。 (2) 工作过程相互协作	(1) 分工不合理，扣1分。 (2) 工作过程不协作，扣1分			
	劳动纪律 (5分)	(1) 遵守工地管理制度。 (2) 遵守劳动纪律	(1) 不遵守工地管理制度，扣2分。 (2) 不遵守劳动纪律，扣2分			
合计	总分100分					
任务完成时间：		时　　　　分				
	教师					

学习与思考

（1）岩石基础分为哪几种形式？其选型的特点是什么？

（2）岩石基础的五种破坏形式分别是什么？

（3）说出岩石基础施工工艺流程。

（4）说出岩石基础施工危险点及防范措施。

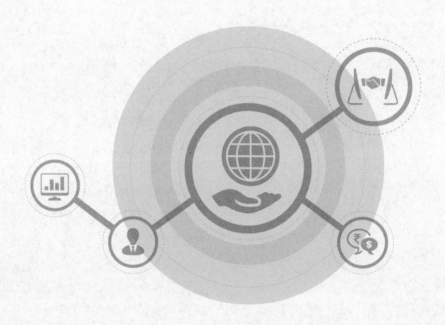

杆塔组立施工

杆塔组立方法分为整体组立和分解组立两大类。整体组立是将杆塔在地面上组成整体，然后将其立于杆塔基础之上。其优点是一次组立成功，高处作业量少；缺点是占用场地大，要求地面平整，立塔工具专用性强且复杂。分解组立是将杆塔分段、片、角起吊升空，在高空安装就位。其优点是对地形适应性广，不需要大量的起吊索具，工具简单；缺点是高处作业多，安全性较差。整体组立杆塔的方法有权杆整体组立、固定式抱杆整体组立、倒落式抱杆整体组立和机械整体组立；分解组立杆塔的方法有内悬浮（外拉线、内拉线）抱杆分解组立、内摇臂抱杆分解组立、起重机组立、混合组立、倒装组立、无拉线小抱杆分件吊装组立及直升机分段组立等。

【情境描述】

本情境包含五项任务，分别是：倒落式抱杆整体组塔施工、内悬浮抱杆分解组塔施工、内摇臂抱杆分解组塔施工、起重机组塔施工和混合组塔施工。本情境的核心知识点是倒落式抱杆整体组塔等几种常用的组塔施工方法。关键技能项为杆塔组立施工工艺流程。

【情境目标】

通过本情境学习，应该达到的知识目标：掌握倒落式抱杆整体组塔、内悬浮抱杆分解组塔、内摇臂抱杆分解组塔、起重机组塔和混合组塔施工的方法及施工工艺流程；应达到的能力目标：组织并实施输电线路杆塔工程组立施工；应达到的态度目标：牢固树立输电线路工程杆塔组立施工过程中的安全风险防范意识，严格按照标准化作业流程进行施工。

任务一　倒落式抱杆整体组塔施工

任务描述

倒落式抱杆整体组塔是杆塔整体组立常用的方法，广泛应用于钢筋混凝土杆（单或双）、拉线铁塔和窄基铁塔组立施工中。

本学习任务主要是完成倒落式抱杆整体组塔施工方案的编制，并实施倒落式抱杆整体组塔施工任务。

任务目标

熟悉倒落式抱杆整体组塔的施工工艺流程，明确施工前的准备工作、施工危险点及安全防范措施，并依据相关线路施工验收规范，编制并实施倒落式抱杆整体组塔施工方案。

📖 任务准备

一、知识准备

（一）倒落式抱杆整体组塔概述

倒落式抱杆整体组塔时，人字抱杆随着杆塔的起立而转动，直到人字抱杆失效。由于杆塔自身重量较大，所以起吊过程中既要考虑各种起吊工器具受力的强度及其变化，又要考虑被起吊的混凝土杆在起吊过程中的受力情况，防止杆身受力超过允许值而产生裂纹，还要考虑受到冲击和震动的因素。在整体组立钢筋混凝土杆或杆塔时，施工方案的内容包括：①施工方法及现场布置；②抱杆及工器具的选择；③施工组织措施、技术措施和安全措施。

（二）倒落式抱杆整体组塔施工的现场布置

倒落式抱杆整体组立Ⅱ型双杆的现场布置示意图如图 2-1 所示。

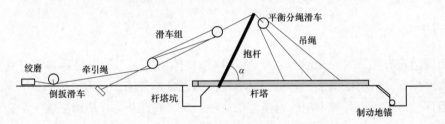

图 2-1　倒落式抱杆整体组立Ⅱ型双杆的现场布置示意图

1. 吊绳系统

一般对于非预应力杆，15m 及以下者，采用单吊点固定；全长 18～24m 者，采用双吊点固定；全长超过 27m 者，采用多吊点固定。对于预应力杆，18m 及以下者，采用单吊点固定；全长 21～27m 者，采用双吊点固定；全长超过 30m 者，采用多吊点固定。铁塔的强度及刚度远比钢筋混凝土杆高，自重也轻，故全长在 20～50m 者均可考虑采用单吊点或双吊点固定，50m 以上者考虑采用多吊点固定。

采用单吊点固定起吊 18m 及以上钢筋混凝土杆时，常用杆身加背弓补强，以防吊点附近产生裂纹。采用双吊点固定起吊时，上绑点位置应尽量靠近横担，下绑点位置应尽量靠近叉梁或叉梁补强木和主杆连接处。钢绳与铁塔构件的绑点应选在节点上；与混凝土杆的绑固，可在吊点上缠绕数道后用 U 形环连接。

2. 牵引系统

牵引系统由总牵引钢绳、复滑车组及转向滑车组成，如图 2-2 所示。复滑车组的动滑轮经总牵引钢绳和抱杆自动脱落帽相连；转向滑车、牵引复滑车的定滑车，均通过底滑车地锚加以固定。该地锚受力很大，必须稳固牢靠。牵引钢绳与地面夹角不应大于 30°，同时应保证其与抱杆中心线、混凝土杆中心线在同一直线上，以保证人字抱杆受力均匀。

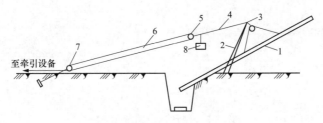

图 2-2　牵引系统结构示意图

1—杆塔；2—人字抱杆；3—抱杆帽；4—总牵引钢绳；5—平衡滑车；6—复滑车组；7—转向滑车；8—重锤

3. 动力装置

牵引系统常用动力装置有手摇绞车、人力绞磨、机动绞磨等。牵引动力应尽量布置在线路的中心线或线路转角的两等分线上。当出现角度时，偏出角不应超过 90°，以防主牵引地锚受力过大。

4. 人字抱杆的布置

人字抱杆必须按施工方案设计的要求布置。现场布置要求如下：

（1）牵引绳地锚中心、制动绳地锚中心、人字抱杆顶点及电杆中心线、基础中心线必须在同一垂直平面上。

（2）制动绳锚露出点与中心桩的距离为电杆高度的 1.3 倍以上。

（3）牵引绳锚坑与基坑的距离为电杆高度的 1.5～1.8 倍，牵引绳对地夹角一般不大于 30°。

（4）两侧拉线应尽量垂直线路，拉线露出点与中心桩的距离为杆高的 1.2 倍以上。

（5）抱杆位置距中心桩 2～6m，抱杆倾角推荐值为 65°～70°，抱杆根开为 1/4～1/3 抱杆高。

（6）人字抱杆的有效高度为杆塔重心高度的 0.8～1.1 倍或取杆塔高的一半左右。

（7）脱落帽套在抱杆帽上，每根抱杆用一根控制拉绳穿过脱落帽耳环或 U 形环，在离抱杆顶部 0.5m 处绑住抱杆，控制绳另一端经地面地锚或杆塔基础上特制环，用人力控制抱杆失效后的下落速度，以防抱杆失效后直接摔倒至地面。

（8）在农田、沼泽等地面应防止两杆不均匀沉陷或滑动引起的抱杆歪扭、迈步，抱杆根部一般设有抱杆鞋以增大与地面的接触面积；对于坚硬土质或冻土还需刨设卧坑，以稳定抱杆。

5. 制动钢绳系统

制动钢绳系统由制动器、复滑车组及地锚等组成，如图 2-3 所示。制动钢绳顺混凝土杆正下方通过，端头在离杆根 40～60mm 处绕主杆两圈以上后用 U 形螺栓锁住，螺栓头应紧贴混凝土杆，并使螺母向外，以免制动绳受力后扭坏主杆。制动绳的另一端经复滑车组后，穿入制动器栓轴上 3～4 圈后引出，制动力大的可用人力绞磨调节制动绳。

6. 临时拉线的安装

为了抱杆和混凝土杆的稳定必须设置临时拉线，并按拉线地锚方向展放。单杆的拉线一端应系在上下横担之间，双杆的拉线一端则选在紧靠导线横担的下边。拉线的另一端通

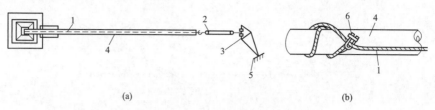

图 2-3　制动钢绳系统示意图

（a）制动钢绳系统；（b）制动钢绳与杆根连接

1—制动钢绳；2—复滑车组；3—制动器；4—混凝土杆；5—制动地锚；6—U形螺栓

过控制器（如制动器、松紧器、手扳葫芦等）固定在地锚上，由专人调节拉线的松紧。

7. 临时地锚

临时地锚规格、材料、埋深、埋设方法和地锚钢丝绳套的连接方式等，都必须满足施工方案设计要求。

8. 其他准备工作

杆塔应按要求进行补强。立塔时应排除或清理有碍整体组立施工的一切障碍物，在交通要道处整体组塔时要增设监督岗哨，排除坑内积水或落下的土块等。

（三）倒落式抱杆整体组立钢筋混凝土杆塔主要工艺流程

（1）起吊前，指挥人员应检查绳套长短是否一致；绑扎点位置是否与施工方案的设计要求相符，绑扣是否牢靠；滑车挂钩及活门是否封好；抱杆根开是否正确，抱杆帽是否有别劲，起立抱杆用制动绳是否已经解除，防滑措施是否可靠。

（2）杆头离地 0.8m 左右时，停止牵引，再次检查并做"冲击实验"。

（3）混凝土杆在抱杆失效前、混凝土杆倾角 10°左右时，应使杆根正确进入底盘槽。如不能进入底盘槽，用撬杠拨动杆根使其入槽。

（4）抱杆立至 50°～65°时，抱杆开始失效，失效时应停止杆塔起立，随后操作抱杆落地控制绳使抱杆徐徐落地，再继续牵引起立杆塔。

（5）混凝土杆立至 60°～70°时，必须将后侧（反向）临时拉线穿入地锚套内，通过打背扣加以控制，并随混凝土杆的起立，随时调节其松紧，使其符合要求。

（6）混凝土杆立至 80°后停止牵引，利用牵引钢绳自重的水平分力使杆塔立至垂直位置，也可由 1～2 名作业人员拉压牵引钢绳，同时松出后面的反向临时拉线使杆塔竖直。杆塔立到垂直位置时，应立即装好永久拉线。

（7）杆塔立好后，应立即进行调整、找正工作，应用经纬仪校正永久拉线，校好后固定永久拉线并回填夯实。杆坑填土夯实时，一般用土壤回填，每 300mm 夯实一次，填土要高出地面 300mm。

（8）起吊工器具拆除工作应在永久拉线固定好后才能进行。工器具拆除应自下而上进行，先拆制动及牵引系统，然后拆吊绳及两侧临时拉线。

（四）拉线铁塔整体组立

组立拉线铁塔时，铁塔立正后，应控制好后方临时拉线，启动绞磨，使铁塔向牵引侧稍有倾斜，让牵引侧的两塔脚坐落在基础的垫木上，然后拆除塔脚铰链。收紧后方的临时拉线，让已拆除铰链的两只塔脚底坐板螺孔对准地脚螺栓，落至基础顶面，并安装地脚螺母。

（五）整体组立各部受力计算和分析

杆塔整体组立施工方案设计中，需要考虑的各部主要受力包括吊绳（千斤绳）的受力、总牵引钢绳的受力、抱杆本身的受力、制动钢绳（攀根）的受力、临时拉线（横绳）的受力。

一般施工计算中，并不要求杆塔起立全部过程中的各部受力，只要根据起立瞬间各部静力分析，换算出各部最大受力值，连乘以动荷系数、不平衡系数及钢绳安全系数作为各部所承受的综合计算力。各种起重索具的允许作用力要等于或小于它们各自的综合计算力。

二、施工准备

（一）技术准备

（1）整体组立铁塔基础必须经中间验收合格，基础强度须达到100％。当立塔操作采取有效防止基础承受水平推力的措施时，混凝土的抗压强度允许不低于设计强度的70％。

（2）起立混凝土电杆前应完成底拉盘的埋设和就位，底拉盘采用现浇方式的，混凝土强度应达到设计强度的100％。

（3）杆塔组立前应对场地进行平整。

（4）杆塔接地装置施工完毕，具备与杆塔塔腿可靠连接的条件。

（5）混凝土电杆运输到位后在现场进行排杆、焊杆等工作。排杆时应保证所有杆段都排直，焊口对齐，同时注意排正穿心孔、接地孔等位置。焊接后主杆弯曲度不允许超过2‰。

（6）计算杆塔重心位置并确定抱杆吊点位置。

（二）工器具及材料准备

本任务所需工器具及材料见表2-1。

表2-1　　　　倒落式抱杆整体组立钢筋混凝土杆所需工器具及材料配置表

序号	名称	规格	单位	数量	备注
1	铝合金人字抱杆	300mm×300mm×8m×2	副	1	
2	地锚	3t	个	15	
3	主牵引钢丝绳	$\phi13×150m$	根	1	
4	风绳	$\phi9.3×50m$	根	2	
5	制动系统	—	—	1	
6	吊绳	$\phi15.5×20m$	根	1	
7	钢丝绳套	$\phi15.5×12m$	根	2	

序号	名称	规格	单位	数量	备注
8	钢丝绳套	$\phi12.5\times1m$	根	2	
9	钢丝绳套	$\phi12.5\times6m$	根	2	
10	白棕绳	$\phi18\times25m$	根	4	
11	二锤	18磅（约8.172kg）	把	4	
12	铁滑车	3t	个	4	
13	钢钎	—	根	4	
14	卸扣	5t	个	5	
15	钢丝绳卡	$\phi22$	个	9	
16	钢丝钳	200mm	把	2	
17	活络扳手	—	把	2	
18	皮尺	30m	个	1	
19	铁锹	—	把	2	
20	撬棍	—	根	3	
21	钢筋混凝土杆	15m锥杆	根	1	
22	其他	—	—	—	

（三）人员要求

参加施工作业的人员必须经培训合格并持证上岗；施工前必须熟悉施工图纸、作业指导书及施工工艺特殊要求。

三、施工危险点分析及安全措施

倒杆塔主要有以下几种情况：起立过程中因临时拉线失效而倒杆塔；地锚拔出而导致倒杆塔；抱杆系统故障引起倒杆塔；整体组立后找正、撤换拉线和固定回填过程中倒杆；钢筋混凝土杆强度不够导致倒杆塔。为保证立塔安全，要求认真做好杆塔整体组立施工方案设计，确定设备受力的极大值，以及各起吊工器具及结构材料的强度储备等。另外，要努力提高施工操作工艺水平，建立和健全组塔工作的岗位责任制。

（一）危险点一：倒杆塔伤人

（1）起吊钢丝绳应绑在杆塔合适位置，防止杆塔突然颠倒。

（2）杆根监护人应站在杆根侧面，下坑操作时应停止牵引。

（3）已经起立的拉线杆塔，只有安装全部永久拉线后，方可拆除牵引绳和临时拉线。

（4）杆塔上有人工作时，不得调整或拆除临时或永久拉线。

（5）加强施工过程中的监护。

（二）危险点二：高处坠落伤人

加强施工过程中的监护。

（三）危险点三：高处坠物伤人

严禁工具、塔材、螺栓等从塔上坠落。

任务实施

一、实施前工作

（1）本任务标准化作业指导书的编写。指导学生（学员）完成倒落式抱杆整体组塔施工作业指导书的编写。

（2）工器具及材料准备。

（3）办理施工相关手续。工作负责人按规定办理施工作业手续，得到批复后方可进行工作。

（4）召开班前会。

（5）布置工作任务。

（6）工作现场或模拟现场布置。根据作业现场或模拟现场情况合理布置、摆放工器具及材料。

二、实施工作

（一）布置方向和位置

根据现场情况布置杆塔起立的方向和位置，确定地面组装位置。倒落式抱杆整体组塔现场布置如图 2-4 所示。布置总牵引、制动、拉线等地锚，地锚的埋设应符合施工措施要求。总牵引地锚、抱杆顶点、铁塔中心及制动系统中心（两制动地锚的对称轴线）应在同一垂直面上，严禁偏移。抱杆组装时应调直，对抱杆根部受力地质进行查看，松软土应采取防沉措施。

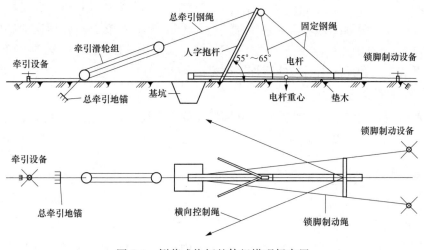

图 2-4　倒落式抱杆整体组塔现场布置

（二）地面组装

按照设计图纸进行杆塔地面组装，对组装困难的构件应查明原因，不得强行组装。螺栓穿向按照设计要求或相关工艺要求执行。组装用螺栓、垫片等应按规格、材质分类堆放整齐。组装后螺栓应与构件平面垂直，螺栓头与构件间的接触处不应有空隙。混凝土电杆组装时应根据技术要求，确定杆头附件安装的数量和质量，确保吊点位置与重心位置配合一致。

（三）人字抱杆起立

人字抱杆的两根部应保持在同一水平面上，并用钢丝绳套牢。设置防止抱杆根部移动的钢绳。起立前对抱杆根部进行垫平和加固，以防抱杆受力后发生不均匀沉陷。使用机动绞磨等牵引设备牵引提升抱杆，调整三角绳长度，使抱杆起立至三角绳受力时，抱杆对地夹角约为 60°或符合技术措施要求。

（四）杆塔整体起立

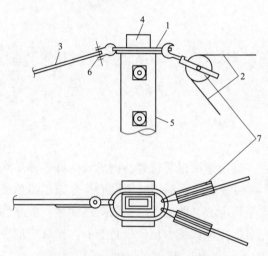

图 2-5　脱落环连接构造示意图

1—制动钢绳；2—吊绳；3—牵引绳；4—抱杆帽；
5—抱杆；6—U 形螺栓；7—起吊平衡滑车

使用机动绞磨等牵引设备牵引抱杆受力系统，当杆塔顶端起立至距地面 0.8m 时，停止牵引，进行冲击试验，并对下列项目进行检查：杆塔身弯曲情况；各部位的地锚受力及位移情况；各处索具、滑车等工具的异常情况；抱杆根部下沉情况；指挥信号畅通情况。若发现异常，应将铁塔放回地面进行处理，然后继续起立。抱杆脱帽时，杆塔应及时带上反向临时拉线，并随起立速度适当松出。脱落环连接构造如图 2-5 所示。杆塔起立至约 70°时，应放慢牵引速度，并加强监视。线路垂直方向应设经纬仪或锤球监视，随时将杆塔到竖直位置的距离报告指挥和反向临时拉线操作人员。杆塔起立至约 80°时，停止牵引，利用牵引系统自重和反向临时拉线将杆塔调整至竖直位置。

（五）杆塔固定

杆塔就位后，固定临时拉线系统，并用经纬仪对杆塔进行找正，然后安装、调整永久拉线系统。对于铁塔应及时紧固好地脚螺母。

三、实施后工作

（1）质量检查。

（2）工作结束，整理现场。

（3）召开班后会。总结工作经验，分析施工中存在的问题及改进方法等。

任务评价

本任务评价见表 2-2。

表 2-2　　　　　　　　　倒落式抱杆整体组塔施工任务评价表

姓名		学号				
评分项目		评分内容及要求	评分标准	扣分	得分	备注
施工准备 (25分)	施工方案 (10分)	(1) 方案正确。 (2) 内容完整	(1) 方案错误，扣10分。 (2) 内容不完整，每处扣0.5分			
	准备工作 (5分)	(1) 安全着装。 (2) 场地勘察。 (3) 工器具、材料检查	(1) 未按照规定着装，每处扣0.5分。 (2) 工器具选择错误，每次扣1分；未检查，扣1分。 (3) 材料检查不充分，每处扣1分。 (4) 场地不符合要求，每处扣1分			
	班前会 (施工技术交底) (5分)	(1) 交代工作任务及任务分配。 (2) 危险点分析。 (3) 预控措施	(1) 未交代工作任务，每次扣2分。 (2) 未进行人员分工，每次扣1分。 (3) 未交代危险点，扣3分；交代不全，酌情扣分。 (4) 未交代预控措施，扣2分。 (5) 其他不符合要求，酌情扣分			
	现场安全布置 (5分)	(1) 安全围栏。 (2) 标识牌	(1) 未设置安全围栏，扣3分；设置不正确，扣1分。 (2) 未摆放任何标识牌，扣2分；漏摆一处，扣1分；标识牌摆放不合理，每处扣1分。 (3) 其他不符合要求，酌情扣分			
任务完成 (60分)	施工现场布置(15分)	(1) 抱杆布置。 (2) 吊绳布置。 (3) 牵引、制动系统布置	(1) 抱杆布置不符合规范，扣2分。 (2) 吊绳布置不正确，扣2分。 (3) 牵引、制动系统布置不符合规范，扣2分			
	杆塔地面组装(5分)	电杆整体组装	(1) 电杆组立方法不正确，扣1分。 (2) 电杆地面组装不符合规范，扣1分			
	人字抱杆起立(10分)	(1) 抱杆起立布置。 (2) 抱杆起立	(1) 人字抱杆起立布置不正确，扣2分。 (2) 人字抱杆起立不符合规范，扣2分			

评分项目		评分内容及要求	评分标准	扣分	得分	备注
任务完成 (60分)	整体起立 (10分)	(1) 做冲击试验,检查受力情况。 (2) 调节制动绳使杆根落入底盘凹槽内。 (3) 抱杆失效,帽脱落。 (4) 杆塔立正	(1) 未做冲击试验,未检查受力情况,扣2分。 (2) 抱杆失效前未调节制动绳使杆根落入底盘凹槽内,扣2分。 (3) 抱杆失效,帽脱落操作不正确,扣2分。 (4) 杆塔未立正,扣1分			
	杆塔固定 (10分)	杆塔固定	(1) 杆塔立直后未进行固定,扣3分。 (2) 杆塔固定方法不正确,扣2分。 (3) 杆塔未调正就拆除施工工具,扣2分			
	整理现场 (5分)	整理现场	(1) 未整理现场,扣1分。 (2) 现场有遗漏,每处扣1分。 (3) 离开现场前未检查,扣1分			
	质量检查 (5分)	(1) 整体组立。 (2) 质量检查	(1) 整体组立过程不符合规范要求,每处扣1分。 (2) 其他不符合要求,酌情扣分			
基本素质 (15分)	安全文明 (5分)	(1) 标准化作业。 (2) 安全措施完备。 (3) 作业现场规范	(1) 未按标准化作业流程作业,扣1分。 (2) 安全措施不完备,扣1分。 (3) 作业现场不规范,扣1分			
	团结协作 (5分)	(1) 合理分工。 (2) 工作过程相互协作	(1) 分工不合理,扣1分。 (2) 工作过程不协作,扣1分			
	劳动纪律 (5分)	(1) 遵守工地管理制度。 (2) 遵守劳动纪律	(1) 不遵守工地管理制度,扣2分。 (2) 不遵守劳动纪律,扣2分			
合计	总分100分					
任务完成时间:		时 分				
	教师					

💡 学习与思考

(1) 杆塔整体组立施工方法有哪些?

（2）固定式抱杆整体组塔有哪几种形式？

（3）固定式抱杆整体组塔的优缺点有哪些？

（4）简述倒落式抱杆整体组塔的现场布置情况。

（5）简述杆塔整体组立方案设计内容。

（6）说出倒落式抱杆整体组塔施工工艺流程。

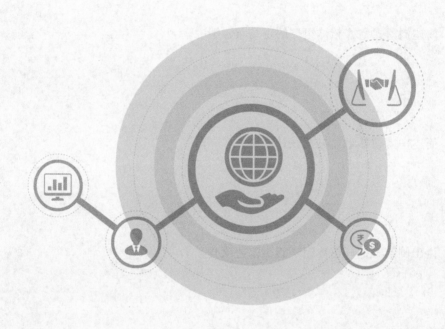

任务二　内悬浮抱杆分解组塔施工

任务描述

内悬浮抱杆分解组塔施工是铁塔分解组立常用的方法，广泛应用于各种铁塔组立施工中。在铁塔组立施工现场或模拟现场，利用铁塔组立施工工器具，完成内悬浮抱杆分解组塔施工任务。

本学习任务主要是完成内悬浮抱杆分解组塔施工方案的编制，并实施内悬浮抱杆分解组塔施工任务。

任务目标

了解内悬浮抱杆分解组塔的结构和种类，熟悉内悬浮抱杆分解组塔施工现场布置及工器具的选择，熟悉内悬浮抱杆分解组塔施工工艺流程，明确施工前的准备工作、施工危险点及安全防范措施，并依据相关线路施工验收规范，编制并实施内悬浮抱杆分解组塔施工方案。

任务准备

一、知识准备

内悬浮抱杆分解组塔分为内悬浮外拉线抱杆分解组塔和内悬浮内拉线抱杆分解组塔。内悬浮抱杆分解组塔施工是将抱杆置于铁塔结构中心，呈悬浮状态，抱杆拉线固定于铁塔的四根主材上，或者由抱杆顶引至铁塔外面的地面，通过拉线控制器与地锚连接固定。前者称为内悬浮内拉线抱杆分解组塔，后者称为内悬浮外拉线抱杆分解组塔。一般在地形条件允许的情况下，优先选择外拉线方式组塔。外拉线也称落地拉线，即抱杆拉线通过地锚固定在铁塔以外的地面上。

（一）内悬浮外拉线抱杆分解组塔

1. 优缺点

内悬浮外拉线抱杆分解组立方法具有施工方案技术成熟、施工效果好、吊装质量大、操作简单、安全可靠，适用面广等优点，而且抱杆起升、拉线调整和构件就位都相对容易，经济性佳，因此已经广泛应用于输电线路铁塔组立施工中。采用内悬浮外拉线抱杆分解组塔方案组装塔头部分时，其稳定性优于内悬浮内拉线抱杆分解组塔方法。但是，内悬浮外拉线抱杆分解组立铁塔方法在地形复杂情况下，外拉线设置较为困难，而且拉线对地的夹角常常不能满足要求，或拉线长度过大，各拉线受力不均，导致施工安全系数降低；此外，因设置拉线时需要在地上挖掘地锚坑，需破坏植被，不利于山区的水保、环保。内悬浮外拉线抱杆分解组塔适用于地形平坦、周围无电力线或其他障碍物影响、能设置四角拉线的塔位。

2. 施工工艺

（1）现场布置。根据吊装铁塔的分段长度及根开尺寸选择抱杆长度。在悬浮状态下，抱杆露出的已组塔段的长度与插入段的长度之比一般不应大于 7∶3，承托绳与抱杆夹角小于 45°。为了方便构件就位，抱杆可以稍向吊件侧倾斜，但倾角不应大于 10°。抱杆拉线应布置在铁塔基础对角线方向上，所有地锚位置均应布置在距塔位中心 1.2 倍塔高以外，控制吊件用的偏拉绳对地夹角不应大于 30°。内悬浮外拉线抱杆分解组塔现场布置如图 2-6 所示。

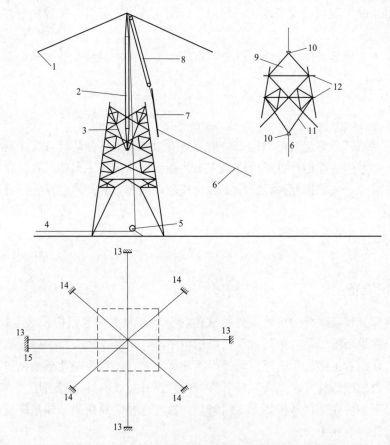

图 2-6　内悬浮外拉线抱杆分解组塔现场布置示意图

1—抱杆拉线；2—抱杆；3—承托绳；4—牵引绳；5—地滑车；6—控制绳；7—吊件；8—起吊滑车组；9—吊点绳；
10—卸扣；11—V 形控制绳；12—补强木；13—控制地锚；14—抱杆拉线地锚；15—动力地锚

（2）抱杆起立。可采用先立塔腿再用塔腿构件起立抱杆的方法。先依次单吊扳立腿部主材，然后安装腿部斜材，封好铁塔相邻的三个面，再使用已经组立好的腿部构件起立抱杆，抱杆立好后将剩余的腿部塔材安装完毕，将抱杆封在塔腿当中，如图 2-7（a）所示。也可采用人字小抱杆整体扳立悬浮抱杆，待抱杆起立、四周拉线打好后，在抱杆两侧将铁塔对称的两面构件在地面组装完成，使用抱杆采取扳立或者吊立的方法将两片铁塔构件起立，与地脚螺栓或插入角钢连接并打好各侧拉线以防构件倾覆，然后及时补足另外两面塔材，如图 2-7（b）所示。如果交通方便，也可使用起重机竖立抱杆。

（3）铁塔底部吊装。一般情况下，为了保证塔腿主材刚度，吊装铁塔底部构件时，每吊长度不应超过两段主材长度。塔腿组立时应选择合理的吊点位置，必要时在吊点处采取补强措施。塔片组立完成后，应安装并紧固好地脚螺栓或接头包角钢螺栓（对插入式基础的铁塔），打好临时拉线。在铁塔四个面的辅助材未安装完毕之前，不得拆除临时拉线。

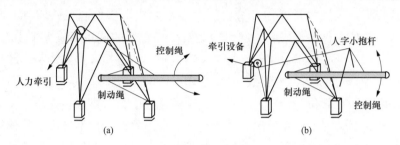

图 2-7 抱杆起立
（a）用组装好的塔腿起立抱杆；（b）用倒落式人字小抱杆起立抱杆

（4）抱杆提升。每吊完一段塔体后，若抱杆高度不够需要增高时，应先将四侧辅助材全部补装齐全并紧固螺栓，然后再进行抱杆提升。提升抱杆前应绑好抱杆上、下腰环，使抱杆竖直地位于铁塔中心，如图 2-8 所示。将提升抱杆的磨绳一端固定在已组立塔身的上部，经抱杆下端的提升滑车朝上引至已组立另一侧塔身上部的滑车，再朝下引向绞磨。拆除抱杆上拉线，移至下一个工作位置，拉线呈松弛状态。使用绞磨将抱杆在腰环中略向上提升，拆除承托绳，再升抱杆，在距离抱杆到位 1m 左右时，让四根上拉线微带力，上拉线配合好绞磨缓缓松出。抱杆升到位后，打好上拉线，固定承托绳，松出绞磨绳，调整承托系统葫芦，使抱杆居于塔正中，并达到适合吊装的倾角，且四根上拉线受力均匀，拆除提升钢丝绳和上、下腰环。提升抱杆时磨绳不允许摩擦抱杆，调整抱杆倾斜度，宜用垂球在正、侧两个方面将抱杆找正，在起吊过程中将抱杆倾角控制在 5°内。

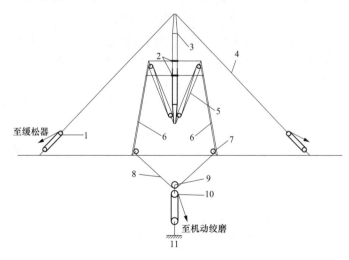

图 2-8 内悬浮外拉线抱杆提升布置示意图
1—拉线调节滑车组；2—腰环；3—抱杆；4—抱杆拉线；5—提升滑车组；6—已立塔身；7—转向滑车；
8—牵引绳；9—平衡滑车；10—牵引滑车组；11—地锚

（5）铁塔上部吊装。组立塔腿以上各段塔体时，在塔体内应为抱杆设置不少于两道腰环，腰环间距应满足抱杆稳定性要求，且上道腰环应位于已组塔体上平面的节点处。起吊塔片时，对于结构宽度较大的塔件应注意选择好重心和吊点，并对塔件采取相应的补强措施，防止塔片变形。采用内悬浮抱杆分解组立铁塔时应严格控制吊件质量，严禁超重起吊。起吊过程中应使吊件贴近塔身，起吊中心对抱杆轴线的偏角不应大于 $10°$。所有钢绳与铁塔绑扎点、接触处必须采取"包、衬、垫"措施，防止损坏铁塔锌层。起吊过程中用偏拉绳控制好塔片，避免塔片与拉线、已就位塔身等交叉或擦碰。当塔片起吊到就位高度时，调整控制绳使塔片就位。指挥人员主要应观察抱杆受力、塔脚转向滑车受力、吊件与抱杆的夹角、抱杆受力时的倾角情况，塔上高空人员主要应观察抱杆内、外侧拉线受力和承托系统的受力情况，一有问题应立即停止起吊并尽快卸力。两侧塔片安装就位后，应起吊塔体另外两侧面的斜材和水平材。补装斜材时可以使用已经调好就位的两侧塔片作为抱杆进行吊装，但必须对两侧塔片的偏拉绳和控制拉线进行检查，待塔体四侧斜材及水平材安装完毕且螺栓紧固后方可进行下一步施工。

吊装铁塔曲臂时，一般将曲臂在铁塔左右两侧组装后分两边进行吊装。吊装时必须确定组装塔件的质量在抱杆允许工况以内。起吊时抱杆略向吊件侧倾斜。如果曲臂开口较大，应通过抱杆底部承托系统滑车和葫芦调整抱杆位置，使抱杆整体向吊件侧移动一定距离，以方便起吊。

吊装铁塔横担时，应根据横担结构质量选择采用整体吊装或分前后片吊装，横担中段较长时应采取补强措施。吊装干字形铁塔地线横担时，吊点绳宜绑扎在横担重心偏外的位置。起吊时，横担外端略上翘，就位时先连接上平面主材螺栓，后连接下平面主材螺栓。干字形铁塔的地线横担强度满足吊装导线横担时，可利用地线横担作为支撑进行吊装，否则应采取补强或其他措施进行吊装。铁塔主材、主交叉材等主要塔片结构吊装就位后，应及时补装齐全其他斜材以保证铁塔整体结构的完整和强度。

（6）抱杆拆除。抱杆的拆除需要根据塔型结构选择施工方法，一般对于有塔窗结构的铁塔采取从塔窗中取出抱杆的方法，没有塔窗结构的铁塔采取从铁塔腿部交叉铁中取出抱杆的方法。对于有塔窗结构的铁塔，使用抱杆提升系统将抱杆底部提升，拆除承托系统，用控制绳将抱杆底部拉出塔窗，放松提升抱杆的钢绳，将抱杆从塔身外侧松下落至地面并逐段拆除。对于干字形铁塔等没有塔窗结构的铁塔，收紧抱杆提升系统，拆除抱杆承托系统，然后缓慢放松将抱杆落至地面，逐段拆除抱杆并拉出塔外。在抱杆拆除过程中，应相应拆除腰环及连接螺栓，使用控制绳控制抱杆下落状态以避免抱杆与已组好的塔件碰擦。

（7）螺栓复紧及缺陷处理。补装齐全所有塔材，并及时采取有效的铁塔防盗和防松措施。检查所有部位铁塔螺栓数量及规格，对临时代用螺栓进行更换，对所有螺栓进行复紧，达到设计及规范要求的螺栓扭矩。清理塔身遗留杂物，清洗塔身污垢，及时清理施工现场，做到工完料尽场地清。

3. 受力计算

内悬浮外拉线抱杆分解组塔的施工计算应包括主要工器具的受力计算及构件的强度验算。主要工器具包括抱杆、抱杆拉线、起吊绳（包括起吊滑车组、吊点绳、牵引绳等）、承托绳和控制绳等。进行工器具受力计算时，应先将全塔各吊次的吊重及相应的抱杆倾角、控制绳及拉线对地夹角进行组合，计算各工器具受力，然后取其最大值作为选择相应工器具的依据。

（二）内悬浮内拉线抱杆分解组塔

1. 优缺点

（1）内悬浮内拉线抱杆分解组塔的优点：

1）施工现场紧凑，不受地形、地物限制。使用内拉线抱杆分解组塔，可以轻易地解决外拉线抱杆分解组塔法外拉线不易或不能布置的困难。

2）简化组塔工具，提高施工效率。取消了外拉线及地锚，缩短了拉线长度，进一步使工器具简单轻便，运输、安装、撤除工具的工作量大为减少。

3）抱杆提升安全可靠，起吊构件平稳方便。

4）吊装塔材过程中，抱杆始终处于铁塔的结构中心，铁塔四角主材受力均匀，不会出现受力不均使局部塔材变形的情况；同时，四个塔腿受力均匀，避免了基础的不均匀沉降，对底板较小的基础形式如金属基础尤其有利。

（2）内悬浮内拉线抱杆分解组塔的缺点：内拉线抱杆的稳定性取决于已组装塔段的稳定性，所以不适合吊装酒杯形、猫头形等曲臂长、横担长、侧面尺寸小、稳定性差的铁塔头部，高处作业较多，安全性能稍差。

2. 施工工艺

（1）现场布置。内悬浮内拉线抱杆分解组塔的现场布置如图 2-9 所示。

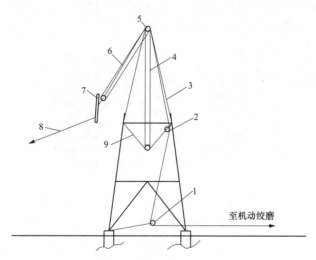

图 2-9　内悬浮内拉线抱杆分解组塔现场布置示意图

1—地滑车；2—腰滑车；3—内拉线；4—抱杆；5—朝天滑车；
6—起吊滑车组；7—吊件；8—控制绳；9—承托绳

内悬浮内拉线抱杆分解组塔法分单吊法和双吊法。采用双吊法时，朝天滑车为双轮朝天滑车，两片塔材两侧同时进行吊装；牵引钢绳穿过平衡滑车，两端经过各自的地滑车、腰滑车、朝天滑车起吊两侧塔片，平衡滑车用一根总牵引钢绳引至牵引设备。单、双吊法现场布置分别如图 2-9、图 2-10 所示。

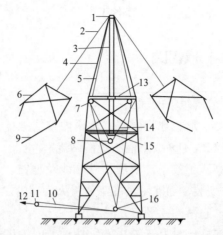

图 2-10　内悬浮内拉线抱杆双吊法现场布置示意图

1—朝天滑车（双轮）；2、5—起吊钢绳；3—抱杆；4—上拉线；6—起吊构件；
7—腰滑车；8、11—朝地滑车；9—调整大绳；10—牵引钢绳；12—至牵引设备；
13—腰环；14—下拉线；15—下腰环；16—地滑车

（2）抱杆的组成。内拉线抱杆宜用无缝钢管或薄壁钢管制成。抱杆上端安装朝天滑车，朝天滑车要能相对抱杆做水平转动，所以朝天滑车与抱杆采用套接的方法，四周装有滚轴。朝天滑车下部焊接四块带孔钢板，用以固定四根上拉线。抱杆下部端头安装有地滑车，地滑车上部焊有两块带孔钢板，用以连接下拉线的平衡滑车。双吊法使用的双轮朝天滑车的结构如图 2-11 所示。单吊法使用单轮朝天滑车。

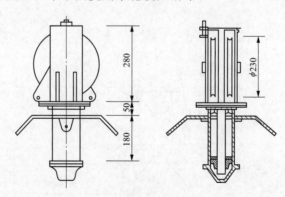

图 2-11　双轮朝天滑车的结构（单位：mm）

（3）抱杆长度的确定。内拉线抱杆长度的确定主要考虑铁塔分段长度。由于内拉线抱杆根部采用悬浮式固定，所以抱杆长度要比外拉线抱杆长一些。一般取铁塔最长分段长度的 1.50～1.75 倍，一般 220～500kV 铁塔内拉线抱杆全长可取 10～13m。抱杆总长由悬浮高度和起吊有效高度两部分组成。抱杆越高，起吊有效高度越大，安装构件越方便；但这时上拉线与抱杆夹角减小，受力增大，同时悬浮高度相应减小，所以抱杆的自身稳定性变差。抱杆的悬浮部分高度决定着抱杆的稳定性，悬浮高度越大，四根下拉线受力相应减

110

小，抱杆稳定性好，一般悬浮部分高度为抱杆总长度的0.3倍为宜。

（4）上拉线和下拉线。上拉线由四根钢绳组成，一端固定在抱杆顶部，另一端固定到已组铁塔的主材节点上。下拉线由两根钢绳穿越各自的平衡滑车，四个端头固定在铁塔主材上。平衡滑车有左右布置和前后布置两种情况，分别适用于被吊构件的左右起吊和前后起吊，从而使抱杆下拉线受力接近均匀。两种布置情况如图2-12所示。

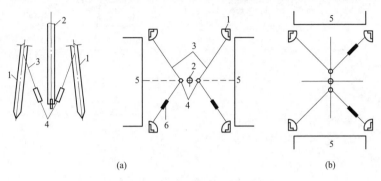

图 2-12 下拉线平衡滑车布置情况

(a) 左右布置；(b) 前后布置

1—主材；2—抱杆；3—下拉线；4—平衡滑车；5—起吊构件；6—调节器

上、下拉线均需安装调节装置，一般下拉线调节装置为双钩紧线器，上拉线调节装置为花篮螺栓。上、下拉线与铁塔主材固定，可用钢绳直接绑扎，也可用圆钢式或槽钢式卡具连接。拉线固定处最好悬在有水平材的主材节点处。

（5）腰环。腰环的作用在于提升抱杆时稳定抱杆。它随着抱杆断面的不同而不同，一般圆形断面均用正方形腰环，腰环与抱杆接触处应套一个钢管，使抱杆升降时由滑动摩擦变为滚动摩擦。固定腰环一般用绳索系到主材上。抱杆提升完毕后，要将腰环绳松去，以免抱杆受力倾斜而将其拉断。

（6）起吊系统腰滑车。腰滑车的作用是使牵引钢绳从塔内规定方向引至转向滑车，并使牵引钢绳在抱杆两侧保持平衡，尽量减少由于牵引钢绳在抱杆两侧的夹角不同而产生的水平力。

腰滑车一般设置在抱杆上、下拉线绑扎处的塔材上，腰滑车钢丝绳套越短越好，以增大牵引钢绳与抱杆的夹角，故腰滑车的滑轮至角钢背的水平距离不应大于300mm。采用双吊法时，每根牵引钢绳应有自己的腰滑车并对称布置，如图2-13所示。

（7）转向滑车。转向滑车一般挂在铁塔的基础上，直接以基础为地锚。若铁塔基础为金属基础，为防止基础变形可采用主角钢与坑壁间加顶撑、塔腿，外围打一铁桩加固或基础回填土时埋入一地锚的措施。采用双吊法时，应使引向塔外的两牵引绳等长。故地面转向滑车应尽量使用双轮滑车，其布置应接近塔位中心，如图2-14所示。

（8）牵引设备。因为每吊质量不超过1.5t，所以牵引钢绳不必采用复滑车组。为了不影响构件吊装，当被吊构件在顺线路方向时，牵引设备设置在横线路方向上；而被吊构件在横线路方向时，牵引设备设置在顺线路方向上。牵引设备必须固定在可靠地锚上；牵引设备操作人员到基础中心的距离应在铁塔高度的1.2倍以上。

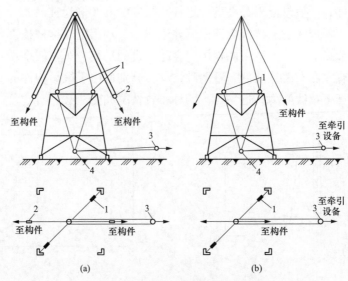

图 2-13　双吊法腰滑车的布置

（a）动滑车起吊时；（b）定滑车起吊时

1—腰滑车；2—动滑车；3—平衡滑车；4—地滑车

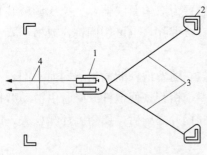

图 2-14　双吊法地面转向滑车的布置

1—地滑车；2—塔腿主材；

3—钢丝绳套；4—牵引绳

（9）塔腿的组立。根据地形条件，选择好塔腿平面摆放的位置，将四个塔腿分为对应两侧面在地面组装好，利用人字抱杆将一个侧面吊起安装在基础上，紧固地脚螺栓（针对插入式基础，紧固主材根部全部螺栓），打好临时拉线；然后组立另一个侧面，紧固螺栓后，同样打好临时拉线。组装侧面斜材及水平材，并紧固螺栓，考虑到塔位中间将起立抱杆，故应留出一个侧面的斜材暂不装。

（10）抱杆起立。抱杆起立前，将提升抱杆所用的腰环套在抱杆上，在抱杆上安装起吊系统和上、下拉线系统，利用人字抱杆在塔位中心起立抱杆。抱杆竖立后，补装塔腿开口面辅助材并拧紧螺栓，将上、下拉线系统固定在规定的位置上。如此时抱杆够高，可做吊装准备；如抱杆高度不满足工作条件，则提升抱杆。

（三）抱杆的提升

抱杆提升如图 2-15 所示。

（1）绑好上、下两层提升抱杆的腰环。上腰环绑得越高越好，下腰环不能绑得过低。

（2）把上拉线绑到下一工作位置，此时上拉线呈松弛状态。

（3）把牵引钢绳回抽适当长度，然后在接头处水平铁附近绑死，让牵引绳依次通过抱杆根部的朝地滑车、塔上腰滑车，引向转向滑车直至牵引设备。此时塔上腰滑车一定要与牵引钢绳绑扎处等高，并在其对应位置。

（4）启动牵引钢绳，把抱杆提升很小一个高度，解开下拉线。

（5）继续牵引钢绳，使抱杆逐步向上提升，直至把原来呈松弛状态的四根上拉线顶紧为止。由于设置了两道腰环，抱杆不会有太大倾斜。

（6）把下拉线拉紧，按所需的倾斜度绑牢。操作时两人配合作业，一人拉紧，另一人绑扣，不能绑成松弛状态。

（7）恢复起吊构件的工作状态，做好起吊构件准备。

（四）构件的起吊

1. 起吊方法

构件的起吊采用塔身两侧轮换吊装法，即将抱杆调整到起吊构件一侧，等该侧构件吊装完毕后，再将抱杆移至另一端继续吊装组立，依次轮换抱杆的位置，

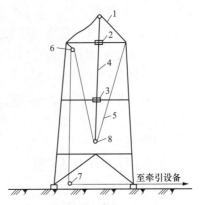

图 2-15　抱杆提升示意图
1—上拉线；2—上腰环；3—下腰环；
4—抱杆；5—提升钢绳；6—反向滑车；
7—转向滑车；8—底滑车

直至构件吊装完毕。抱杆由一侧移向另一侧的工作，是依靠调整拉线系统的长度完成的。调整方法是：在布置抱杆时，将拉线系统按最长一根的用量布置，在拉线的控制端配备制动器。当抱杆需向某一侧移动时，先将后侧拉线利用制动器缓慢松出一段，使抱杆向另一侧倾斜，然后调整拉线系统和承托系统，使抱杆固定在理想位置。

2. 吊装塔身

（1）根据允许起吊质量，塔身分段在地面组装成片。吊点绳套在构件上的绑扎位置应位于构件的重心以上节点处并对称布置，以保证起吊过程中构件平稳上升。在构件根部拴好控制绳。起吊过程中应调整好控制绳，严防构件挂住塔身，并要求控制绳与地面夹角不超过 45°。起吊高度应稍高于连接处，然后缓松牵引绳（配合操作控制绳），使低位一侧主材先就位。将尖扳子插入螺孔，并装上一个螺栓，然后继续松牵引绳，使另一侧就位。主材螺栓装好后，把下层的斜材装上，固定好主材，拆除绑扎绳套、大绳，调整抱杆，准备吊装另一侧塔片。

（2）牵引用地滑车可以固定在指定塔脚上，但绑扎绳套与塔脚间必须垫以垫木等，以防钢丝套受力后割伤塔材或自身被割断。

3. 吊装塔头

（1）由于抱杆高度有限，吊装塔头部分时，对于酒杯形塔应先起吊下曲臂，后起吊上曲臂，再单片起吊横担；对耐张干字形塔，应先吊装塔身部分和地线横担，然后利用地线横担起吊导线横担。

（2）上、下曲臂组装完毕后，由于上曲臂横线路两侧相距较远，横担长度大，在组装横担时须对上、下曲臂进行补强。补强方法是：用 3T 双钩和 $\phi13$ 的钢丝绳交叉对上下曲臂进行补强，钢丝绳与塔材的绑扎点选在上、下曲臂横线路外侧主材的接点处。

（3）横担必须分成两片进行起吊，在起吊时须对横担进行补强。通常用小头大于或等于 $\phi150$ 的圆木补强，如补强木不够长时可搭接绑扎，绑扎必须牢固。

4. 起吊要求

塔片起吊时，对控制绳或摆头绳的要求如下：

（1）对于地形条件比较好的塔位，吊件的根部控制绳或摆头绳可用 φ18～φ20 的棕绳，但必须采用地锚或铁橇子控制大绳的松出方法。

（2）对于周围地形条件差的塔位，为了便于在起吊过程中控制构件与塔身的距离及便于吊件就位，要求在起吊侧设 3T 控制绳地锚，并在使用过程中配用制动器来控制塔片下部对塔身的距离。

（3）控制地锚位置或棕绳人力控制点距塔位中心在塔全高 1.2 倍以外。

（五）抱杆的拆除

（1）首先在塔顶中部挂一个 3T 单轮滑车（固定点应选在铁塔主材节点处，该节点处螺栓应全部拧紧），把起吊构件用的钢绳绑扎在抱杆重心靠上位置，然后依次穿过上述滑车和地滑车，引至牵引设备。同时，在抱杆根部绑扎一根大绳来控制抱杆的降落方位。

（2）拆除抱杆上拉线（这时抱杆在横担结构内不会有太大的倾斜）。

（3）启动牵引设备，将抱杆提升适当高度，拆除抱杆下拉线。

（4）启动牵引设备，回松牵引绳使抱杆缓慢下降，当抱杆头部降至横担上平面时，用绳套将抱杆头部和吊绳拢在一起，以防抱杆晃动；同时将抱杆从平口下塔身里引出，继续回松牵引绳，直至抱杆落地为止。

二、施工准备

（一）技术准备

（1）铁塔接地装置施工完毕，具备与铁塔塔腿可靠连接的条件。

（2）熟悉设计文件和塔图，并进行详细的现场调查，编写施工作业指导书，及时进行技术交底。

（3）对工器具和基础顶面高差（或主角钢操平印记高差）进行施工前的检查，保证工器具无朽、无伤，满足施工要求。

（二）工器具及材料准备

（1）对塔材进行数量清点并按顺序排列整齐。

（2）进行质量检验，质量不合格者不得使用。

（3）铁塔组立用的螺栓、垫片、脚钉必须齐全。

（4）地面组装好的塔片、塔段需经检查后方可吊装。

本任务所需工器具见表 2-3。

（三）人员要求

参加施工作业的人员必须经培训合格并持证上岗；施工前必须熟悉施工图纸、作业指导书及施工工艺特殊要求。

表 2-3　　　　　　　　　内悬浮外拉线抱杆分解组塔所需工器具配置表

序号	名称	规格	单位	数量	备注
1	抱杆	500mm×500mm×24m	副	1	角钢格构式抱杆
2	三角人字抱杆	15m	副	1	
3	磨绳	$\phi15×250m$	条	2	
4	抱杆承托绳	$\phi24×30m$	条	4	
5	抱杆拉线地锚	1.2m×0.4m	个	4	带拉棒$\phi25$
6	抱杆拉线	$\phi15×160m$	条	4	
7	调整偏拉绳	$\phi11×130m$	条	6	钢丝绳
8	滑车	5t	只	4	起重用
9	滑车	3t	只	10	起重、转角用
10	滑车	1t	只	4	人力提升小物件用
11	腰环	—	副	2	按抱杆型号配置
12	触动器	—	个	4	
13	卸扣	10t	个	10	拉线、承托绳等用
14	卸扣	5t	个	20	起吊、挂滑车等用
15	卸扣	3t	个	10	调整绳等用
16	绞磨	3t	台	2	配摇把
17	铁锤	16 磅	把	2	
		4 磅		4	
18	绞磨地锚	1.2m×0.4m	个	1	带拉棒$\phi22$
19	链条葫芦	3t、5t	个	各1	
20	角铁桩	∟ 90mm×8mm×1500mm	根	10	
21	加强圆木	$\phi150×500mm$	根	若干	
22	补强圆木	$\phi140×5000mm$	根	4	
23	白棕绳	$\phi16mm$	m	300	
24	麻袋	—	条	若干	
25	花篮螺栓	C-C 型 $\phi22$	只	16	
26	尖扳手	$\phi16×300$、$\phi20×350$	把	各8	
27	加长梅花扳手	各种型号	把	各10	
28	扭力扳手	—	把	1	

三、施工危险点分析及安全措施

(一) 危险点一：高处坠落伤人

（1）高处作业时应使用安全带，戴安全帽，杆塔上转移作业位置时，不得失去安全带的保护。

（2）塔上作业人员移动位置时，必须站在连接、紧固好的塔材构件上。

（3）加强施工过程中的监护。

（二）危险点二：高处坠物伤人

（1）严禁工具、塔材、螺栓等从塔上坠落。

（2）所使用的工器具、材料等应放在工具袋内，工器具的传递应使用绳索。

（三）危险点三：触电

铁塔组立的同时应连接好接地线，以防雷电。

📹 **任务实施**

一、实施前工作

（1）本任务标准化作业指导书的编写。指导学生（学员）完成内悬浮抱杆分解组塔作业指导书的编写。

（2）工器具及材料准备。

（3）办理施工相关手续。工作负责人按规定办理施工作业手续，得到批复后方可进行工作。

（4）召开班前会。

（5）布置工作任务。

（6）工作现场或模拟现场布置。根据作业现场或模拟现场情况合理布置、摆放工器具及材料。

二、实施工作

（一）抱杆的起立

抱杆起立前，应将抱杆按顺序组合并做好调整，准备齐全接头螺栓并紧固到位，将朝天滑车及抱杆临时拉线与抱杆帽连接，将起吊钢绳穿入朝天滑车。可采用小人字抱杆整体起立悬浮抱杆。根据施工现场情况，也可以选择利用塔腿单扳整体组立法和利用塔腿整体吊装法起立抱杆。这两种方法需要先扳立四根塔腿主材，并用组装完成的三个塔身侧面将抱杆扳立或吊起。

（二）塔腿组立

参照前述内悬浮外拉线抱杆分解组塔方法。

（三）提升抱杆

（1）铁塔组立到一定高度，塔材全部装齐且螺栓紧固到位后即可提升抱杆。由于抱杆较重，应采用两套滑车组加一套平衡滑车组进行提升。抱杆提升现场布置参考图2-8。

（2）提升过程中应设置不少于两道腰环，腰环拉索收紧并固定在四根主材上，两道腰环的间距不得小于6m。抱杆高出已组塔体的高度，应满足待吊段顺利就位的要求。外拉线未受力前，不应松腰环；外拉线受力后，腰环应呈松弛状态。

（3）在塔身两对角处各挂上一套提升滑车组，滑车组的下端与抱杆下部的挂板相连。将两套滑车组牵引绳通过各自塔腿上的转向滑车引入地面上的平衡滑车，平衡滑车与地面滑车组相连，利用地面滑车组以"2 变 1"的方式进行平衡提升。提升时依靠两道腰环及顶部落地拉线控制抱杆。

（4）抱杆提升过程中，应设专人对腰环和抱杆进行监护；随着抱杆的提升，应同步缓慢放松拉线，使抱杆始终保持竖直状态。

（5）抱杆提升到预定高度后，将承托绳固定在主材节点的上方或预留孔处。

（6）抱杆固定后，收紧拉线，调整腰环使腰环呈松弛状态。调整抱杆的倾斜角度，使其顶端定滑车位于被吊构件就位后的结构中心的垂直上方。

（四）塔身吊装

（1）塔身吊装时，抱杆应适度向吊件侧倾斜，但倾斜角度不宜超过 10°，以使抱杆、拉线、控制系统及牵引系统的受力更合理。

（2）在吊件上绑扎好倒 V 形吊点绳，吊点绳绑扎点应在吊件重心以上的主材节点处；若绑扎点在重心附近，应采取防止吊件倾覆的措施。

（3）倒 V 形吊点绳应由两根等长的钢丝绳通过卸扣连接，两吊点绳之间的夹角不得大于 120°。

（五）曲臂吊装

（1）铁塔曲臂吊装时应根据抱杆的承载能力及场地条件来确定采取整体或分体吊装方式。曲臂宜从铁塔侧面吊装。内悬浮外拉线抱杆分解组塔曲臂吊装如图 2-16 所示。

（2）曲臂吊点绳宜用倒 V 形钢丝绳绑扎在曲臂的 K 节点处或构件重心上方 1～2m 处。

（3）起吊前应调整抱杆使其向起吊侧倾斜，抱杆顶部定滑轮应尽可能位于被吊件就位后的结构中心的垂直上方。

图 2-16　内悬浮外拉线抱杆分解组塔曲臂吊装

（4）两侧曲臂安装好且紧固螺栓后，在曲臂上口前后侧加钢丝绳和双钩紧线器调节收紧，测量上曲臂上口螺栓孔距离，并确认其与横担相应螺栓孔距离一致。

（六）横担吊装

（1）对酒杯形塔，根据抱杆承载能力、横担质量和塔位场地条件，应采用分段分片吊装方式。横担分为中段前后片、两侧分段横担四部分，两侧分段横担利用辅助抱杆吊装。两侧分段横担吊装如图 2-17 所示。

（2）对猫头形塔，根据抱杆承载能力和线路方向及铁塔前后侧场地平整情况，可以采用横担整体吊装或前后分片平衡吊装。横担整体吊装时，应将抱杆向起吊反向侧倾斜；横担就位时，吊件侧抱杆拉线应收紧，防止抱杆反倾。

（3）横担接近就位高度时，应缓慢松出控制绳，使横担下平面缓慢进入上曲臂平口上方。当两端都进入上曲臂上口后，先低后高，对孔就位。

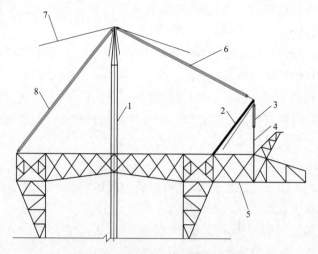

图 2-17　两侧分段横担吊装示意图

1—抱杆；2—辅助抱杆；3—起吊滑车组；4—起吊绳；5—吊件（两侧分段横担）；
6—调节滑车组；7—抱杆拉线；8—平衡滑车组

（4）横担与上曲臂平口对孔，应先对一侧，然后对另一侧，不允许强行对孔。

（5）吊装干字形铁塔地线横担时，吊点绳宜绑扎在横担重心偏外的位置。起吊时，横担外端略上翘，就位时先连接上平面两主材螺栓，后连接下平面两主材螺栓。干字形铁塔的地线横担强度满足吊装导线横担的要求时，可利用地线横担作支撑进行吊装，否则应采取补强或其他措施进行吊装。

（6）吊装双回路铁塔横担的方法同吊装干字形铁塔横担的方法。

（七）抱杆拆除

（1）铁塔组立完毕后，抱杆即可拆除。

（2）收紧抱杆提升系统，使承托绳呈松弛状态后拆除，再将抱杆顶部降到低于铁塔顶面以下，装好铁塔顶部水平材。

（3）在铁塔顶面的两主材上挂 V 形吊点绳，利用起吊滑车组将抱杆下降至地面，逐段拆除，拉出塔外，运出现场。V 形吊点绳的位置应选在铁塔主材的节点处。

（4）拆除时应采取防止抱杆旋转、摆动的措施。

三、实施后工作

（1）质量检查。按照 GB 50233—2014《110kV～750kV 架空输电线路施工及验收规范》检查验收。

（2）工作结束，整理现场。

（3）召开班后会。总结工作经验，分析存在的问题及改进方法等。

任务评价

本任务评价见表 2-4。

表 2-4　　　　　　　　　内悬浮外拉线抱杆分解组塔施工任务评价表

姓名		学号				
评分项目		评分内容及要求	评分标准	扣分	得分	备注
施工准备 (25分)	施工方案 (10分)	(1) 方案正确。 (2) 内容完整	(1) 方案错误，扣10分。 (2) 内容不完整，每处扣0.5分			
	准备工作 (5分)	(1) 安全着装。 (2) 场地勘察。 (3) 工器具、材料检查	(1) 未按照规定着装，每处扣0.5分。 (2) 工器具选择错误，每次扣1分；未检查，扣1分。 (3) 材料检查不充分，每处扣1分。 (4) 场地不符合要求，每处扣1分			
	班前会 (施工技术交底) (5分)	(1) 交代工作任务及任务分配。 (2) 危险点分析。 (3) 预控措施	(1) 未交代工作任务，每次扣2分。 (2) 未进行人员分工，每次扣1分。 (3) 未交代危险点，扣3分；交代不全，酌情扣分。 (4) 未交代预控措施，扣2分。 (5) 其他不符合要求，酌情扣分			
	安全布置 (5分)	(1) 安全围栏。 (2) 标识牌	(1) 未设置安全围栏，扣3分；设置不正确，扣1分。 (2) 未摆放任何标识牌，扣2分；漏摆一处，扣1分；标识牌摆放不合理，每处扣1分。 (3) 其他不符合要求，酌情扣分			
任务完成 (60分)	现场布置 (5分)	(1) 抱杆布置。 (2) 拉线布置。 (3) 牵引、制动系统布置	(1) 抱杆布置不符合规范，扣2分。 (2) 拉线布置不正确，扣2分。 (3) 牵引、制动系统布置不符合规范，扣2分			
	铁塔地面组装 (5分)	(1) 铁塔地面分片组装。 (2) 铁塔地面分段组装	(1) 铁塔地面分片组装方法不正确，扣1分。 (2) 铁塔地面分段组装不符合规范，扣1分			
	塔腿组立 (5分)	(1) 塔腿组立布置。 (2) 塔腿组立方法	(1) 塔腿布置不符合规范，扣1分。 (2) 塔腿组立方法不正确，扣2分			

评分项目		评分内容及要求	评分标准	扣分	得分	备注
任务完成 （60分）	抱杆起立 与提升 （15分）	（1）抱杆起立布置。 （2）抱杆起立操作。 （3）抱杆提升布置。 （4）抱杆提升操作	（1）抱杆起立布置不正确，扣2分。 （2）抱杆起立操作不符合规范，扣2分。 （3）抱杆提升布置不正确，扣2分。 （4）抱杆提升操作不符合规范，扣2分			
	塔身组立 （5分）	（1）塔材吊装方法。 （2）塔材吊装操作	（1）塔材吊装方法不正确，扣2分。 （2）塔材吊装操作不符合规范，扣1分			
	塔头组立 （10分）	（1）塔头吊装方法。 （2）塔头吊装操作	（1）塔头吊装方法不正确，扣2分。 （2）塔头吊装操作不符合规范，扣1分			
	抱杆拆除 （5分）	抱杆拆除	（1）抱杆拆除方法不正确，扣1分。 （2）其他不符合要求，酌情扣分			
	整理现场 （5分）	整理现场	（1）未整理现场，扣1分。 （2）现场有遗漏，每处扣1分。 （3）离开现场前未检查，扣1分			
	质量检查 （5分）	质量验收	（1）铁塔组立过程不符合规范要求，每处扣1分。 （2）其他不符合要求，酌情扣分			
基本素质 （15分）	安全文明 （5分）	（1）标准化作业。 （2）安全措施完备。 （3）作业现场规范	（1）未按标准化作业流程作业，扣1分。 （2）安全措施不完备，扣1分。 （3）作业现场不规范，扣1分			
	团结协作 （5分）	（1）合理分工。 （2）工作过程相互协作	（1）分工不合理，扣1分。 （2）工作过程不协作，扣1分			
	劳动纪律 （5分）	（1）遵守工地管理制度。 （2）遵守劳动纪律	（1）不遵守工地管理制度，扣2分。 （2）不遵守劳动纪律，扣2分			
合计	总分100分					
任务完成时间：		时　　　分				
教师						

学习与思考

（1）叙述内悬浮外拉线抱杆分解组塔施工的操作方法、步骤。

（2）说出内悬浮内拉线抱杆分解组塔施工的优缺点。

（3）进行内悬浮抱杆分解组塔施工受力分析时应包括哪些工器具及设备？

（4）说出内悬浮外拉线抱杆与内悬浮内拉线抱杆分解组塔现场施工布置的异同点。

（5）叙述内悬浮外拉线抱杆分解组塔施工方法。

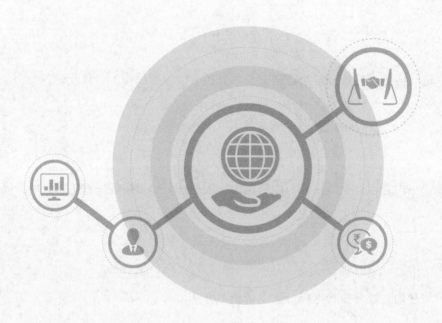

任务三 内摇臂抱杆分解组塔施工

任务描述

内摇臂抱杆分解组塔施工是铁塔组立常用的方法，广泛应用于各类铁塔组立施工中。

本学习任务主要是完成内摇臂抱杆分解组塔施工方案的编制，并实施内摇臂抱杆分解组塔施工任务。

任务目标

了解内摇臂抱杆分解组塔的结构和种类，熟悉内摇臂抱杆分解组塔施工现场布置及工器具的选择，熟悉内摇臂抱杆分解组塔施工工艺流程，明确施工前的准备工作、施工危险点及安全防范措施，并依据相关线路施工验收规范，编制并实施内摇臂抱杆分解组塔施工方案。

任务准备

一、知识准备

内摇臂抱杆分解组塔时，采用两侧摇臂平衡起吊，不需要打外拉线，起吊半径大，便于正、侧面构件就位，还能解决大根开塔型底部及横担的吊装难题。特别是对于部分塔位受到周边道路、地形、电力线等障碍物影响，不便于打设45°外拉线时，采用内摇臂抱杆分解组立铁塔的方法更能确保施工的安全性。

（一）现场布置

抱杆立于铁塔中心的地面上，抱杆高度随铁塔组立高度的增加而逐渐增加。在距抱杆顶部适当位置安装四副摇臂，摇臂顶部悬挂的滑车组既可用于吊装塔片，又可用作平衡拉线。使用内摇臂抱杆分解组塔，稳定性好，不用外拉线，能适应各种地形条件。抱杆带摇臂，施工起吊半径大，便于构件就位。内摇臂抱杆分解组塔现场布置如图2-18所示。

（二）抱杆起立

抱杆首次组立高度应满足吊装塔腿的需要，一般为20~30m。在地面组装好摇臂抱杆，安装好所有滑车组及附件等，并采用倒落式人字抱杆整体组立摇臂抱杆。

（三）塔腿吊装

根据塔腿质量、根开、主材长度、场地条件等，可以采用单根吊装或分片扳立方法安装塔腿。分片扳立塔腿时，抱杆和其他工器具应按整体组立铁塔施工进行计算。塔腿组立时应选择合理的吊点位置，必要时在吊点处采取补强措施。单根主材或塔片组立完成后，应随即安装并紧固好地脚螺栓或接头包角钢螺栓（对插入式基础的铁塔），打好临时拉线。在铁塔四个面的辅助材未安装完毕前，不得拆除临时拉线。组立塔腿时，对抱杆必须设置顶部落地拉线。对塔腿也可采用对称吊装的方法。利用两侧摇臂上的起吊滑车组同步起

123

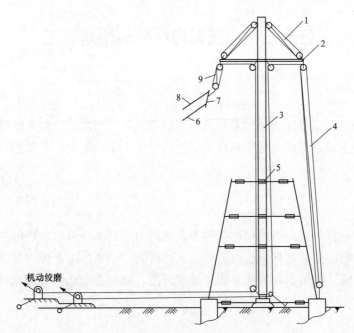

图 2-18　内摇臂抱杆分解组塔现场布置示意图

1—变幅滑车组；2—摇臂；3—抱杆；4—起吊滑车组（平衡）；5—腰拉线；6—下控制绳；

7—塔片；8—上控制绳；9—起吊滑车组（吊装）

吊，可以保持抱杆两侧的受力一致。

（四）提升抱杆

每吊完一段塔体后，应将四侧辅助材（斜材、水平材等）全部补装齐全，并在紧固螺栓后提升抱杆。提升抱杆时腰环不应少于两道。抱杆的升高应采用倒装提升接长的方法，利用已经组立好的塔体主材作为支撑架，通过提升滑车组将抱杆升高，然后在其下方接装中间段及下段。抱杆升高后，应用经纬仪在顺线路及横线路两个方向上监测抱杆的竖直状态，抱杆调直后再收紧并固定各层腰环及摇臂的变幅滑轮组。抱杆的底部应平整，遇到软土时，应采取防止抱杆下沉的措施。

（五）塔身吊装

塔身吊装时，抱杆顶部应向平衡侧（即起吊反向侧）预偏 0.2～0.3m，三侧摇臂的起吊滑车组均应与塔脚相连接，以起到平衡拉线的作用。起吊过程中抱杆应保持竖直。铁塔塔片应组装在摇臂的正下方，以避免吊件对摇臂及抱杆产生偏心扭矩。单侧起吊时，如受场地限制，吊件的起吊中心对抱杆轴线的偏角不应大于 $10°$。

两侧塔片安装就位后，应将吊点绳和起吊滑车组保持不动，随即起吊塔体另外两侧面的斜材和水平材。待塔体四侧的斜材及水平材安装完毕且螺栓紧固后方可拆除起吊索具。组立塔腿以上各段塔体时，在塔体内设置的腰环不应少于两道，腰环间距应满足抱杆的稳定性要求，且上道腰环应位于已组塔体上平面的节点处。

（六）曲臂吊装

根据抱杆的承载能力及场地条件确定采用上、下曲臂整体吊装或分体吊装方案；根据施工场地及操作人员熟练程度确定采用两侧曲臂平衡吊装或单侧吊装方案。

曲臂吊点绳宜用倒 V 形钢丝绳，吊点绳绑扎在曲臂的 K 节点处或构件重心上方 1～2m 处。单侧起吊曲臂时，起吊前应调整抱杆向起吊反向侧倾斜 0.1～0.2m。一侧曲臂吊装完成后，起吊滑车组和控制绳保持不动，待另一侧曲臂吊装完成后再全部拆除。

两侧曲臂吊装完成且紧固螺栓后，在曲臂上口前后侧加钢丝绳和双钩紧线器调节收紧，并测量上曲臂上口螺栓孔距离，确认其与横担相应螺栓孔距离是否相符。

（七）横担吊装

（1）对酒杯形塔，根据抱杆承载能力、横担质量和塔位场地条件，应采用分段分片吊装方式。横担分为中段前后片、两侧边相横担四部分，边相横担利用辅助抱杆吊装。

（2）对猫头形塔，根据抱杆承载能力和线路方向及铁塔前后侧场地平整情况，可以采用横担整体吊装或前后分片平衡吊装。横担整体吊装时，应将抱杆向起吊反向侧倾斜；横担就位时，吊件侧抱杆拉线应收紧，防止抱杆反倾。

（3）横担接近就位高度时，应缓慢松出控制绳，使横担下平面缓慢进入上曲臂平口上方。当两端都进入上曲臂上口后，先低后高，对孔就位。横担与上曲臂平口对孔，应先对一侧，然后对另一侧，不允许强行对孔。

（4）吊装干字形铁塔地线横担时，吊点绳宜绑扎在横担重心偏外的位置。起吊时，横担外端略上翘，就位时先连接上平面两主材螺栓，后连接下平面两主材螺栓。干字形铁塔的地线横担强度满足吊装导线横担的要求时，可利用地线横担作支撑进行吊装，否则应采取补强或其他措施进行吊装。

（5）吊装双回路铁塔横担的方法同吊装干字形铁塔横担的方法。

（八）抱杆拆除

下降抱杆前，先将摇臂收拢并固定在主抱杆上。抱杆拆除为倒装提升的逆过程，抱杆从下往上逐段拆除。

二、施工准备

（一）技术准备

（1）铁塔接地装置施工完毕，具备与铁塔塔腿可靠连接的条件。

（2）组立前对施工场地进行平整，尽可能避让障碍物，不能避开的障碍物应采取有效可靠的措施保证施工安全。

（二）工器具准备

（1）对进入施工现场的工器具进行清点、检验或现场试验，确保施工工器具完好并符合相关要求。

（2）各工器具连接组合是否合适；必须保证所用的工器具在定期试验周期内，不得超期使用。

（3）根据安全文明施工的要求和铁塔结构，配备相应的安全设施。

（三）材料准备

（1）对运入现场的塔材按设计及规范要求进行数量清点和质量检验，质量不合格者不得使用。

（2）铁塔组立用的螺栓、垫片、脚钉必须齐全。

（3）地面组装好的塔片、塔段需经检查后方可吊装。

（四）人员要求

参加施工作业的人员必须经培训合格并持证上岗；施工前必须熟悉施工图纸、作业指导书及施工工艺特殊要求。

三、施工危险点分析及安全措施

（一）危险点一：高处坠落伤人

（1）塔上作业人员移动位置时，必须站在连接、紧固好的塔材构件上。

（2）加强施工过程中的监护。

（二）危险点二：高处坠物伤人

（1）严禁工具、塔材、螺栓等从塔上坠落。

（2）所使用的工器具、材料等应放在工具袋内，工器具的传递应使用绳索。

（三）危险点三：触电

认真勘察现场情况，确定现场布置和起吊方案，确保拉线、控制绳等工具至带电体的安全距离。铁塔组立的同时应连接好接地线，以防雷电。

📽 任务实施

一、实施前工作

（1）本任务标准化作业指导书的编写。指导学生（学员）完成内摇臂抱杆分解组塔施工作业指导书的编写。

（2）工器具及材料准备。

（3）办理施工相关手续。工作负责人按规定办理施工作业手续，得到批复后方可进行工作。

（4）召开班前会。

（5）布置工作任务。

（6）工作现场或模拟现场布置。根据作业现场或模拟现场情况合理布置、摆放工器具及材料。

二、实施工作

（一）现场布置

现场布置见图 2-18。抱杆高度及摇臂长度应满足塔片就位的要求。每副抱杆应设两台机动绞磨，机动绞磨可设在塔身构件副吊侧及非横担整体吊装侧，与铁塔中心的距离不应小于塔全高的 0.5 倍，且不小于 40m。地锚设置应根据地质条件选用直埋钢板地锚、圆木地锚、螺旋地钻或铁桩等。采用地钻或铁桩时应核算受力情况，同处使用量不应少于两只，两只之间用可调金具或钢丝绳套可靠连接。控制吊件用的偏拉绳对地夹角不应大于30°。

(二) 抱杆起立

抱杆首次组立高度应满足吊装塔腿的需要,一般为20～30m。如果所组立的铁塔较矮,可以根据实际情况考虑一次满足起立足够高度的抱杆。一般情况下,先在地面组装好内摇臂抱杆,安装好所有滑车组及附件等,采用倒落式人字抱杆整体组立摇臂抱杆,如图2-19所示。抱杆起立前应对抱杆底部进行平整并采取防止抱杆脚下沉的措施。

(三) 地面组装铁塔

应根据抱杆的升起高度、抱杆的承载能力及施工工况确定构件的分片、分段及所带构件的数量,控制好每吊塔片的结构质量。在地面组装塔片时应考虑好组装形成的塔片重心位置及吊点绳的绑扎位置,根据施工现场的情况、构件有无方向限制等确定构件布置位置,留出操作空间方便吊绳、偏拉绳的绑扎及方向控制。同时,在地面组装塔片时应注意铁塔螺栓组装工艺要求。一般情况下按"水平隔面结构从下

图 2-19 倒落式人字抱杆整体组立摇臂抱杆

向上,斜隔面结构从斜下向斜上,立体结构从内向外,单立面结构在横线路方向从左向右,在顺线路方向从送电侧向受电侧"的原则进行,局部可以进行调整。用螺栓连接构件时,螺杆应与构件面垂直,螺栓头平面与构件不应有空隙;螺母拧紧后,螺杆露出螺母的长度,对单螺母不应小于两个螺距,对双螺母可与丝扣平齐。

(四) 铁塔底部吊装

根据塔腿质量、根开、主材长度、场地条件等,可以采用分片扳立方法和对称吊装方法进行铁塔底部吊装。塔腿组立时应选择合理的吊点位置,必要时在吊点处采取补强措施。分片扳立塔腿时,分次将塔腿固定在相应基础位置,使用抱杆吊绳将其扳立,抱杆和其他工器具应按整体组立铁塔施工进行计算。对称吊装时利用两侧摇臂上的起吊滑车组同步起吊,以保持抱杆两侧受力一致。塔腿起立到位后及时固定临时拉线直至腿部斜材组装完毕。塔片组立完成后,应随即安装并紧固好地脚螺栓或接头包角钢螺栓(对插入式基础的铁塔),打好临时拉线。在铁塔四个面的辅助材未安装完毕之前,不得拆除临时拉线。组立塔腿时,抱杆必须设置顶部落地拉线。

(五) 抱杆提升及接长安装

每吊完一段塔体后,若抱杆高度不够需要增高时,应先将四侧辅助材(斜材、水平材等)全部补装齐全并紧固螺栓,然后再进行抱杆提升。提升抱杆时腰环不应少于两道。抱杆的提升可采用倒装提升接长的方法,利用已经组立好的塔体主材作为支撑架,通过提升滑车组将抱杆升高,然后从塔腿下方将抱杆下段送入,在被提升的抱杆下方接装中间段及

下段，并对连接螺栓进行紧固和检查。抱杆接长应逐段进行，每提一次接装一段，其提升高度以满足安装一段塔片的高度为限。抱杆升高后，应用锤球或经纬仪在顺线路及横线路两个方向上监测抱杆的竖直状态，抱杆调直后再收紧并固定各层腰环拉线及摇臂的起吊滑轮组，做好后续塔材吊装准备。

（六）铁塔上部吊装

组立塔腿以上各段塔体时，在塔体内设置的腰环不应少于两道，腰环间距应满足抱杆的稳定性要求，且上道腰环应位于已组塔体上平面的节点处。吊装铁塔身部结构时，可以采用单侧起吊或双侧平衡起吊。单侧吊装时抱杆顶部应向平衡侧（即起吊反向侧）预偏0.2~0.3m，平衡侧摇臂的起吊滑车组均应与塔脚相连接，起到平衡拉线的作用，如图2-20所示。双侧平衡起吊时，两侧摇臂同时起吊塔件，应注意控制两侧被吊塔件质量相当，起吊过程中抱杆应保持竖直。

起吊塔片时，对于结构宽度较大的塔件应注意选择好重心和吊点，并对塔件采取相应的补强措施，防止塔片变形。铁塔塔片应组装在摇臂的正下方，起吊过程也应尽量保持吊绳垂直向下，以避免吊件对摇臂及抱杆产生偏心弯矩。单侧起吊时，如受场地限制，吊件的起吊中心对抱杆轴线的偏角不应大于10°。起吊过程中用偏拉绳控制好塔片，避免塔片与拉线、已经就位的塔身等交叉或擦碰。当塔片起吊到就位高度时，调整摇臂角度和控制绳使塔片就位。两侧塔片安装就位后，应将吊点绳和起吊滑车组保持不动，随即起吊塔体另外两侧面的斜材和水平材。补装斜材时可以使用已经调好就位的两侧塔片作为抱杆进行吊装，但必须对两侧塔片的偏拉绳和控制拉线进行检查，待塔体四侧斜材及水平材安装完毕且螺栓紧固后方可拆除起吊索具。

吊装铁塔曲臂时，一般将曲臂在铁塔左右两侧组装后分两边进行吊装。吊装时必须核对组装塔件的质量在抱杆允许工况以内。曲臂吊点绳宜用倒V形钢丝绳，吊点绳绑扎在曲臂的K节点处或构件重心上方1~2m处，如图2-21所示。吊装铁塔横担时，一般将横担在铁塔前后两侧组装后分两片进行吊装，然后安装横担上下两个面的塔材。横担中段较

图2-20　内摇臂抱杆平衡起吊分解组塔

图2-21　内摇臂抱杆双侧平衡吊装塔头

长时应采取补强措施。吊装干字形铁塔地线横担时，吊点绳宜绑扎在横担重心偏外的位置。起吊时，横担外端略上翘，就位时先连接上平面两主材螺栓，后连接下平面两主材螺栓。干字形铁塔的地线横担强度满足吊装导线横担的要求时，可利用地线横担作支撑进行吊装，否则应采取补强或其他措施进行吊装。铁塔主材、主交叉材等主要塔片结构吊装就位后应及时补装齐全其他斜材，以保证铁塔整体结构的完整性和强度。

（七）抱杆拆除

下降抱杆前，先将起吊用的滑车组、起吊钢绳等工器具拆除，将摇臂拆除或者收拢固定在主抱杆上，保证抱杆在下落拆除过程中不受已组装塔材的影响。抱杆拆除为倒装提升的逆过程，利用抱杆提升系统，抱杆从下往上逐段拆除。在拆除过程中，应拆除相应腰环及连接螺栓，不得预先将上段连接螺栓拆除或拧松。

（八）螺栓复紧与缺陷处理

补装齐全所有塔材，并及时采取有效的铁塔防盗和防松措施；检查所有部位铁塔螺栓数量及规格，对临时代用螺栓进行更换，对所有螺栓进行复紧，以达到设计及规范要求的螺栓扭矩。

三、实施后工作

（1）质量检查。

（2）工作结束，整理现场。

（3）召开班后会。总结工作经验，分析施工中存在的问题及改进方法等。

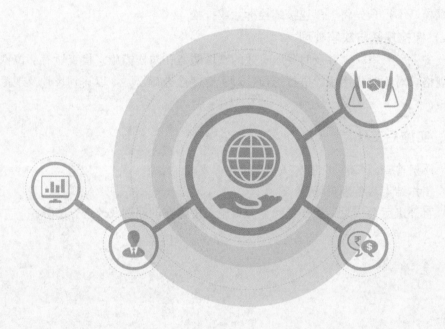

任务评价

本任务评价见表 2-5。

表 2-5　　　　　　　　　　　　内摇臂抱杆分解组塔任务评价表

姓名		学号				
评分项目	评分内容及要求		评分标准	扣分	得分	备注
施工准备 (25分)	施工方案 (10分)	(1) 方案正确。 (2) 内容完整	(1) 方案错误，扣10分。 (2) 内容不完整，每处扣0.5分			
	准备工作 (5分)	(1) 安全着装。 (2) 场地勘察。 (3) 工器具、材料检查	(1) 未按照规定着装，每处扣0.5分。 (2) 工器具选择错误，每次扣1分；未检查，扣1分。 (3) 材料检查不充分，每处扣1分。 (4) 场地不符合要求，每处扣1分			
	班前会 (施工技术交底) (5分)	(1) 交代工作任务及任务分配。 (2) 危险点分析。 (3) 预控措施	(1) 未交代工作任务，每次扣2分。 (2) 未进行人员分工，每次扣1分。 (3) 未交代危险点，扣3分；交代不全，酌情扣分。 (4) 未交代预控措施，扣2分。 (5) 其他不符合要求，酌情扣分			
	安全布置 (5分)	(1) 安全围栏。 (2) 标识牌	(1) 未设置安全围栏，扣3分；设置不正确，扣1分。 (2) 未摆放任何标识牌，扣2分；漏摆一处，扣1分；标识牌摆放不合理，每处扣1分。 (3) 其他不符合要求，酌情扣分			
任务完成 (60分)	现场布置 (5分)	(1) 抱杆布置。 (2) 拉线布置。 (3) 牵引、制动系统布置	(1) 抱杆布置不符合规范，扣2分。 (2) 拉线布置不正确，扣2分。 (3) 牵引、制动系统布置不符合规范，扣2分			
	铁塔地面组装 (5分)	(1) 铁塔地面分片组装。 (2) 铁塔地面分段组装	(1) 铁塔地面分片组装方法不正确，扣2分。 (2) 铁塔地面分段组装不符合规范，扣2分			
	铁塔底部吊装 (10分)	(1) 铁塔底部吊装布置。 (2) 铁塔底部吊装方法	(1) 铁塔底部吊装不符合规范要求，每处扣2分。 (2) 铁塔底部吊装方法不正确，扣2分。 (3) 其他不符合要求，酌情扣分			

评分项目		评分内容及要求	评分标准	扣分	得分	备注
任务完成 (60分)	抱杆提升及 接续安装 (10分)	(1) 抱杆提升布置。 (2) 抱杆提升操作。 (3) 抱杆接续安装布置。 (4) 抱杆接续安装操作	(1) 抱杆提升布置不正确，扣2分。 (2) 抱杆提升操作不符合规范要求，扣2分。 (3) 抱杆接续安装布置不正确，扣2分。 (4) 抱杆接续安装操作不符合规范要求，扣2分			
	铁塔上部吊装 (10分)	(1) 铁塔上部吊装方法。 (2) 铁塔上部吊装操作	(1) 铁塔上部吊装方法不正确，扣2分。 (2) 铁塔上部吊装操作不符合规范要求，每处扣2分			
	抱杆拆除 (5分)	抱杆拆除	(1) 抱杆拆除方法不正确，扣2分。 (2) 其他不符合要求，酌情扣分			
	螺栓复紧 与缺陷处理 (5分)	(1) 螺栓复紧。 (2) 缺陷处理	(1) 螺栓复紧方法不正确，扣2分。 (2) 螺栓复紧操作不符合规范要求，每处扣1分			
	整理现场 (5分)	整理现场	(1) 未整理现场，扣1分。 (2) 现场有遗漏，每处扣1分。 (3) 离开现场前未检查，扣1分			
	质量检查 (5分)	质量验收	(1) 铁塔组立过程不符合规范要求，每处扣1分。 (2) 其他不符合要求，酌情扣分			
基本素质 (15分)	安全文明 (5分)	(1) 标准化作业。 (2) 安全措施完备。 (3) 作业现场规范	(1) 未按标准化作业流程作业，扣1分。 (2) 安全措施不完备，扣1分。 (3) 作业现场不规范，扣1分			
	团结协作 (5分)	(1) 合理分工。 (2) 工作过程相互协作	(1) 分工不合理，扣1分。 (2) 工作过程不协作，扣1分			
	劳动纪律 (5分)	(1) 遵守工地管理制度。 (2) 遵守劳动纪律	(1) 不遵守工地管理制度，扣2分。 (2) 不遵守劳动纪律，扣2分			
合计	总分100分					
任务完成时间：		时　　　　分				
教师						

🧠 学习与思考

（1）说出内摇臂抱杆分解组塔的施工现场布置。

（2）说出内摇臂抱杆分解组塔的施工工艺流程。

（3）内摇臂抱杆分解组塔的施工准备包括哪些内容？

（4）内摇臂抱杆分解组塔施工的危险点及安全措施有哪些？

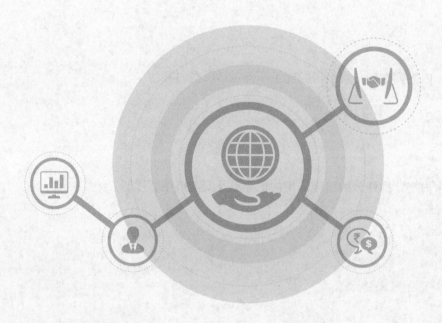

任务四　起重机组塔施工

任务描述

起重机等机械化组塔施工是近年来杆塔组立的常用方法，是今后杆塔组立施工发展的方向。

本学习任务主要是完成起重机组塔施工方案的编制，并实施起重机组塔施工任务。

任务目标

了解起重机的结构和种类，熟悉起重机组塔施工现场布置及工器具的选择，熟悉起重机组塔施工工艺流程，明确施工前的准备工作、施工危险点及安全防范措施，并依据相关线路施工验收规范，编制并实施起重机组塔施工方案。

任务准备

一、知识准备

（一）起重机的结构和种类

起重机又称吊车、天车、航吊，是指在一定范围内垂直提升和水平搬运重物的多动作起重机械。输电线路工程施工中应用比较广泛的是轮胎起重机。其主要特点是：①行驶驾驶室与起重操纵室合二为一；②由履带起重机（履带吊）演变而成，将行走机构的履带和行走支架部分变成有轮胎的底盘，克服了履带起重机（履带吊）履带板会对路面造成破坏的缺点；③属于物料搬运机械。按结构形式，起重机主要分为轻小型起重设备、桥架式（桥式、门式）起重机、臂架式（自行式、塔式、门座式、铁路式、浮船式、桅杆式）起重机、缆索式起重机。

（二）起重机组塔的一般规定

起重机组塔前施工人员必须做到四个明确：明确塔片吊装顺序，明确每次吊装质量，明确吊点位置，明确补强方法。起重作业人员与高处作业人员应密切配合。作业人员应站在被吊构件侧面。非施工人员不得进入起重机作业范围。起重机支腿必须支撑在不少于两根且长度不小于1.2m的枕木上，不得直接支撑在地面，并经过试吊证明支腿不会下沉。起吊塔片的绑扎点应位于塔片重心的上方且绑扎牢固。钢丝绳与塔片绑扎时应垫软物或使用特制挂环。

起重机的操作要求：使用前应对起重机性能进行检查，确认各部位良好后再投入作业。吊装作业前，参加铁塔吊装的司机、技术人员及施工负责人应熟悉起重机性能及被吊塔片的技术参数，如质量、高度、重心高度等。指挥起重机作业时，信号必须统一、清楚、正确和及时。吊装塔片或塔体时，在吊臂回转范围内，吊物下面严禁行人通过，更不允许在塔片下方进行作业；同时，吊件在吊装过程中，吊件严禁从起重机头上方经过。起重机应停在水平面上工作，停妥后的允许倾斜度不得大于 3°。起重机伸臂与地平面的夹角应根据起重机的技术性能所规定的角度范围而定，不得盲目伸臂。起重机在坑沟、河边工作时，应与坑沟、河边保持必要的安全距离，一般为其深度的 1.1～1.2 倍，以防塌方造成起重机倾倒。严禁起重机偏拉斜吊，以防钢丝绳卷出滑轮槽外而卡死或挤伤。质量不明的塔片严禁起吊。起重机和起重工具起吊塔片时应随着塔片的起升而旋转吊臂。起重设备、吊索具和其他起重工具的工作负荷不得超过铭牌规定。塔片上有人员时严禁起吊。禁止起吊物件长时间在空中停留。午休或过夜时，起吊塔片必须置于地面，且吊钩应固定在牢固的物体上。起重机的荷重在满负荷时，应避免离地面太高。起吊重物提升的速度应均匀平稳，不许忽快忽慢、忽上忽下，以防构件在空中摇晃。构件下落就位应缓慢，并密切注意作业人员指挥。

起重机操作限位要求：

（1）及时了解当天的气象情况，对瞬时大风和风力予以关注，须配置测风仪，当风力大于 6 级或遇雷电大雾天气时禁止作业。

（2）将重物吊到离地面 10cm 时，应做冲击力试验，同时检查机械性能是否良好、支腿有无下陷、绑扎是否可靠，再平稳提升，并注意吊钩要升到顶。降下吊件时必须匀速轻放，禁止突然制动；回转时不得过快，禁止突然制动及变换方向。

（3）当起重臂全伸而使用副臂时，仰角不得小于 45°。如起重机配置专用接地线底盘，则必须使用专用接地线进行可靠接地；如未配置，则需采用项目部配发的接地线进行可靠接地。

二、施工准备

（一）技术准备

（1）基础经验收合格，混凝土强度达到设计值的 70% 以上；基面、防沉层及周围应平整，并对基础露出地面部分采取了有效的保护措施，方可进行分解组塔。

（2）复查基础根开、对角线及基础顶面间高差，尤其是对于转角塔，必须复核内外角基础顶面间高差。

（3）杆塔组立前应对场地进行平整。

（4）计算杆塔重心位置并确定吊点位置。

（二）工器具及材料准备

（1）运到现场的所有工器具须检验合格，并标识明确；受力工器具须做拉力试验，合格后方可使用；所有使用的工器具严禁以小带大或超负荷使用。

（2）施工前必须对现场的抱杆进行检查，发现变形、弯曲的不得使用，并做好标识。

（3）项目部组织施工，技术、安全、质量部门根据施工方案和人员组织情况给各队配备安装机具及安全防护用品。安装中要用到的起重滑车、临时拉线、U 形环、钢丝绳套、地锚等必须进行力学试验，并应有试验报告。使用前再次进行外观检查。

（4）对于抱杆，应按厂家提供的清单，清点到场的抱杆各零部件，并进行外观（弯曲和变形等）、数量、规格、质量等方面的检验，质量不合格者不得使用。

（5）运到现场的塔材，应对照材料表和结构图进行核对，将塔材分段（分类）摆开，逐件检验，有缺陷、缺料时要及时校对，并上报补齐。对缺料问题要查明原因，并进行登记，明确责任。

（6）组塔用的螺栓、垫圈、脚钉必须齐全。

本任务所需工器具见表 2-6。

表 2-6　　　　　　　　　　起重机组塔所需工器具及材料配置表

序号	类别	名称	规格	单位	数量	使用要求
1	起吊器具	起重机	25t	台	10	根据施工进度需求进行调整
			80t、130t	台	3	根据施工进度需求进行调整
2	起吊系统	吊点绳/吊带	$\phi21.5\times15m/10t$	根	2	在吊点处缠绕两圈
		卸扣	10t	个	8	绑扎吊点绳用
3	控制系统	拉线及控制绳	$\phi15\times150m$	根	4	控制已安装就位的主材，拉线对地夹角要小于60°
		棕绳	$\phi15\times100m$	根	2	小吊绳
		钢丝绳	$\phi11\times150m$	根	2	控制绳
		圆木	$\phi120\times9.0m$	根	2	补强用
4	通信	对讲机（电池）	—	台	2	
5	安全	攀登自锁器	80m	副	1	
6	安全	风速测量仪	—	台	2	
7	紧固	尖扳手	M16、M20、M24	把	10	
8	紧固	力矩扳手	—	把	2	
9	紧固	梅花扳手	M24～M30	把	10	

（三）人员要求

参加施工作业的人员必须经培训合格并持证上岗；施工前必须熟悉施工图纸、作业指导书及施工工艺特殊要求。

三、施工危险点分析及安全措施

（一）危险点一：机械伤害

（1）应针对起重机吊装立塔编写专项施工方案。

（2）所有设备及工器具要进行定期维护保养。

（3）起重设备应具备专业机构出具的检测合格证和起重机安装质量检测报告。

（4）起重指挥人员应熟悉起重设备性能，严禁超负荷吊装。

（二）危险点二：物体打击

（1）杆塔施工前应编制专项施工方案。

（2）起重机吊装杆塔时必须指定专人指挥。

（3）吊装前选择合适的场地进行平整；衬垫支腿的枕木不得少于两根且长度不得小于1.2m；认真检查各起吊系统，具备条件后方可起吊。

（4）按作业项目区域平面布置图的要求进行施工作业现场布置，起重区域设置安全警戒区。

（三）危险点三：高处坠落

（1）施工前仔细核对施工图纸的吊段参数（杆塔型、段别组合、段重），严格按照施工方案控制单吊质量。

（2）加强现场监督，起吊物垂直下方严禁逗留和通行。

（四）危险点四：触电

认真勘察现场情况，确定现场布置和起吊方案，确保拉线、控制绳等工具至带电体的安全距离。铁塔组立的同时应连接好接地线，以防雷电。

任务实施

一、实施前工作

（1）本任务标准化作业指导书的编写。指导学生（学员）完成起重机组塔施工作业指导书的编写。

（2）工器具及材料准备。

（3）办理施工相关手续。工作负责人按规定办理施工作业手续，得到批复后方可进行工作。

（4）召开班前会。

（5）布置工作任务。

（6）工作现场或模拟现场布置。根据作业现场或模拟现场情况合理布置、摆放工器具及材料。

二、实施工作

（一）吊装前准备

1. 道路及场地准备

在铁塔组立工程开始前，必须先安排起重专业施工人员进场勘察起重机进场道路和作业现场实际地形情况，初步确定能够进场的起重机的最大吨位和相应的道路修筑方案，同时确定起重机吊装时的站位地点和塔材组装区域，防止塔材运输和堆放时占用起重机的作业场地。

2. 吊件组装

塔材数量和型号确与施工图纸要求的一致时，开始人工连接铁塔主材并将连接螺栓紧固好。连接主材的长度、段数、摆放位置必须提前由起重机操作人员确定好，以确保起重机进场后能立即开始吊装作业。地面组装人员应根据起重机的起吊质量和起吊高度合理组装各段塔材，将该基铁塔组装完成后，立即开始下一基塔位的组装作业。起重机吊装效率的高低取决于地面组装的速度。

3. 起重机位置的选择

起重机选择的起吊位置十分重要。若某工程铁塔全部为正方形铁塔，四面根开相等，那么起重机的起吊系统中心应尽可能选在中心桩附近，车体应布置在预留出的撤出通道方向。起重机布置图如图 2-22 所示。

4. 吊点选择

必须根据连接主材的长度和质量计算确定吊点位置和钢丝绳规格并通知起重机操作人员，若起重机操作人员调整时必须通知技术部门现场一起确定吊点位置和起吊方案。在吊点绑扎处必须采取垫圆木并用麻袋布缠绕等措施保护塔材。吊点应设置在吊件重心靠上的位置，确定的吊点可以在 300mm 范围内上下调整。

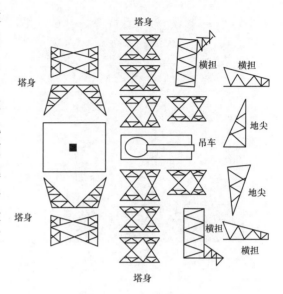

图 2-22 起重机布置图

（二）起吊方法

施工时必须严格控制最大起吊质量。应根据铁塔设计图纸以及现场实际地形情况选择起重机。吊装重量必须保证在起重机的额定荷载内，若超重时必须拆除部分铁件，使起重量控制在规定的范围内。

1. 塔脚吊装

将一侧的塔脚板、塔腿与上一段的塔片组装在一起，并将两侧与主材相连的交叉铁一头连接在主材上，另一头采用铁丝固定在下方主材上，在塔片重心以上分布四个吊点，采用 $\phi80$ 的钢管对塔片薄弱节点和吊点绑扎处进行补强。吊点绑扎处用圆木垫于主材内部，并用废旧轮胎包裹主材和圆木后绑扎吊点，以防吊点绳在起吊过程中划伤主材镀锌层以及主材割伤吊点钢丝绳。起吊塔片的顶部设置四根拉线（每侧两根），用于在起吊过程中平衡控制组立后的拉线。塔脚板与地面接触侧采用麻布包裹或加装假脚，以防在起吊过程中与地面摩擦而划伤塔脚镀锌层。采用起重机缓慢起吊，当塔片最下端离开地面后，调整吊臂向基础慢慢移动，对准地脚螺栓眼孔后将塔片落实在基础上；拧紧地脚螺栓，然后采用四根拉线按八字形固定塔片后释放起重机，依次将另一侧塔片吊装后封装其余两侧铁件。个别塔型接腿较长时，采用单吊主材的方式进行吊装。

2. 塔身吊装

采取整段地面组装后进行吊装，整段整体吊装不需设置拉线，吊点分别设置在整段顶端与大交叉铁连接处，吊点绑扎同样采取防护措施，或直接用卸扣固定在联板眼孔中。起重机分解组塔如图 2-23 所示，起重机整体组塔如图 2-24 所示。

3. 导地线横担吊装

直线塔内外横担应分开进行吊装，在质量超出允许范围时，须拆除部分塔材使其满足要求；因横担较重，内横担超出起吊质量时，可拆为前后片分别组装。根据铁塔参数和地形条件情况，允许用两部起重机采用流水作业，但同一个施工现场只能使用一台起重机。直线塔横担吊装时，因横担较长，起吊时先吊装内横担，再起吊两侧地线横担，最后分别起吊两侧的外横担，吊点绑扎处采取防止镀锌破坏的措施。

图 2-23　起重机分解组塔

图 2-24　起重机整体组塔

三、实施后工作

（1）质量检查。

（2）工作结束，整理现场。

（3）召开班后会。总结工作经验，分析施工中存在的问题及改进方法等。

任务评价

本任务评价见表 2-7。

表 2-7　　　　　　　　　　起重机组塔施工任务评价表

姓名		学号				
评分项目		评分内容及要求	评分标准	扣分	得分	备注
施工准备 (25分)	施工方案 (10分)	(1) 方案正确。 (2) 内容完整	(1) 方案错误，扣 10 分。 (2) 内容不完整，每处扣 0.5 分			
	准备工作 (5分)	(1) 安全着装。 (2) 场地勘察。 (3) 工器具、材料检查	(1) 未按照规定着装，每处扣 0.5 分。 (2) 工器具选择错误，每次扣 1 分；未检查，扣 1 分。 (3) 材料检查不充分，每处扣 1 分。 (4) 场地不符合要求，每处扣 1 分			
	班前会 (施工技术交底) (5分)	(1) 交代工作任务及任务分配。 (2) 危险点分析。 (3) 预控措施	(1) 未交代工作任务，每次扣 2 分。 (2) 未进行人员分工，每次扣 1 分。 (3) 未交代危险点，扣 3 分；交代不全，酌情扣分。 (4) 未交代预控措施，扣 2 分。 (5) 其他不符合要求，酌情扣分			
	安全布置 (5分)	(1) 安全围栏。 (2) 标识牌	(1) 未设置安全围栏，扣 3 分；设置不正确，扣 3 分。 (2) 未摆放任何标识牌，扣 2 分；漏摆一处，扣 1 分；标识牌摆放不合理，每处扣 1 分。 (3) 其他不符合要求，酌情扣分			
任务完成 (60分)	现场布置 (10分)	(1) 起重机布置。 (2) 辅助设施布置	(1) 起重机布置不符合规范，扣 2 分。 (2) 辅助设施布置不符合规范，扣 1 分			
	铁塔地面组装 (10分)	(1) 铁塔地面分片组装。 (2) 铁塔地面分段组装	(1) 铁塔地面分片组装方法不正确，扣 2 分。 (2) 铁塔地面分段组装不符合规范，扣 2 分			
	塔腿吊装组立 (10分)	(1) 塔腿吊装布置。 (2) 塔腿吊装方法	(1) 塔腿吊装布置不符合规范，扣 2 分。 (2) 塔腿吊装方法不正确，扣 2 分			

评分项目		评分内容及要求	评分标准	扣分	得分	备注
任务完成 （60分）	塔身 吊装组立 （10分）	（1）塔身吊装方法。 （2）塔身吊装操作	（1）塔身吊装方法不正确，扣2分。 （2）塔身吊装操作不符合规范，扣2分			
	塔头 吊装组立 （10分）	（1）塔头吊装方法。 （2）塔头吊装操作	（1）塔头吊装方法不正确，扣2分。 （2）塔头吊装操作不符合规范，扣2分			
	整理现场 （5分）	整理现场	（1）未整理现场，扣2分。 （2）现场有遗漏，每处扣1分。 （3）离开现场前未检查，扣1分			
	质量检查 （5分）	质量验收	（1）铁塔组立过程不符合规范要求，每处扣2分。 （2）其他不符合要求，酌情扣分			
基本素质 （15分）	安全文明 （5分）	（1）标准化作业。 （2）安全措施完备。 （3）作业现场规范	（1）未按标准化作业流程作业，扣1分。 （2）安全措施不完备，扣1分。 （3）作业现场不规范，扣1分			
	团结协作 （5分）	（1）合理分工。 （2）工作过程相互协作	（1）分工不合理，扣1分。 （2）工作过程不协作，扣1分			
	劳动纪律 （5分）	（1）遵守工地管理制度。 （2）遵守劳动纪律	（1）不遵守工地管理制度，扣2分。 （2）不遵守劳动纪律，扣2分			
合计	总分100分					
任务完成时间：		时 分				
教师						

🧠 学习与思考

（1）起重机组塔有哪些规定？

（2）采用起重机组塔时起重机位置如何选择？

（3）说出起重机组塔施工工艺流程。

（4）起重机组塔的施工准备包括哪些内容？

（5）起重机组塔施工的危险点及安全措施有哪些？

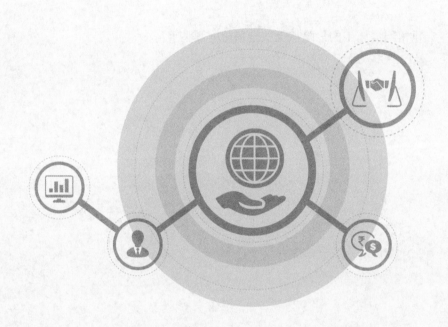

任务五　混合组塔施工

任务描述

混合组塔施工是近几年发展起来的一种铁塔组立施工方法。它是运用机械化设备与悬浮抱杆共同来完成铁塔的组立。混合组塔是未来铁塔组立施工发展的方向。

本学习任务主要是完成混合组塔施工方案的编制，并实施混合组塔施工任务。

任务目标

了解混合组塔的形式，熟悉混合组塔施工现场布置及工器具的选择，熟悉混合组塔施工工艺流程，明确施工前的准备工作、施工危险点及安全防范措施，并依据相关线路施工验收规范，编制并实施混合组塔施工方案。

任务准备

一、知识准备

传统的铁塔组立采用抱杆进行，随着电压等级及设计要求的提高，铁塔构件尺寸日益增大。在铁塔组立施工中，特别是对受停电时间限制或工期比较紧张的铁塔进行施工，采用起重机及悬浮抱杆混合组立的施工方法，可明显提高工作效率及降低施工成本。

首先吊装铁塔腿部，完成水平铁以下三面塔腿的塔材封装；而后采用内悬浮外（内）拉线抱杆继续组立塔身及塔头部分，利用抱杆吊装地线和上导线横担，用地线横担吊装中导线和下导线横担。对于起重机不能吊装到位的塔位，采用人字抱杆或辅助抱杆组立铁塔下部根开较大的部分，待铁塔根开减小到主抱杆可以吊装时，再采用 700mm×700mm 内悬浮外（内）拉线抱杆继续组立。

二、施工准备

（一）技术准备

（1）基础经验收合格，混凝土强度达到设计值的 70% 以上；基面、防沉层及周围应平整，并对基础露出地面部分采取了有效的保护措施，方可进行分解组塔。

（2）复查基础根开、对角线及基础顶面间高差，尤其是对于转角塔，必须复核内外角基础顶面间高差。

（3）杆塔组立前应对场地进行平整。

（4）计算杆塔重心位置并确定吊点位置，根据现场情况，编写施工作业指导书，并及时进行技术交底。

（二）工器具及材料准备

（1）运到现场的所有工器具须检验合格，并标识明确；受力工器具须做拉力试验，合

145

格后方可使用；所有使用的工器具严禁以小带大或超负荷使用。

（2）施工前必须对现场的抱杆进行检查，发现变形、弯曲的不得使用，并做好标识。

（3）项目部组织施工，技术、安全、质量部门根据施工方案和人员组织情况给各队配备安装机具及安全防护用品。安装中要用到的起重滑车、临时拉线、U形环、钢丝绳套、地锚等必须进行力学试验，并应有试验报告。使用前再次进行外观检查。

（4）对于抱杆，应按厂家提供的清单，清点到场的抱杆各零部件，并进行外观（弯曲和变形等）、数量、规格、质量等方面的检验，质量不合格者不得使用。

（5）运到现场的塔材，应对照材料表和结构图进行核对，将塔材分段（分类）摆开。逐件检验，有缺陷、缺料时要及时校对，并上报补齐。对缺料问题要查明原因，并进行登记，明确责任。

（6）组塔用的螺栓、垫圈、脚钉必须齐全。

本任务所需工器具选用见表 2-8。

表 2-8   25t 起重机性能参数表

基本臂（m）	最长主臂（m）	全臂长（m）	各种臂长下最大起重力矩（kN·m）（基本臂/最长臂/最长主臂+副臂）	各种臂长下最大起升高度（m）（基本臂/最长臂/最长主臂+副臂）	起升速度（m/min）	可起升最少主材段数
8.9	28	36.15	948/416/310	8.8/28.2/36.6	140	4

（三）人员要求

参加施工作业的人员必须经培训合格并持证上岗；施工前必须熟悉施工图纸、作业指导书及施工工艺特殊要求。

三、施工危险点分析及安全措施

（一）危险点一：高处坠落伤人

（1）高处作业时应使用安全带，戴安全帽，杆塔上转移作业位置时，不得失去安全带的保护。

（2）塔上作业人员移动位置时，必须站在连接、紧固好的塔材构件上。

（3）加强施工过程中的监护。

（二）危险点二：高处坠物伤人

（1）严禁工具、塔材、螺栓等从塔上坠落。

（2）所使用的工器具、材料等应放在工具袋内，工器具的传递应使用绳索。

（三）危险点三：触电

认真勘察现场情况，确定现场布置和起吊方案，确保拉线、控制绳等工具至带电体的安全距离。铁塔组立的同时应连接好接地线，以防雷电。

![任务实施图标]　**任务实施**

一、实施前工作

（1）本任务标准化作业指导书的编写。指导学生（学员）完成混合组塔作业指导书的编写。

（2）工器具及材料准备。

（3）办理施工相关手续。工作负责人按规定办理施工作业手续，得到批复后方可进行工作。

（4）召开班前会。

（5）布置工作任务。

（6）工作现场或模拟现场布置。根据作业现场或模拟现场情况合理布置、摆放工器具及材料。

二、实施工作

（一）起重机组立铁塔底部

这类工程铁塔高，铁塔底部根开尺寸较大，塔身底部安装困难，使用抱杆组立铁塔底部难度较大。故在道路条件允许的情况下，采用起重机组装底部铁塔，降低抱杆使用条件限制，可以减小铁塔组立的难度，提高铁塔组立的施工效率。

1. 起重机组立铁塔工艺

（1）在铁塔组立工程开始前，必须先安排起重专业施工人员进场勘察起重机进场道路和作业现场实际情况，初步确定能够进场的起重机的最大吨位和相应的道路修筑方案，同时确定起重机吊装时的站位地点和塔材组装区域，防止塔材运输和堆放时占用起重机的作业场地。

（2）塔材数量、型号与设计图纸要求的一致时，开始人工连接铁塔主材并将连接螺栓紧固好。连接主材的长度、段数、摆放位置必须提前由技术人员和起重机作业人员确定好，以确保起重机进场后能立即开始吊装施工。地面组装人员将该基塔位的全部塔片连接完毕后，即开始下一基塔位的连接作业。以上流程是决定起重机组塔能否提高效率的关键控制环节。

2. 起重机组立技术要求

（1）系统中心应尽可能选择在中心桩附近，车体应布置在预留出的撤出通道方向。为使起重机进场后尽可能少移位，每吊装一节后，只封其他三面的铁，靠近起重机车体侧的一面且影响起重机作业、收臂和撤出的铁全部不封，待起重机撤出后再封铁。

（2）技术部门必须根据连接主材的长度和质量计算确定吊点位置及钢丝绳规格并通知起重机施工人员，若起重机施工人员根据经验觉得有必要调整时必须通知技术部门现场一起确定吊点位置及起吊方案。在吊点绑扎处必须采取垫圆木并用麻袋片缠绕等措施保护塔材。

3. 起重机组立安全要求

（1）起重机的位置必须选择合理，支撑起重机的地面必须坚实、平整。起吊过程中必须设专人进行指挥，负责协调起重机操作人员和塔上高空作业人员之间的沟通，防止出现因信息不畅而导致的安全隐患；同时，现场必须设立安全监护人进行安全监护。

（2）起重机起吊过程应缓慢，防止主材根部离地时弹起伤人。负责控制绳的人员应听从现场指挥的要求，配合起重机随时收放控制绳以便主材安装就位，严禁猛拉猛放。

（3）就位后起重机不应立即放松，必须等三根临时拉线打设完毕并收紧后再缓慢放松，直至吊钩不受力、塔材没有倾倒的趋势后方可完全放松并拆除吊钩。

（4）要严密监视起吊情况，防止起吊时主材变形及吊点偏移。

（5）起重机起吊时，严禁任何人在吊钩、吊臂、被吊物件下方和起吊绳的内侧站立、通过和逗留，防止出现意外伤害事故。

4. 起重机吨位的选择

起重机吨位的选择主要取决于进场道路条件、提升高度（吊臂长度）和起吊质量。道路较窄和修路工作量巨大的塔位可以采用 25t 起重机吊装铁塔底部的最少三段主材，在满足起重机使用条件时应尽可能向上组立，以便接下来用内悬浮抱杆继续组立塔身部分。

（二）内悬浮外拉线抱杆分解组塔

1. 抱杆起立

（1）利用底层主材起立抱杆。用起重机组好塔身两面，其高度约为 14m，并封好两面斜材，然后用两面交汇处的主材作为竖直抱杆，将抱杆的上部分起立。即首先在地面将抱杆上部与中部组装成整体，其长度为 16m；其次在抱杆顶连接好四方拉线、牵引绳、滑车等；再次利用底层主材将其整体立起，并固定好四方拉线；最后组完另两面的铁塔，将已组塔身组成整体，再利用已组铁塔分段接续抱杆下段。

（2）利用起重机直接将抱杆吊起固定。

（3）利用小木抱杆先立起 4 节（16m）抱杆，如图 2-25 所示。利用抱杆吊装底部塔材，再利用底部塔材采用倒装法加高并提升抱杆，如图 2-26 所示。

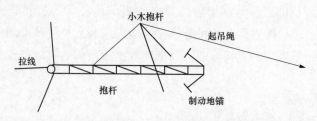

图 2-25　抱杆起立

（4）接续抱杆的操作要点：

1）抱杆在起立前应注意检查抱杆的质量，重点检查其连接螺栓是否齐全、紧固；构件是否弯曲变形，有无脱焊；连接后的垂直度等。要求连接螺栓必须齐全、紧固，构件无变形、损伤，连接无弯曲。同时应将抱杆的附件如腰环、朝天滑车、朝地滑车、牵引绳、拉线等连接好。

2）抱杆提升前应补齐已组塔段的塔材，并将螺栓紧固。将抱杆用拉线调至垂直状态，然后在已组铁塔最上一层水平材位置布置一道腰环，在该道腰环以下10～12m处布置第二道腰环，两道腰环中心应在同一铅垂线上，且腰环拉线应水平。

3）将提升抱杆的滑车布置在已组塔段内侧主材节点处，提升滑车应与另一固定端等高，其悬挂高度不小于10m，将提升钢丝绳的一端固定在主材节点处，通过抱杆底部的底滑车后再通过对角的提升滑车由塔身引至塔腿的地滑车，再经转向滑车引至绞磨。

4）每次待接的抱杆段长度应为一节（4m）。抱杆提升前，按图纸要求用短钢丝绳套将待接续抱杆段与抱杆相连。

5）以上工作完成后，放松抱杆外拉线，并设专人控制，然后开启绞磨提升抱杆。在提升抱杆的过程中，外拉线的松弛程度应基本一样，并随着抱杆的提升而缓慢松出拉线。

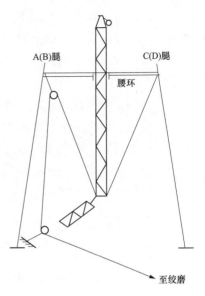

图 2-26　杆塔的提升

6）当被接续段与抱杆端可以连接时，应停止牵引，然后由操作人员在抱杆侧面将待接抱杆扶正，同时慢慢回落已提升的抱杆，使接续段上端与抱杆下端的螺栓孔对正，然后安装、紧固连接螺栓。按以上操作方法，接续剩余待接的抱杆段，如连接好的抱杆整体弯曲，可用垫片于连接处进行调整，使其正直。

7）抱杆接续完成后应重新收紧固定好四方落地拉线，并拆除抱杆腰环。四根拉线的收紧程度应基本相当，能满足安全吊装要求即可。

2.外拉线、承托绳固定及塔身补强

（1）外拉线一般按互成90°布置。起吊塔身时采用四根拉线，起吊导线横担及质量超过4000kg的塔身片时，除设置四根外拉线外，还应在起吊物的反向侧加装一根落地拉线，减少受力侧两根拉线的受力。

（2）承托绳固定在塔身有水平材的节点上方，当无水平材时，应采取有效的补强措施。承托绳与抱杆的夹角应小于45°。

（3）调整大绳布置在起吊段的主材上下端。上端一根采用V形扣与两边两根主材相连，下端两根分别连于两根主材上，以方便就位。所有控制绳均采用制动器缓慢松放，起吊过程应严格监控控制绳的受力情况。

3.升抱杆

在升抱杆前必须使底层塔材连接好、塔材安装齐全、螺栓全部拧紧后才可以升抱杆。抱杆提升过程中，抱杆提升的高度应根据起吊塔片的长度来决定。抱杆提升布置如图2-27所示。

升抱杆有以下操作要点：

（1）用拉线将抱杆调整到垂直状态，绑好上、下两道腰环。

（2）将已穿过朝地滑车的提升绳的一端绑扎在已组塔段上端主材节点处，另一端穿过腰滑车，再通过转向滑车引至绞磨。

（3）慢松拉线，开启绞磨，当抱杆提升至一定高度、承托绳全部松弛后，停止牵引，拆除承托系统。

（4）继续提升抱杆，并配合外拉线控制，将抱杆提升到要求高度为止。

（5）将承托绳固定于所要求的塔段主材的节点位置并连接牢固。

（6）回松绞磨，用拉线调整好抱杆状态后，固定好拉线。

（7）拆除上、下腰环和提升工具，做好塔片起吊工作。

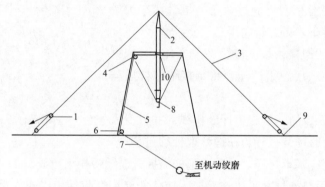

图 2-27 提升抱杆布置

1—拉线调节滑车组；2—抱杆；3—抱杆拉线；4—提升滑车组；5—已立塔身；6—转向滑车；
7—牵引绳；8—平衡滑车；9—地锚；10—腰环

4. 吊装施工

（1）起吊点的布置。吊装塔身段时应双点绑扎，起吊绳的绑扎位置应选择在塔片或构件的节点下方，绳套长度应相同。对于根开较大的塔身部分，如没有可靠的补强措施，决不能勉强大片吊装。可选择使用抱杆单吊主材，然后吊装无主材的小片（放风筝的方式），对于风筝片看实际情况必要时也要采取补强措施。吊装横担、地线支架时可采用单点或多点绑扎。选择吊点时可根据实际塔片、构件的质量、重心来选择最合理的绑点。绑点处必须加垫木或其他衬垫物，以防塔材变形或将塔材镀锌剥落。对于绑扎套子应随时检查，发现套子有损伤和损坏时应立即更换。

（2）构件吊点的补强要求：

1）塔片吊装时，底段水平铁处必要时可采用补强木（规格梢径不小于 $\phi100$）或其他合适长度的塔材，长度视吊装的塔片宽度确定。

2）起吊构件本身需要补强与否，应经过计算或试验确定。如构件需要补强时，一般在吊点位置进行补强。

3）补强木与被吊物间的绑扎先用 8 号铁丝缠绕固定，然后再用吊点绳缠绕，用卸扣连接。

4）吊点钢绳的两端应绑扎在被吊件的两根主材的对称节点下方。

5）绑扎点要位于起吊构件的结构重心以上。吊点绳呈等腰三角形，其顶点高度不小于塔身宽度的 1/2，即保证吊点绳夹角 $\alpha < 90°$，如图 2-28 所示。

5. 塔材地面组装

塔材地面组装应按下列步骤进行：

（1）观察铁塔周围的地形条件，确定安全、方便的吊装位置，进行塔材地面组装的场地应大略平整。

（2）组装前按施工图纸注明塔材编号，分段排放塔材，核对塔材及螺栓数量，对缺件情况应及时向材料站反馈。

（3）组装的顺序应与吊装的顺序一致，并按吊装顺序排放塔片。组片时先摆放主材，再按施工图纸标注的顺序摆放斜材、水平材等，最后采用图纸标注的螺栓（包括直径、长度），并按施工工艺要求规定的方向进行组装。垫圈和垫铁应按图纸规定垫入。

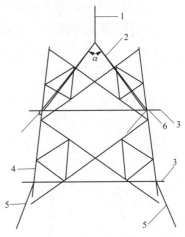

图 2-28　构件的补强
1—起吊绳；2—吊点绳；
3—补强木；4—塔片；
5—控制绳；6—吊点绳套

（4）分片组装铁塔时，带铁应能自由活动，螺母应出扣；自由端朝上时，应绑扎牢固。在山坡上组装塔片时，垫高物应稳固，且有防塔片滑动的措施。

6. 塔腿吊装施工

（1）塔腿单根主材吊装方法。将底段主材组成一根，组装时应垫平并校直；吊装前必须将主材连接螺栓紧固好；吊装前根据计算吊重可考虑将与主材相连的小附材带在主材上；控制绳地锚全部采用钢质钻锚锚桩，与地面夹角小于 30°；吊点应高于主材重心位置；主材起吊时主材上设四条钢丝绳作为控制绳，两条在上，两条在下，上端两条控制绳主要用于使被起吊塔片不与已组铁塔相接触，下端两条控制绳分别布置在与两个面垂直的方向上；待到主材吊装到就位高度后，用尖扳手将螺孔找正，利用控制绳调整塔片位置，将螺栓安装齐全。安装完毕后，分别调整控制绳的方向，使主材的倾斜角度与设计坡度基本一致，以便进行下一步安装，然后固定好上端的控制绳，拆除底端的控制绳，该主材吊装完毕，按此顺序吊装下一根主材。

（2）塔腿正侧面吊装方法。主材安装完毕后，对底部下段大斜材与主材以及正、侧面及内部 V 形断面小铁进行人工安装；待正、侧面及内部 V 形断面安装完毕后，将八字铁与所接上段的水平材组装成一体，形成一个大字形，可适当带附铁，然后进行吊装。正侧面构件起吊布置如图 2-29 所示。因水平材结构较弱，吊点应选在水平材与八字铁的连接处，如水平材过于单薄则应采用三点起吊法，以防水平材变形；吊点附近应有衬垫。施工方法为：吊件就位后用控制绳控制八字铁，进行八字铁与下段斜材的安装，安装完毕后将主材上的附铁按由下而上的顺序与八字铁进行组装。

（3）V 形断面吊装方法。V 形结构最上部质量较大，应采用机械吊装，其余的可由人工传递安装。安装应按由下至上的顺序进行。

（4）塔腿吊装施工注意事项：

151

1）因根开较大，施工时每吊装一根主材，都必须调整好四条外拉线。

2）抱杆底部必须做好防滑动措施，必须安装制动绳，如图 2-30 所示。

3）必须将腿部结构全部安装完成之后，才能进行上段的吊装施工。

4）控制好附加控制绳，避免因八字铁过长在吊装中发生弯曲。

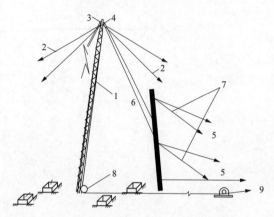 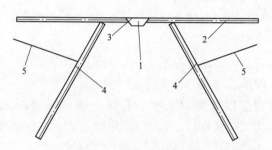

图 2-29　正侧面构件起吊布置

1—抱杆；2—外拉线；3—垫木；4—起重滑车；5—承托绳；

6—起重绳；7—主材；8—转向滑车；9—机动绞磨

图 2-30　构件起吊控制绳

1—吊点；2—水平铁；3—联板；

4—八字铁；5—附加控制绳

7. 塔身部分安装

（1）外拉线悬浮抱杆组立塔身如图 2-31 所示。承托绳对抱杆的夹角以及外拉线对地夹角不得大于 45°，抱杆高出塔身的有效高度应根据起吊塔片的高度进行验算，以确保塔片顺利就位。

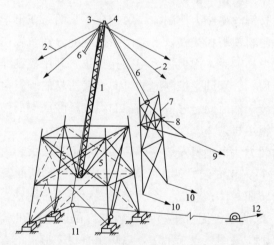

图 2-31　外拉线悬浮抱杆组立塔身示意图

1—抱杆；2—外拉线；3—垫木；4—起重滑车；5—承托绳；6—起重绳；7—塔片；8—补强木；

9、10—控制绳；11—转向滑车；12—机动绞磨

（2）塔身吊装。当抱杆升完、各系统布置好后，就可进行塔身部分的吊装。塔身吊装过程中，应利用控制绳控制吊件以保证其不与塔身相碰。当塔片接近就位位置时，塔上负

责人指挥绞磨牵引系统、抱杆拉线系统、塔片控制绳系统的操作人员协同配合，塔上作业人员进入作业位置，在塔上负责人的指挥下，与地面各系统的操作人员相互配合，使塔材就位。固定主材时，将主材接头靠近安装位置，用尖扳手插入主材连接螺栓孔，用力撬动，使主材连接螺栓孔对齐，在螺孔内插入螺栓，拧紧螺母。如成片吊装，应按先低侧后高侧的顺序进行安装，用同样的方法与控制绳相配合补齐连接螺栓。对两根主材最好同时安装连接螺栓，如同时安装有困难，也可以先装一侧主材，再装另一侧主材。

（3）构件起吊过程中的操作要点：

1）构件刚开始起吊时，控制绳应收紧，离开地面后可适当放松控制绳，在保证构件不碰已组好塔段的原则下，尽量放松控制绳，以减小起吊系统各部受力。构件刚起吊时，构件着地的一端应设专人看护，以防塔材受力变形。

2）构件离地 0.1m 左右时，应暂停起吊（冲击试验），进行一次全面检查，检查内容包括：①牵引设备运转是否正常；②各绑扎处是否牢固；③各处的锚桩是否牢固；④各处的滑轮是否转动灵活；⑤已组装塔段受力后有无异常；⑥抱杆受力后倾斜是否符合吊件就位要求。

3）构件上端吊至与已组塔段相平时，塔上人员应密切监视构件起吊情况，严防构件刮住塔身；同时，高空负责人应与地面现场指挥人密切联系，协调塔上人员工作。

4）构件下端吊至超出已组塔段上端时，应暂停牵引，由高空负责人指挥慢慢松出控制绳；构件主材对准已组塔段主材时，慢慢松出牵引绳，直至就位。

5）构件接头螺栓安装完毕后，即可松出起吊绳及吊点绳，但仍需用控制绳控制好已连接的塔片，然后安装斜材及水平材等。

（4）由于该工程单基铁塔质量大，基于吊重考虑，塔身多数段位成片吊装质量超限，所以要采取单根吊装主材的施工方法。这样就增加了高空作业量，也增大了施工难度。在吊装单根主材时，指挥人员一定要安排专人检查好各部系统、吊点、拉线、锚钻、控制绳索等，以确保安全。

8. 横担的吊装

（1）上横担吊装方法：

上横担吊装布置如图 2-32 所示。

1）将抱杆升至合适位置后，抱杆伸出高度必须满足上横担（地线支架和上导线横担共用）长度加 1.0m 的高度，方可进行上横担部分的吊装。吊装时必须先吊装拉线角度好的一侧，若外拉线角度不能保证安全，则采用内拉线作辅助进行吊装。

2）上横担（地线支架和上导线横担共用）吊点应设置在高于重心靠近顶端的位置。

3）吊装前必须调整好抱杆的倾斜角度，保证抱杆向吊件侧倾斜不超过 1.5m。若抱杆倾斜时与塔身顶端侧面的水平材发生碰撞，可将水平材暂时拆除。在吊重允许的情况下尽量采取整体吊装的方式。起吊开始后，利用控制绳保证吊件离开塔身。待横担（地线支架）上部就位后，慢慢放松下端控制绳，由施工人员在横担（地线支架）的上主材与塔身联板各安装一颗螺栓作轴，地面人员在工作负责人的指挥下拉紧上端控制绳，慢慢回松牵引绳，使横担（地线支架）完全就位，施工人员将螺栓补齐。利用同样方法吊装另一侧的

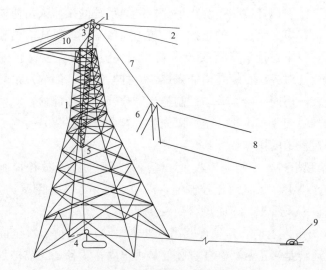

图 2-32 上横担吊装布置图

1—抱杆；2—外拉线；3—抱杆头部滑车；4—转向滑车；5—承托系统；6—吊件；7—起吊绳；
8—控制绳；9—机动绞磨；10—辅助拉线

横担（地线支架）。吊装地线横担时，先吊装拉线角度好的一侧的地线支架，安装后在外侧端头打上两根辅助拉线，再吊装另一侧的地线支架。

（2）中横担吊装方法：

中横担吊装布置如图 2-33 所示。

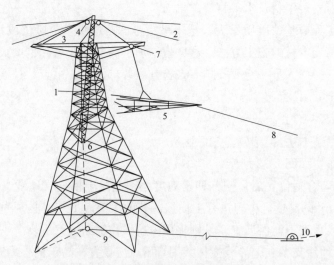

图 2-33 中横担吊装布置图

1—抱杆；2—外拉线；3—辅助拉线；4—起重滑车；5—横担；6—承托系统；7—转向滑车；
8—控制绳；9—底滑车；10—机动绞磨

1）利用已安装完毕的上横担（地线支架）进行吊装。吊装中横担前，应在抱杆的适当位置对上横担打设拉线，进行补强。

2）在上横担（地线支架）的合适位置上挂一转向滑车（尽量保证转向滑车与横担吊点垂直），牵引绳通过该滑车与中横担吊点相连。

3）安装顺序为先安装易安装的一侧，另一侧利用控制绳使其就位。

4）吊装下横担时，如吊重过大，拉线角度不好，同样也要打上辅助拉线，或进行分片吊装。

9. 单回路铁塔的吊装

单回路铁塔塔身部分的吊装与双回路铁塔基本无异，参照以上操作即可。

10. 拆除抱杆

（1）铁塔组装完毕后，需将抱杆降下来，在塔顶挂一单轮为 5t 的滑车，把起吊构件用牵引绳绑扎在抱杆重心靠上位置，利用其中一根通过塔顶中部滑车与地滑车引在牵引设备上，在抱杆根部绑扎一根控制绳以控制抱杆降落方位。

（2）拆除上拉线。启动牵引设备，将抱杆提升适当高度后，拆除承托系统；启动牵引设备使抱杆缓慢降下来，当抱杆头部降至导线横担时，用绳套把抱杆头部和起吊绳捆在一起，继续回松牵引绳直到抱杆落到地面为止。

（3）补装剩余的塔材。补装剩余的塔材就是将成片吊装时未装上或因抱杆位置影响未装上的塔材补上。一般从塔的上方往下方安装，安装后及时拧紧连接螺栓。补装完毕后，整基塔就组装好了。

三、实施后工作

（1）质量检查。

（2）工作结束，整理现场。

（3）召开班后会。总结工作经验，分析施工中存在的问题及改进方法等。

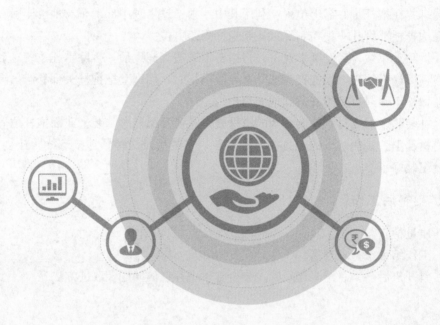

任务评价

本任务评价见表 2-9。

表 2-9　　　　　　　　　　　混合组塔施工任务评价表

姓名		学号				
评分项目	评分内容及要求		评分标准	扣分	得分	备注
施工准备 (25分)	施工方案 (10分)	(1) 方案正确。 (2) 内容完整	(1) 方案错误，扣10分。 (2) 内容不完整，每处扣0.5分			
	准备工作 (5分)	(1) 安全着装。 (2) 场地勘察。 (3) 工器具、材料检查	(1) 未按照规定着装，每处扣0.5分。 (2) 工器具选择错误，每次扣1分；未检查，扣1分。 (3) 材料检查不充分，每处扣1分。 (4) 场地不符合要求，每处扣1分			
	班前会 (施工技术交底) (5分)	(1) 交代工作任务及任务分配。 (2) 危险点分析。 (3) 预控措施	(1) 未交代工作任务，每次扣2分。 (2) 未进行人员分工，每次扣1分。 (3) 未交代危险点，扣3分；交代不全，酌情扣分。 (4) 未交代预控措施，扣2分。 (5) 其他不符合要求，酌情扣分			
	现场 安全布置 (5分)	(1) 安全围栏。 (2) 标识牌	(1) 未设置安全围栏，扣3分；设置不正确，扣1分。 (2) 未摆放任何标识牌，扣2分；漏摆一处，扣1分；标识牌摆放不合理，每处扣1分。 (3) 其他不符合要求，酌情扣分			
任务完成 (60分)	现场布置 (5分)	(1) 起重机布置。 (2) 抱杆布置。 (3) 拉线、牵引、制动系统布置	(1) 抱杆布置不符合规范，扣2分。 (2) 拉线布置不正确，扣2分。 (3) 牵引、制动系统布置不符合规范，扣2分			
	铁塔 地面组装 (5分)	(1) 铁塔地面分片组装。 (2) 铁塔地面分段组装	(1) 铁塔地面分片组装方法不正确，扣1分。 (2) 铁塔地面分段组装不符合规范，扣1分			
	起重机 吊装组立 (10分)	(1) 起重机组立布置。 (2) 起重机组立操作	(1) 起重机组立布置不符合规范，扣1分。 (2) 起重机组立操作方法不正确，扣2分			

评分项目		评分内容及要求	评分标准	扣分	得分	备注
任务完成 (60分)	悬浮抱杆 吊装组立 (10分)	(1) 悬浮抱杆组塔 布置。 (2) 悬浮抱杆组塔吊 装操作	(1) 悬浮抱杆组塔布置不符合规范， 扣1分。 (2) 悬浮抱杆组塔吊装操作方法不 正确，扣2分			
	抱杆起立 与提升 (10分)	(1) 抱杆起立布置。 (2) 抱杆起立操作。 (3) 抱杆提升布置。 (4) 抱杆提升操作	(1) 抱杆起立布置不正确，扣2分。 (2) 抱杆起立操作不符合规范，扣 2分。 (3) 抱杆提升布置不正确，扣2分。 (4) 抱杆提升操作不符合规范，扣 2分			
	塔头组立 (5分)	(1) 塔头吊装方法。 (2) 塔头吊装操作	(1) 塔头吊装方法不正确，扣2分。 (2) 塔头吊装操作不符合规范，扣 1分			
	抱杆拆除 (5分)	抱杆拆除	(1) 抱杆拆除方法不正确，扣1 分。 (2) 其他不符合要求，酌情扣分			
	整理现场 (5分)	整理现场	(1) 未整理现场，扣1分。 (2) 现场有遗漏，每处扣1分。 (3) 离开现场前未检查，扣1分			
	质量检查 (5分)	质量验收	(1) 铁塔组立过程不符合规范要 求，每处扣1分。 (2) 其他不符合要求，酌情扣分			
基本素质 (15分)	安全文明 (5分)	(1) 标准化作业。 (2) 安全措施完备。 (3) 作业现场规范	(1) 未按标准化作业流程作业，扣 1分。 (2) 安全措施不完备，扣1分。 (3) 作业现场不规范，扣1分			
	团结协作 (5分)	(1) 合理分工。 (2) 工作过程相互协 作	(1) 分工不合理，扣1分。 (2) 工作过程不协作，扣1分			
	劳动纪律 (5分)	(1) 遵守工地管理 制度。 (2) 遵守劳动纪律	(1) 不遵守工地管理制度，扣2分。 (2) 不遵守劳动纪律，扣2分			
合计	总分100分					
任务完成时间：	时	分				
	教师					

学习与思考

（1）利用起重机如何组塔？

（2）利用悬浮抱杆如何组塔？

（3）说出混合组塔施工工艺流程。

（4）混合组塔的施工准备包括哪些内容？

（5）混合组塔施工的危险点及安全措施有哪些？

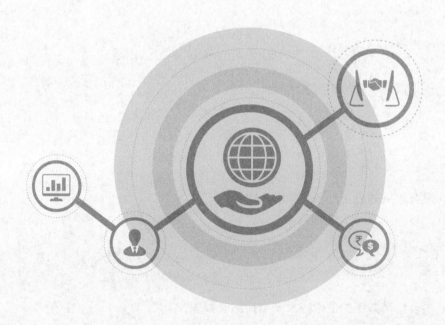

张力架线施工

张力架线是指在放线时给导线或避雷线施加一定张力，使之离开地面或跨越被跨越物的一种架线施工方法。在整个放线的过程中导线始终处于架空状态，从而避免了导、地线与地面、所跨越构筑物的摩擦，所以张力架线施工是一种较为理想的架线施工方法。张力架线的施工段不同于非张力架线的施工段，其起止杆塔应尽可能为直线杆塔，施工段可能是耐张段的一部分，也可能是跨耐张段的。张力架线就是用张力放线的方法展放导线，以及用与张力放线相配合的工艺方法进行紧线、挂线、附件安装等各项作业的整套架线施工方法。

张力架线施工的优点是：放线质量好，机械化程度高，放线速度快，效率高，经济效益好等。张力架线施工已广泛应用于110kV及以上架空输电线路的施工中。

【情境描述】

本情境包含八项任务，分别是：牵张机、牵张场的选择及布置，绝缘子串及放线滑车的悬挂，跨越设施安装及拆除，导引绳的展放，张力放线施工，导、地线连接，紧线施工和附件安装。本情境的核心知识点是张力放线和紧线、附件安装作业。关键技能项为张力架线施工工艺流程。

【情境目标】

通过本情境学习，应该达到的知识目标：了解输电线路张力架线施工工艺流程，掌握输电线路张力架线施工的方法；应达到的能力目标：编制并实施输电线路张力架线施工方案；应达到的态度目标：牢固树立输电线路工程张力架线施工过程中的安全风险防范意识，严格按照标准化作业流程进行施工。

任务一　牵张机、牵张场的选择及布置

🖳👤 任务描述

张力放线是利用牵引机、张力机等机械设备，在一定的张力范围内悬空展放导、地线的一种放线施工方法。它是整个张力架线施工的核心内容，其直接影响和控制着整个张力架线工程的进程。因此，在张力放线前首先应选择好牵引机、张力机的型号及牵张场的位置。

本学习任务主要是完成牵张机、牵张场的选择及布置施工方案的编制，并实施牵张机、牵张场的选择及布置施工任务。

任务目标

了解牵张机的结构及作用，学会计算、选择合适的牵张机的类型及型号，能根据现场具体情况选择合适的牵张位置，明确施工前的准备工作、施工危险点及安全防范措施，并依据相关线路施工验收规范，编制并实施牵张机、牵张场的选择及布置施工方案。

任务准备

一、知识准备

电压等级为 330kV 及以上线路的导线展放必须采用张力放线，良导体架空地线及电压等级为 220kV 线路的导线展放应采用张力放线，110kV 线路的导线展放也可采用张力放线。当采用张力放线时，在放线区间的两端需要放置牵引机、张力机以及导、地线线盘等。这些设备所占用的场地统称为牵张场。科学地选择牵张机械设备及牵张场地是顺利放线的关键。

张力放线之前，应先计算施工段的放线牵引力及张力，选择牵张力机具。根据施工技术要求还应配备成套放线机具。

（一）牵引机、张力机及其选择

牵引机由发动机、液压系统、制动系统、牵引轮、尾车、操作台等构成。它在张力架线施工中主要起牵引作用，用来牵引牵引绳（展放导线用）或牵引导引绳（展放牵引绳用）。张力机由发动机、液压系统、制动系统、张力轮、尾车架、操作台等构成。其主要作用是在张力架线施工中控制导线的张力。

根据输电线路张力架线施工所需的牵张机型号的不同，牵引机分为小牵引机（一般为 50～90kN 等机型）和主牵引机（一般为 150～350kN 等机型），如图 3-1 所示；张力机分为小张力机（一般为 40～80kN 机型，大多在展放导引绳、牵引绳、地线或光缆时使用）和主张力机（也称大张力机，一般为 35～100kN 等机型，在展放导线时使用），如图 3-2 所示。

图 3-1　牵引机

图 3-2　张力机

1. 主牵引机

(1) 主牵引机的额定牵引力可按式（3-1）选用：

$$P \geqslant m K_P T_P \tag{3-1}$$

式中　P——主牵引机的额定牵引力（N）。

　　m——同时牵放子导线的根数。

　　K_P——选择主牵引机额定牵引力的系数。展放钢芯铝绞线时，$K_P = 0.2 \sim 0.3$；展放钢芯铝合金绞线时，$K_P = 0.14 \sim 0.20$。根据具体的地形地貌条件选用相应的系数。

　　T_P——被牵放导线的计算拉断力（N）。

主牵引机的卷筒槽底直径不应小于牵引绳直径的 25 倍。

(2) 与主牵引机配套的钢丝绳卷车应与主牵引机同步运转，保证牵引绳尾部张力满足：

$$2000 < P_W < 5000 \tag{3-2}$$

式中　P_W——牵引绳尾部张力（N）。

2. 主张力机

(1) 主张力机单根导线额定制动张力可按式（3-3）选用：

$$T = K_T T_P \tag{3-3}$$

式中　T——主张力机单导线额定制动张力（N）。

　　K_T——选择主张力机单导线额定制动张力的系数。展放钢芯铝绞线时，$K_T = 0.12 \sim 0.18$；展放钢芯铝合金绞线时，$K_T = 0.090 \sim 0.125$。根据具体的地形地貌条件选用相应的系数。

(2) 主张力机的导线轮槽底直径应满足：

$$D \geqslant 40d - 100 \tag{3-4}$$

式中　D——张力机的导线轮槽底直径（mm）；

　　d——被展放的导线直径（mm）。

主张力机的导线轮槽宽度应满足网套连接器和导线之间不发生磨损的要求，原则上槽宽不小于 60mm。

3. 导线

线轴车或线轴架均应具有制动装置，制动张力即导线尾部张力宜满足：

$$1000 < T_W < 2000 \tag{3-5}$$

式中　T_W——导线的尾部张力（N）。

尾部张力不宜过大，以免导线在线轴上产生过大的层间挤压及在展放过程中产生剧烈振动；尾部张力也不宜过小，以免导线在主张力机导线轮上滑动及在线轴上松套。

4. 小牵引机

小牵引机的额定牵引力可按式（3-6）选择：

$$P \geqslant 0.125 Q_P \tag{3-6}$$

式中　P——小牵引机的额定牵引力（N）；

Q_P——牵引绳的综合破断力（N）。

5. 小张力机

小张力机的额定制动张力可按式（3-7）选择：

$$t \geqslant 0.067Q_P \tag{3-7}$$

式中 t——小张力机的额定制动张力（N）。

地线需要张力放线时，一般以小牵引机、小张力机作为地线张力放线机械（但应验算地线直径与小张力机张力轮的直径比），以导引绳作为地线牵引绳。小牵引机、小张力机的选择应符合式（3-6）和式（3-7）的要求。

6. 牵引绳和导引绳

牵引绳的规格可按式（3-8）选择：

$$Q_P \geqslant K_Q m T_P \tag{3-8}$$

式中 K_Q——牵引绳规格系数。当展放钢芯铝绞线时，$K_Q=0.6$；当展放钢芯铝合金绞线时，$K_Q=0.4$。

导引绳的规格可按式（3-9）选择：

$$P_P \geqslant 0.25Q_P \tag{3-9}$$

式中 P_P——导引绳综合破断力（N）。

初级导引绳的规格按初级导引绳展放方法、设备能力等选择，不同的展放方法使用不同的初级导引绳。其余各中间级的规格按牵放程序、方法、设备能力优化组合确定。

7. 其他特种受力工器具

牵引管或网套连接器、牵引板、平衡锤、抗弯连接器、旋转连接器、卡线器、手扳葫芦等，均按出厂允许承载能力选用，并注意其规格应与导线规格、主要机具相匹配。使用前应对所用工器具认真进行外观检查，并进行必要的试验。

（二）张力架线施工区段选择

（1）张力架线施工区段的划分应根据工程条件，综合考虑各种影响因素，经过经济技术分析比较后确定，并应在架线施工开始前做出分段规划。

（2）施工区段划分优选顺序：

1）优先选用全工程各施工区段放线滑车数量均符合标准规定且全工程架线施工区段总数最少的方案。

2）选用施工区段长与数盘导线累计线长相近的方案，以减少接续管数量。

3）选用施工区段代表档距与所在耐张段或所在主要耐张段代表档距接近的方案，以利于紧线。

4）选用便于跨越施工、停电作业时间最短的方案。

5）选用上扬杆塔作施工区段起止塔的方案。

（三）牵引场、张力场选择

（1）牵引机、张力机一般布置在线路中心线上，并根据要求确定牵引机、张力机出线所应对准的方向。

（2）牵引机、张力机进出口与邻塔悬点的高差角不宜超过 15°，水平角不宜超过 7°。

（3）牵引机卷扬轮、张力机导线轮、导线线轴、导引绳及牵引绳卷筒的受力方向均必须与其轴线垂直。

（4）钢丝绳卷车与牵引机的距离和方位、线轴架与张力机的距离和方位应符合机械说明书要求，且必须使尾绳、尾线不磨线轴或牵引绳卷筒。

（5）牵引机、张力机、钢丝绳卷车、线轴架等均必须按机械说明书要求进行锚固。

（6）下一施工区段导线线轴的堆放位置不应影响该段放线作业。

（7）小牵引机应布置在不影响牵放牵引绳和牵放导线同时作业的位置上。

（8）锚线地锚坑位置应尽可能接近弧垂最低点。

（9）牵引场、张力场必须按施工设计要求设置接地系统。

（10）尽量减少青苗损失，有利于环境保护。

（四）张牵场布置（"一牵四"张力放线）

（1）张力场平面布置如图 3-3 所示。

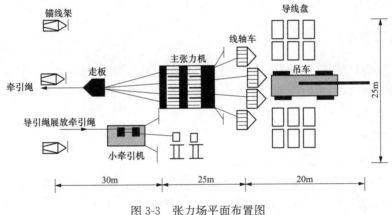

图 3-3　张力场平面布置图

（2）牵引场平面布置如图 3-4 所示。

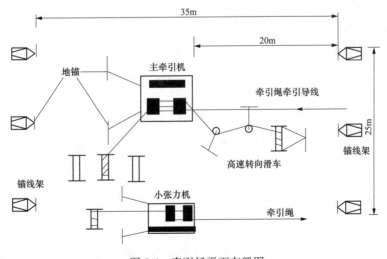

图 3-4　牵引场平面布置图

（3）受地形限制，牵引场选场困难而无法解决时，可通过转向滑车来完成牵引力的转向。转向滑车可设一个或几个。

（五）牵张场布置原则

（1）首先进行牵张场及运输道路的平整，以便导、地线及牵张设备等进场。

（2）牵张机应尽可能布置在导线垂直下方，力求满足展放三相导线时机械不用移位，并保证牵张机出线对首基杆塔边线挂线点水平夹角不大于5°。

（3）导线盘轴架托车前后交错呈扇形排列，并保证导线盘上出线与主张力机的夹角不大于25°。

（4）大、小牵张机就位后，应用枕木将机身垫平、支稳，并用地锚将机身固定。顺线锚固的绳索对地夹角应小于45°，侧向锚固绳与机身夹角应小于20°。

（5）牵引绳卷筒支架应设置在主牵引机的侧前方，以便操作人员监视。

（6）为防止感应电及跨越电力线时发生意外，所有放线设备均应装设可靠的接地装置。

二、施工准备

架线前应全面掌握沿线地形、交叉跨越、交通运输、施工场地及施工资源等情况，了解设计意图，进行施工图纸会检，编制完整有效的张力架线施工作业指导书，并进行安全技术交底及培训等。

（一）技术准备

（1）审查设计图纸，熟悉有关资料。

（2）搜集资料，现场勘察，摸清情况。搜集当地的自然条件资料和技术经验资料；现场踏勘，全面掌握线路沿途的地形地貌、交叉跨越情况。

（3）详细调查交通运输、施工场地、施工资源状况及现场配置。

（4）测量交叉跨越角、被跨越物跨距宽度等相关技术参数以及现场跨越条件，为制定跨越搭设方案提供基础数据。

（5）编制牵张机、牵张场的选择及布置施工方案。

（二）工器具准备

（1）对进入施工现场的机具、工器具进行清点、检验或现场试验，确保施工工器具完好并符合相关要求。

（2）选用的工器具在定期试验周期内，不得超期使用。

（3）应按施工的要求，配备相应的安全设施。

（4）作业人员的安全用具。

（三）材料准备

对进入现场的材料应按设计及规范要求进行清点和检验。

（四）人员要求

参加施工作业的人员必须经培训合格并持证上岗。施工前必须熟悉施工图纸、作业指导书及施工工艺特殊要求。

三、施工危险点分析及安全措施

(一) 危险点一: 高处坠落伤人

(1) 高处作业时应使用安全带,戴安全帽,杆塔上转移作业位置时,不得失去安全带的保护。

(2) 塔上作业人员移动位置时,必须站在连接、紧固好的塔材构件上。

(3) 加强施工过程中的监护。

(二) 危险点二: 高处坠物伤人

(1) 严禁工具、塔材、螺栓等从塔上坠落。

(2) 所使用的工器具、材料等应放在工具袋内,工器具的传递应用绳索。

(三) 危险点三: 触电

认真勘察现场情况,确定现场布置和起吊方案,确保拉线、控制绳等工具至带电体的安全距离。

📷 任务实施

一、实施前工作

(1) 本任务标准化作业指导书的编写。指导学生(学员)完成牵张机、牵张场的选择及布置施工作业指导书的编写。

(2) 工器具及材料准备。根据牵张机、牵张场的选择及布置施工作业指导书,准备施工需用的工器具及材料清单。

(3) 办理施工相关手续。工作负责人按规定办理施工作业手续,得到批复后方可进行工作。

(4) 召开班前会。

(5) 布置工作任务。

(6) 工作现场或模拟现场布置。根据作业现场或模拟现场情况合理布置、摆放工器具及材料。

二、实施工作

(一) 牵张机选择及布置

见本任务知识准备。

(二) 牵张场方案初选

(1) 牵张场宜选择在允许导、地线压接档。

(2) 牵张设备、起重机等能直接运抵,并能满足设备物资堆放及施工操作要求的场地。

(3) 相邻杆塔允许做紧线及过轮临锚操作,锚线角度满足要求。

(4) 主牵引机、主张力机宜布置在线路中心线上,当满足不了该要求时,牵引场可做转向布置。

（5）大小牵引机、张力机顺线路出口方向与邻塔放线滑车的仰角不宜大于15°，俯角不宜大于5°。

（6）小牵引机、张力机按现场平面布置图要求进行布置。

（7）牵张场前后两侧应有锚线场地，距离、角度满足要求。

（8）放线区段不宜超过20个放线滑轮，线路长度不宜超过8km。

（9）放线区段有重要跨越物时，应适当缩短放线区段长度。

（10）光缆展放时，尽可能按耐张段选场展放。

（11）牵张场的位置应保证进出线仰角满足制造厂要求，一般不宜大于25°，其水平偏角应小于7°。

（三）现场勘察

根据方案初选原则对现场进行实际勘察、测量，筛选出可供选择的牵张场方案，并分析比较确定张力放线的牵张场选择方案。

（四）方案论证与确定

对放线过程中的交叉跨越、对地、风偏距离以及滑车上扬等进行施工技术计算，结合牵张设备情况，检验初步确定的牵张场是否满足张力放线要求。若不满足，需重新对牵张场进行调整，以确定出满足要求的牵张场。

（五）牵张场布置

牵张场布置要按照《国家电网公司输变电工程标准化施工作业手册：送电工程分册》《国家电网公司输变电工程施工工艺示范手册：送电工程分册》和《超高压架空输电线路张力架线施工工艺导则》等执行。

1. 张力场布置

张力场面积宜控制在75m×25m内。张力机一般布置在线路中心线上，或根据机械说明书的要求，确定牵张机的出线所应对准的方向；小牵引机应布置在主张力机一侧稍前方位置。张力机张力轮、小牵引机卷扬轮的受力方向，均必须与其轴线垂直，顺线路布置。张力机和小牵引机使用枕木垫平支稳，四点锚固，锚固绳与机身夹角应控制在20°左右，对地夹角应控制在45°左右。起重机的位置应满足导线换盘的需要。导线盘架布置在张力机后方10m左右，呈扇形布置。张力机出线口前方设置压接场地，压接场地使用帆布、草袋或草席进行铺垫。

2. 牵引场布置

牵引场面积宜控制在30m×25m内。牵引机一般布置在线路中心线上，小张力机应布置在主张力机一侧稍前方位置，顺线路布置。牵引机和小张力机使用枕木垫平支稳，牵引机四点锚固，小张力机三点锚固，锚固绳与机身夹角应控制在20°左右，对地夹角应控制在45°左右，同时注意尽量使牵张机不出现或少出现危险区。大小牵引机和张力机要分别设置单独接地装置，接地端应采用镀锌圆钢，插入深度应大于0.6m，其截面面积不小于16mm^2。牵引绳必须使用接地滑车进行可靠接地。当牵张场环境及施工方案发生较大变化时，应重新选择和布置牵张场。

三、实施后工作

（1）验收检查。验收检查要点如下：

1）牵张设备进场后应通过试运转，检验设备运行状态是否正常。

2）检查施工器具规格、数量是否符合施工设计要求。

3）牵张场指挥信号传递及通信系统是否畅通并适用。

4）各危险点安全施工措施是否已落实。

（2）工作结束，整理现场。

（3）召开班后会。总结工作经验，分析施工中存在的问题及改进方法等。

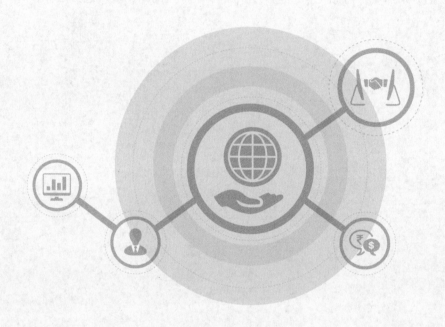

任务评价

本任务评价见表 3-1。

表 3-1　　　　牵张机、牵张场的选择及布置任务评价表

姓名		学号				
评分项目		评分内容及要求	评分标准	扣分	得分	备注
施工准备 （25分）	施工方案 （10分）	（1）方案正确。 （2）内容完整	（1）方案错误，扣10分。 （2）内容不完整，每处扣0.5分			
	准备工作 （5分）	（1）安全着装。 （2）场地勘察。 （3）工器具、材料检查	（1）未按照规定着装，每处扣0.5分。 （2）施工场地不符合要求，每处扣1分。 （3）器具选择错误，每次扣1分；未检查，扣1分；材料检查不充分，每处扣1分			
	班前会（施工技术交底） （5分）	（1）交代工作任务及任务分配。 （2）危险点分析。 （3）预控措施	（1）未交代工作任务，每次扣2分；未进行人员分工，每次扣1分。 （2）未交代危险点，扣3分；交代不全，酌情扣分。 （3）未交代预控措施，扣2分			
	现场安全布置 （5分）	（1）安全围栏。 （2）标识牌	（1）未设置安全围栏，扣3分；缺少现场安全风险分析、预控措施牌，扣1分。 （2）未摆放任何标识牌，扣2分；漏摆一处，扣1分；标识牌摆放不合理，每处扣1分。 （3）现场无应急预案处置图，扣2分			
任务完成 （60分）	牵引机选择 （10分）	（1）主牵引机的选择。 （2）小张力机的选择。 （3）辅助设施选择	（1）主牵引机选择方法错误，扣2分。 （2）小张力机选择方法不正确，扣2分。 （3）辅助设施选择方法错误，扣1分。 （4）其他不符合要求，酌情扣分			
	张力机选择 （10分）	（1）主张力机的选择。 （2）小牵引机的选择。 （3）辅助设施选择	（1）主张力机选择方法错误，扣2分。 （2）小牵引机选择方法不正确，扣2分。 （3）辅助设施选择方法错误，扣1分。 （4）其他不符合要求，酌情扣分			

评分项目		评分内容及要求	评分标准	扣分	得分	备注
任务完成 （60分）	牵引场的 选择及布置 （10分）	（1）牵引场的选择。 （2）牵引场的布置	（1）牵引场的选择方法不正确，扣2分。 （2）牵引场的布置不规范，扣1分。 （3）其他不符合规范要求，扣1分			
	张力场的 选择及布置 （10分）	（1）张力场的选择。 （2）张力场的布置	（1）张力场的选择方法不正确，扣2分。 （2）张力场的布置不规范，扣1分。 （3）其他不符合规范要求，扣1分			
	质量验收 （10分）	质量验收	质量验收不符合规范要求，每处扣1分			
	整理现场 （10分）	整理现场	（1）未整理现场，扣1分。 （2）现场有遗漏，每处扣1分。 （3）离开现场前未检查，扣1分			
基本素质 （15分）	安全文明 （5分）	（1）标准化作业。 （2）安全措施完备。 （3）作业现场规范	（1）未按标准化作业流程作业，扣1分。 （2）安全措施不完备，扣1分。 （3）作业现场不规范，扣1分			
	团结协作 （5分）	（1）合理分工。 （2）工作过程相互协作	（1）分工不合理，扣1分。 （2）工作过程不协作，扣1分			
	劳动纪律 （5分）	（1）遵守工地管理制度。 （2）遵守劳动纪律	（1）不遵守工地管理制度，扣2分；不遵守劳动纪律，扣2分。 （2）各杆位和跨越架看护、通信人员擅离职守，扣3分。 （3）现场作业人员饮酒，扣5分			
合计	总分100分					
任务完成时间： 时 分						
教师						

学习与思考

（1）如何选择牵引机和张力机？

（2）牵张场如何选择？选择的原则是什么？

（3）说出牵张机、牵张场的选择及布置危险点及防范措施。

（4）编制牵张机、牵张场的选择及布置施工方案。

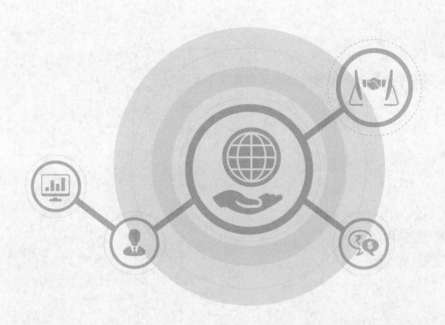

任务二　绝缘子串及放线滑车的悬挂

任务描述

本学习任务主要是完成绝缘子串及放线滑车的悬挂施工方案的编制，并实施绝缘子串及放线滑车的悬挂施工任务。

任务目标

了解绝缘子串及放线滑车的结构及类型，熟悉绝缘子串的组装方法，掌握悬垂绝缘子串、耐张绝缘子串及放线滑车的悬挂方法，明确施工前的准备工作、施工危险点及安全防范措施，并依据相关线路施工验收规范，编制并实施绝缘子串及放线滑车的悬挂施工方案。

任务准备

一、知识准备

在架线施工中，放线滑车悬挂工作是架线施工准备过程中的重要环节。放线滑车悬挂是指将金具、绝缘子和放线滑车组合成一体，悬挂在铁塔横担的挂点上。对于直线杆塔，放线滑车一般都和悬垂绝缘子串同时悬挂。因此，在张力放线前应进行放线滑车及绝缘子的悬挂工作。

（一）绝缘子串组装

1. 绝缘子的验收检查

绝缘子验收检查时应清理瓷（玻璃）表面的泥垢。绝缘子安装前应逐个将其表面擦拭干净，并进行外观检查。对瓷绝缘子必须用不低于 5000V 的绝缘电阻表逐个进行绝缘测试，在干燥情况下绝缘电阻不小于 500MΩ。因为玻璃绝缘子的绝缘电阻为零时，玻璃会自爆，巡线人员巡线时容易发现，所以不必逐个遥测。组装绝缘子串时应检查碗头和球头与弹簧销子的间隙，在安装好弹簧销子的情况下，球头不得从碗头中脱出。

2. 绝缘子串的组装

（1）在地面组装绝缘子串前必须先铺垫好彩条布或草袋等，使之与地隔绝，再进行下列外观检查：

1）绝缘子串的组装应按图纸进行。组装时禁止用锉刀锉、用重锤击，防止金具镀锌层破坏。若金具的镀锌层有局部碰损、剥落或缺镀锌层时，应除锈后补刷防锈漆。

2）绝缘子的瓷质部分无裂纹、碰损、缺釉等缺陷，钢帽和钢脚无弯曲、松动、裂纹和砂眼。

3）绝缘子表面的尘垢及附着物需清洗干净。

4）各种金具应符合有关标准，表面无损坏、裂纹、脱锌等缺陷，重要部位无气孔、渣眼、砂眼及飞边等缺陷。

（2）各种吨位的绝缘子，釉色多者为正常安装片，釉色少者为插花片。瓷质绝缘子串的颜色以白色为主，由挂线点开始第六片为深色，以下每隔五片白色瓷绝缘子加一片深色瓷绝缘子。

（3）绝缘子、金具、滑车在装卸和运输过程中应堆放稳妥，包装良好，不得相互碰击和任意抛掷，严禁无包装运输和装卸。

（4）按杆位明细表、金具组装图组合绝缘子串，经检查无误后方可进行吊装。

（5）螺栓、穿钉及弹簧销子的穿向规定如下：

1）对立体结构：①水平方向由内向外；②垂直方向由下向上。

2）对平面结构：①顺线路方向，按顺线路方向穿入（由小号到大号）；②横线路方向，两侧由内向外，中间由左向右（按线路方向）；③垂直地面方向，由下向上；④横线路方向呈倾斜平面时，按顺线路方向穿入（由小号到大号）或由下向上取统一方向；⑤顺线路方向呈倾斜平面时，由下向上或取统一方向；⑥与主材连接的联板上的所有螺栓与主材上螺栓穿向一致。

3）如果按照正确的施工顺序，个别螺栓安装困难时，可变更穿入方向。

（二）放线滑车的选择

图 3-5　放线滑车

放线滑车是为了展放导、地线而特制的一种滑车，如图 3-5 所示。不同于起重滑车，放线滑车安装在滚动轴承上，以保证滑车在放、紧线时有较高的灵敏度且长时间高速转动时不发热。放线滑车按其材质的不同可分为钢轮、铝合金轮和挂胶滑轮滑车。钢轮滑车用于展放钢绞线，铝合金轮滑车用于展放钢芯铝绞线，挂胶轮滑车用于张力展放导线。放线滑车按滑车的滑轮数可分为单轮、双轮和多轮滑车。

1. 放线滑车选择计算

（1）放线滑车的槽底直径不应小于导线直径的 20 倍，即放线滑车的槽底直径可按式（3-10）选择：

$$D \geqslant 20d \tag{3-10}$$

式中　D——放线滑车槽底直径（mm）；

　　　d——导线直径（mm）。

（2）放线滑车的允许荷载按式（3-11）计算：

$$G \geqslant 1000mW_P \tag{3-11}$$

式中　G——放线滑车允许荷载（N）；

　　　m——放线滑车承受的根数；

　　　W_P——导线单位长度的质量（kg/m）。

（3）导线在放线滑车上的包络角按式（3-12）计算：

$$\beta = \arccos\left[\cos(\varphi_1 + \varphi_2) - 2\cos\varphi_1\cos\varphi_2\left(\sin\frac{\theta}{2}\right)^2\right] \tag{3-12}$$

式中 φ_1、φ_2——悬挂点滑车小号与大号的高差角；

$\quad\quad\theta$——转角塔转角度数。

当包络角大于或等于30°时需挂双滑车或采取其他措施，以减小包络角。

2. 放线滑车悬挂要求

放线滑车悬挂应满足以下要求：

(1) 与牵放方式相配合。牵引绳通过滑车中间轮，同时牵放的各子导线与滑车中心轮严格对称。

(2) 牵引板与放线滑车相匹配，保证牵引板通过。

(3) 导线放线滑车轮槽底直径和槽形应符合 DL/T 685—1999《放线滑轮基本要求、检验规定及测试方法》的规定。光纤复合架空地线（optical fiber composite overhead ground wires，OPGW）放线滑轮槽底直径不应小于 OPGW 直径的 40 倍，且不得小于 500mm。滑轮的摩擦阻力系数不应大于 1.015。摩擦阻力系数接近的滑车，宜在同一放线区段使用。使用前应逐个检查滑车，并应保证其转动灵活。

(4) 槽形和轮槽宽度能顺利通过接续管、接续管保护套及各种连接器。轮槽侧壁不应被损坏。

(5) 滑轮轮槽接触导线的部分应挂胶，挂胶的质量应符合相关标准要求。

3. 双放线滑车的选用

一相导线在一基铁塔上一般用一个（组）滑车支撑，但存在下列情况之一时，必须挂双放线滑车，双滑车间用支撑杆间隔。

(1) 垂直荷载超过滑车的最大额定工作荷载时。

(2) 接续管及接续管保护套过滑车时的荷载超过其允许荷载（通过试验确定），可能造成接续管弯曲时。

(3) 放线张力正常后，导线在放线滑车上的包络角超过 30°时。

张力放线时一般用多轮挂胶放线滑车。张力放线用的多轮滑车应符合 DL/T 685—1999《放线滑轮基本要求、检验规定及测试方法》的规定，其轮槽宽度应能顺利通过接续管及其护套。通过导线的轮槽应挂胶或使用其他防护材料，滑轮的磨损系数不大于 1.015，使用前应逐个检查。耐张塔、转角塔直通连续放线时应悬挂双滑车。

(三) 悬垂绝缘子串及放线滑车吊装前准备

(1) 悬垂绝缘子串及放线滑车在吊装前应进行以下检查：

1) 检查悬垂绝缘子串及金具的组装是否符合设计图纸的规定，放线滑车与绝缘子串的连接方式是否可靠和正确。

2) 检查放线滑车是否转动灵活，导、地线的放线滑车轮径及结构尺寸是否正确，且转动灵活，插销齐全，无损伤。

3) 检查碗头、球头与弹簧销子的间隙是否配合适当。

(2) 应验算转角塔放线滑车受力后是否与横担下平面相碰。转角塔放线滑车与横担不碰的条件是：

$$\arcsin \frac{H}{\sqrt{\left(W + G_H + \frac{1}{2}G_\lambda\right)^2 + H^2}} \leqslant 90° - \arctan \frac{\alpha}{2\lambda} \qquad (3\text{-}13)$$

式中　　H——转角塔放线滑车角度荷载的水平分力（N）；

　　　　　W——滑车的垂直荷载（N）；

　　　　　G_H——滑车自重力（N）；

　　　　　G_λ——滑车挂具自重力（N）；

　　　　　α——滑车轴向外轮廓宽度（m）；

　　　　　λ——滑车挂具长度（m），由横担挂点计算至滑车自身挂点。

（3）如跨越带电线路时，跨越档两端铁塔滑车采用接地放线滑车，并在滑车与横担之间应有临时接地装置。

（4）合成绝缘子必须轻拿轻放，运输和施工过程中一定要注意保证不磨损合成绝缘子。

（5）对于挂双滑车的塔位，无论何种塔型，均应计算因临塔挂点高差而引起的导线在两滑车顶处的高度差 Δh 或挂具长度 $\Delta\lambda$。若高度差大于 300mm 时，应使用不等长悬挂双滑车，长挂具要挂在导线悬垂角度大的一侧，短挂具要挂在导线悬垂角度小的一侧，以使前后两滑车的包络角和受力相近。

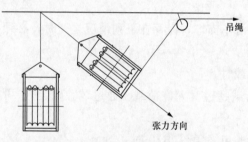

图 3-6　放线滑车预倾斜示意图

（6）对于耐张塔的放线滑车，为防止受力后跳槽，应采取预倾斜措施，并随时调整倾斜角度，使导引绳、牵引绳、导线的方向基本垂直于滑车轮轴。具体方法是：可在滑车底部连接一根钢丝绳，将滑车向需要预倾斜的方向通过手扳葫芦进行调整。实施时可在塔上或塔下进行，视具体情况而定。放线滑车预倾斜示意图如图 3-6 所示。

（四）放线滑车的悬挂

（1）直线塔放线滑车的悬挂。直线塔放线滑车与悬垂绝缘子串及金具可一起吊装悬挂。I 形绝缘子串采用一套起吊系统吊装，V 形绝缘子串采用两套起吊系统吊装。吊装用钢丝绳与绝缘子串的连接应使用专用吊装卡具，一般安装在第四片绝缘子下方。当无专用卡具时，应做好防吊点磨损和局部变形的措施。当直线塔的绝缘子串为双串悬挂方式时，每串悬垂绝缘子串的下方悬吊一只放线滑车，两滑车间应用支撑杆固定。

（2）耐张转角塔放线滑车的悬挂。挂双串滑车时，两滑车间事先用支撑杆相连，使两个放线滑车保持适当距离，支撑杆强度应满足施工设计要求。在横担端头水平铁上悬挂起重滑车，将起吊钢丝绳与绑扎在放线滑车横梁上的吊装钢丝绳套相连接后开始起吊。放线滑车到达就位点时，将放线滑车横梁上的两个钢丝绳套分别安装在专用施工孔上。

（五）放线滑车悬挂施工工艺及注意事项

（1）绝缘子串吊装后，及时检查绝缘子球头、弹簧销子等是否变形，变形者应及时更换。

（2）螺栓、穿钉及弹簧销钉连接方向均按规定进行安装。

（3）在跨越高压线路处，跨越档两端滑车与横担之间应采用临时接地装置，在平行高压线路段每基要采取接地措施。

（4）合成绝缘子要轻拿轻放，严禁投掷，并避免与尖硬物碰撞、摩擦。出线作业时必须使用软梯，不允许从合成绝缘子上出线。

（5）转角塔放线滑车不得与导线横担下平面相碰，一般采取在挂线点处垫方木，从而使滑车远离横担的方法。

二、施工准备

（一）技术准备

（1）审查设计图纸，熟悉有关资料。

（2）搜集资料，摸清情况。

（3）熟悉施工图纸，包括张力架线施工图纸及绝缘子串组装图纸。

（4）制定绝缘子串及放线滑车悬挂方案。

（二）工器具及材料准备

（1）对运抵现场的工具、材料进行检验。

（2）吊装工具设备符合工程设计要求后方可施工。

（3）绝缘子除型号、颜色、数量等应符合设计要求外，尚应进行下列质量检查：钢帽、钢脚不得有裂纹和弯曲，镀锌完好；钢帽、钢脚与绝缘体间的交接牢固；绝缘子表面不得有质量缺陷；合成绝缘子的伞裙、护套应无损坏，保管时应防鼠咬。

（4）绝缘子应按施工图纸要求连接安装，弹簧销子齐全，无脱出现象。

（5）核对金具的规格、数量、尺寸，并按施工图纸要求进行组装。

本任务所需工器具及材料见表 3-2。

表 3-2　　　　　　　　　　　悬挂放线滑车工器具及材料配置表

序号	名称	规格	单位	数量	备注
1	放线滑车	五轮	台	140	配套夹板
2	地线滑车	—	台	92	
3	工具环	10t	个	48	耐张塔每基 12 个
4	钢丝套子	$\phi 15 \times 5m$	条	75	
5	钢丝套子	$\phi 18 \times 1.5m$	条	24	耐张塔每基 6 条
6	U 形环	5t	个	90	
7	机动绞磨	3t	台	2	配套齐全
8	磨绳	$\phi 11 \times 150m$	条	2	
9	白棕绳	$\phi 16 \times 100m$	条	6	

序号	名称	规格	单位	数量	备注
10	地锚	3t	套	3	
11	滑车	1t	台	3	
12	滑车	3t	台	4	
13	钢丝套子	$\phi 13.5 \times 1m$	条	6	
14	滑车	$\phi 13.5 \times (2 \sim 5)m$	台	8	
15	圆木	$\phi 20 \times 0.4m$	根	20	钢绳衬垫用
16	麻袋片	—	kg	30	钢绳衬垫用

（三）人员要求

参加施工作业的人员必须经培训合格并持证上岗；施工前必须熟悉施工图纸、作业指导书及施工工艺特殊要求。

三、施工危险点分析及安全措施

（一）危险点一：高处坠落伤人

（1）高处作业时应使用安全带，戴安全帽，杆塔上转移作业位置时，不得失去安全带的保护。

（2）塔上作业人员移动位置时，必须站在连接、紧固好的塔材构件上。

（3）加强施工过程中的监护。

（二）危险点二：高处坠物伤人

（1）严禁工具、塔材、螺栓等从塔上坠落。

（2）所使用的工器具、材料等应放在工具袋内，工器具的传递应用绳索。

（三）危险点三：触电

认真勘察现场情况，确定现场布置和起吊方案，确保拉线、控制绳等工具至带电体的安全距离。

📹 **任务实施**

一、实施前工作

（1）本任务标准化作业指导书的编写。指导学生（学员）完成绝缘子串及放线滑车的悬挂施工作业指导书的编写。

（2）工器具及材料准备。根据绝缘子串及放线滑车的悬挂施工作业指导书，准备施工需用的工器具及材料清单。

（3）办理施工相关手续。工作负责人按规定办理施工作业手续，得到批复后方可进行工作。

（4）召开班前会。

（5）布置工作任务。

（6）工作现场或模拟现场布置。根据作业现场或模拟现场情况合理布置、摆放工器具及材料。

二、实施工作

（一）放线滑车悬挂方案的确定

1. 直线塔放线滑车的悬挂方案

横向子导线一次牵放时，放线滑车直接悬挂在直线塔或直线转角塔绝缘子串的下方。当荷载超过滑车或保护钢架允许承载能力，或张力状态下导线在滑车上的包络角超过 30°时，皆需挂设双滑车或组合式滑车。在微型绝缘子串正上方悬挂放线滑车时，应根据设计要求确定是否对挂点进行补强。横向子导线同步牵放时，一组放线滑车直接悬挂在绝缘子串的下方，其他组放线滑车利用悬具等挂在横担专用施工孔上或合适的位置。悬挂多组放线滑车时，轮槽必须等高。

2. 耐张塔放线滑车的悬挂方案

横向子导线一次牵放时，利用一组钢丝绳套等工具将放线滑车挂在横担前后主材的专用施工孔上。横向子导线同步牵放时，利用多组钢丝绳套悬挂多组放线滑车，按顺序挂在横担前后主材的专用施工孔上或合适的位置。

3. 光缆放线滑车的悬挂方案

一般按光缆厂家要求进行配置，无要求时按下列要求进行配置：

（1）放线滑车在放线过程中，其包络角不得大于 60°。

（2）转角塔一般应挂设双滑车，转角塔滑车均应设置为预偏。

（3）采用双滑车或组合式滑车时，滑车间使用支撑杆连接，支撑杆强度应满足要求。

（4）放线滑车未在横担下方的专用施工孔上悬挂时，必须对悬挂点进行强度验算。

（二）绝缘子串及放线滑车的悬挂

放线滑车的悬挂方法可根据施工区段所需放线张力及滑车承载能力确定。牵引力较大或有重要跨越物时，可提高放线滑车的悬挂高度，降低放线张力。放线滑车悬挂一般有两种方法，即常规挂法和高挂法。

1. 常规挂法

常规挂法，即放线滑车悬挂在绝缘子串下。

（1）单放线滑车悬挂方法：

1）直线塔、直线转角塔。放线滑车直接悬挂在绝缘子串下，如图 3-7 所示。

2）耐张塔、耐张转角塔。用挂具直接悬挂在横担的合适位置，该位置应安全可靠，作业方便。挂具采用钢丝绳套时安全系数不应小于 4。

（2）双放线滑车悬挂方法：

1）直线塔、直线转角塔。放线滑车悬挂于双联悬垂绝缘子串下，如图 3-8 所示。

2）耐张塔。利用钢丝绳套分别将放线滑车悬挂于前后横担挂点附近的主材上。

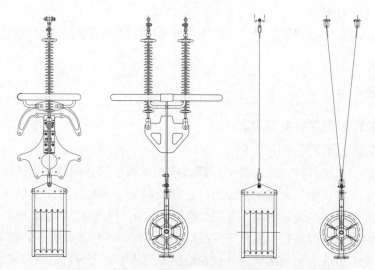

图 3-7　直线塔、直线转角塔单滑车悬挂示意图

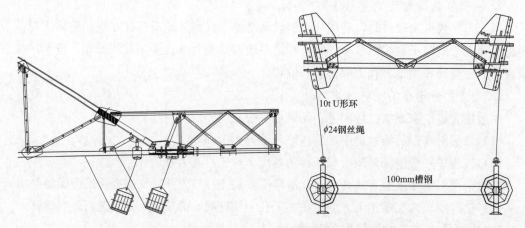

图 3-8　直线塔、直线转角塔双滑车悬挂示意图

2. 高挂法

高挂法，即放线滑车通过挂具悬挂在横担上。挂具长度可根据对跨越物距离的要求而定。同相放线滑车的悬挂必须等高，相邻放线滑车间的水平距离不应小于 1.5m（通常相距横担珩架的一个或几个节间）。双滑车应用支撑连杆固定，支撑连杆有效长度接近两滑车挂点间的距离。

三、实施后工作

（1）验收检查。检查悬垂绝缘子弹簧销及挂点螺栓是否齐全并安装到位，悬挂滑车的钢丝绳套固定是否牢靠，防止施工中发生意外脱落事故；检查悬垂绝缘子串与放线滑车悬挂方式是否正确，悬挂状态是否正常；检查放线滑车门是否锁固。

（2）工作结束，整理现场。

（3）召开班后会。总结工作经验，分析施工中存在的问题及改进方法等。

任务评价

本任务评价见表3-3。

表 3-3　　　　　　　　　　　　绝缘子串及放线滑车悬挂任务评价表

姓名		学号				
评分项目	评分内容及要求		评分标准	扣分	得分	备注
施工准备 (25分)	施工方案 (10分)	(1) 方案正确。 (2) 内容完整	(1) 方案错误，扣10分。 (2) 内容不完整，每处扣0.5分			
	准备工作 (5分)	(1) 安全着装。 (2) 场地勘察。 (3) 工器具、材料检查	(1) 未按照规定着装，每处扣0.5分。 (2) 场地不符合要求，每处扣1分。 (3) 工器具选择错误，每次扣1分；未检查，扣1分；材料检查不充分，每处扣1分			
	班前会 (施工技术交底) (5分)	(1) 交代工作任务及任务分配。 (2) 危险点分析。 (3) 预控措施	(1) 未交代工作任务，每次扣2分。 (2) 未进行人员分工，每次扣1分。 (3) 未交代危险点，扣3分；交代不全，酌情扣分。 (4) 未交代预控措施，扣2分。 (5) 其他不符合要求，酌情扣分			
	现场安全布置 (5分)	(1) 安全围栏。 (2) 标识牌	(1) 未设置安全围栏，扣3分；设置不正确，扣1分。 (2) 未摆放任何标识牌，扣2分；漏摆一处，扣1分；标识牌摆放不合理，每处扣1分。 (3) 其他不符合要求，酌情扣分			
任务完成 (60分)	施工准备 (5分)	(1) 选择放线滑车。 (2) 现场使用软梯上下绝缘子串	(1) 放线滑车选择错误，扣3分。 (2) 现场未正确使用软梯上下绝缘子串，扣2分			
	确定悬挂方案 (10分)	(1) 直线塔和直线转角塔放线滑车悬挂。 (2) 耐张塔放线滑车悬挂。 (3) 光缆放线滑车悬挂	(1) 直线塔、直线转角塔放线滑车悬挂不符合规范要求，扣2分。 (2) 耐张塔放线滑车悬挂不符合规范要求，扣2分。 (3) 光缆放线滑车悬挂不符合规范要求，扣2分。 (4) 其他不符合条件，酌情扣分			
	工具、材料检验 (10分)	(1) 吊装工具设备检查。 (2) 绝缘子质量检查	(1) 未检查吊装工具设备，扣2分。 (2) 未检查绝缘子质量，扣3分			
	地面组装绝缘子串 (10分)	(1) 绝缘子串组装。 (2) 绝缘子串与放线滑车组装	(1) 绝缘子串不正确，扣2分。 (2) 绝缘子串与放线滑车组装不符合规范，扣2分			

评分项目		评分内容及要求	评分标准	扣分	得分	备注
任务完成 （60分）	吊装放 线滑车 （10分）	（1）悬垂绝缘子串吊装。 （2）耐张绝缘子串吊装	（1）悬垂绝缘子串吊装不符合规范 要求，扣2分。 （2）耐张绝缘子串吊装不符合规范， 扣2分			
	质量验收 （10分）	整体安装检查	整体安装不符合规范要求，每处扣 2分			
	整理现场 （5分）	整理现场	（1）未整理现场，扣1分。 （2）现场有遗漏，每处扣1分。 （3）离开现场前未检查，扣1分			
基本素质 （15分）	安全文明 （5分）	（1）标准化作业。 （2）安全措施完备。 （3）作业现场规范	（1）未按标准化作业流程作业，扣 1分。 （2）安全措施不完备，扣1分。 （3）作业现场不规范，扣1分			
	团结协作 （5分）	（1）合理分工。 （2）工作过程相互 协作	（1）分工不合理，扣1分。 （2）工作过程不协作，扣1分			
	劳动纪律 （5分）	（1）遵守工地管理制 度。 （2）遵守劳动纪律	（1）不遵守工地管理制度，扣2分。 （2）不遵守劳动纪律，扣2分			
合计	总分100分					
任务完成时间：		时　　　　　分				
	教师					

学习与思考

（1）绝缘子串的主要类型有哪些？

（2）放线滑车的主要类型有哪些？

（3）说出绝缘子串及放线滑车悬挂的施工危险点及防范措施。

（4）编制绝缘子串及放线滑车悬挂施工作业指导书。

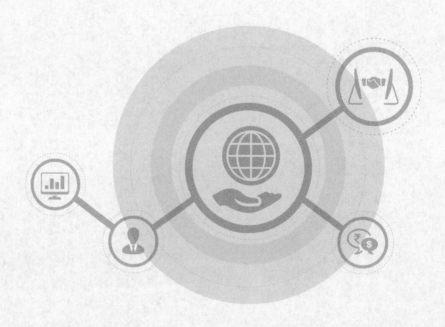

任务三　跨越设施安装及拆除

任务描述

　　跨越设施的安装是张力架线施工准备的一项重要环节。跨越设施的安装质量直接关系着张力架线的施工安全。因此，在张力架线施工前，应完成跨越设施的安装。

　　本学习任务主要是完成跨越设施安装施工方案的编制，并实施跨越设施的安装施工任务。

任务目标

　　熟悉跨越架的基本类型及其结构特点，熟悉并掌握跨越设施安装与拆除施工方法，明确施工前的准备工作、施工危险点及安全防范措施，并依据相关线路施工验收规范，编制并实施跨越设施安装与拆除施工方案。

任务准备

一、知识准备

　　在架线施工中，为了不中断或减少被跨越物的原有功能，要采用搭设跨越架的方法进行施工。跨越架是为架线施工而搭设的承重、保护被跨越物用的临时性结构架。

（一）跨越物的分类

　　送电线路架线施工将跨越各类障碍物，被跨越物主要有：电力线、弱电线、通信线等；普通铁路、电气化铁路、高速铁路等；高速公路、等级公路、一般道路、河流、池塘等。

　　根据被跨越物的重要性可分为：

　　（1）一般跨越物，架高在 18m 以下的跨越物，包括：10～110kV 电力线路；二级以下的弱电线路；公路和乡村大路。

　　（2）重要跨越物，高度在 18m 以上、24m 以下的跨越物，包括：10～110kV 不停电电力线；一级军用通信线；单、双轨铁路。

　　（3）特殊跨越物，高度在 24m 以上的跨越物，包括：220～500kV 架空电力线路；多条铁路、高速公路、电气化铁路；交叉角度小于 30°的运行架空电力线路或宽度大于 70m 的跨越物。

（二）跨越架的分类

　　跨越架分为杆式单排跨越架（单排架）、杆式双排跨越架（双排架）、杆式多排跨越架（三排及以上）、网式跨越架、吊桥跨越架。跨越架材质一般为木质、毛竹、钢管、格构式金属构件等。

（三）跨越架搭设相关计算

（1）跨越架的位置：跨越架的中心应在线路的中心线上。

（2）跨越架的长度：

$$L = (D + 5)/\sin\theta \tag{3-14}$$

式中　L——跨越架的长度（m）；

　　　D——跨越物的最大宽度（m）；

　　　θ——架空线路与跨越物的交叉角度（°）。

（3）跨越架的宽度：

$$B = (b + 2e)/\sin\theta \tag{3-15}$$

式中　B——跨越架的宽度（m）；

　　　b——被跨越物两边线间的距离（实际测量）（m）；

　　　e——最小水平距离或具带电体的最小安全距离（m）。

（4）跨越架的高度：

$$H = H_1 + H_2 \tag{3-16}$$

式中　H——跨越架的高度（m）；

　　　H_1——被跨越物的高度（m）；

　　　H_2——跨越架对跨越物的最小安全垂直距离（m）。

（5）跨越架顶的宽度（沿被跨越物方向的有效遮护宽度）：

$$B \geqslant \frac{1}{\sin\gamma}[2(Z_\chi + 1.5) + b] \tag{3-17}$$

$$Z_\chi = \omega_{4(10)}\left[\frac{\chi}{2H}(l - \chi) + \frac{\lambda}{\omega_1}\right] \tag{3-18}$$

式中　B——跨越架架顶宽度（m）；

　　　γ——跨越交叉角度（°）；

　　　Z_χ——施工线路导线或地线在安装气象条件下，跨越点处的风偏距离（m）；

　　　b——跨越架所遮护的最外侧导、地线间在施工线路横线路方向的水平宽度（m）；

　　　H——水平方向张力（N）；

　　　l——施工线路跨越档档距（m）；

　　　χ——被跨越物至施工线路邻近的杆塔的水平距离（m）；

　$\omega_{4(10)}$——安装气象条件（风速 10m/s）下，施工线路导线或地线的单位长度风荷载（N/m）；

　　　λ——施工线路跨越档两端悬垂绝缘子串或滑车挂具长度（m）；

　　　ω_1——施工线路导、地线的单位长度质量（kg/m）。

其中，在风速 10m/s 的条件下，导线或地线的每米长度风荷载按 $\omega_{4(10)} = 0.0613Kd$ 计算。当导线或地线直径 $d \geqslant 17$mm 时，风荷载体型系数 $K = 1.1$；当 $d < 17$mm 时，$K = 1.2$。

（6）跨越架架面与被跨越物的最小水平距离：

$$D \geqslant Z_\chi + D_{\min} \tag{3-19}$$

式中　D——无风时跨越架架面与被跨越物的最小水平距离（m）；

$D_{\min}$——跨越架架面与跨越物发生风偏后尚应保持的最小安全距离（m）。

（四）设计对架线施工的要求

（1）跨越 10kV 电力线、通信线、主要公路、未拆迁民房等，必须搭设跨越架。对低压线、通信线等，可与有关单位和个人联系进行落线措施，做好保护措施，施工完毕后立即恢复。未经允许，任何人不得私自断开低压线、通信线。跨越架在附件安装完毕后方可拆除。

（2）所有电力线路停送电工作由项目部专人负责联系、协调解决。

（3）10kV 及以上电力线跨越架均需设外伸羊角，跨越架有效宽度应至少超出边导线 2.5m（不包括羊角宽）。35kV 及以上带电跨越架必须用绝缘网进行封顶，搭设完成后必须经项目部技术人员会同监理工程师检查验收合格后方可使用。10kV 及以下电力线一般采用搭设竹竿架（杉木杆）的方法，不允许使用钢管架。

（4）导线对地和被跨越物的安全距离见表 3-4。

表 3-4　　　　　导线对地和被跨越物的安全距离（500kV 线路工程的距离）

序号	线路经过地区	最小安全距离（m）	计算条件
1	居民区	14.0	导线最大弧垂时
2	非居民区	11.0	导线最大弧垂时
3	交通困难、行人很少的地区	9.0	导线最大弧垂时
4	公路	14.0	导线最大弧垂时
5	标准铁路至轨顶	14.0	导线最大弧垂时
6	标准铁路至轨顶（电气化）	16.0	导线最大弧垂时
7	电力线（至导、地线）	6.0	导线最大弧垂时
8	电力线（至杆塔顶）	8.5	—
9	通信线	8.5	导线最大弧垂时
10	架空索道	6.5	—
11	特殊管道	7.5	—
12	通航河流至五年一遇洪水位	9.5	导线最大弧垂时
13	通航河流至桅杆	6.0	导线最大弧垂时

（五）超越架结构形式

（1）跨越电力线路跨越架，如图 3-9 所示。

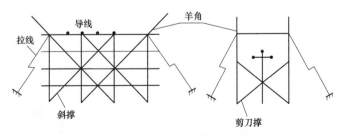

图 3-9　跨越电力线路跨越架

（2）跨越通信线和弱电线路跨越架，如图 3-10 所示。

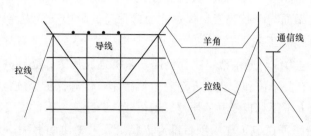

图 3-10　跨越通信线和弱电线路跨越架

（3）跨越公路（有机动车通过的乡村公路）跨越架，如图 3-11 所示。

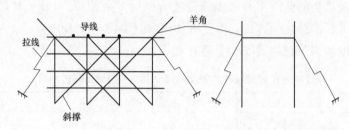

图 3-11　跨越公路（有机动车通过的乡村公路）跨越架

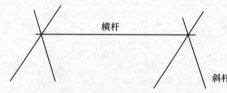

图 3-12　跨越民房和果园跨越架

（4）跨越民房和果园跨越架，如图 3-12 所示

（六）搭设跨越架的安全技术规定

（1）跨越架搭设应牢固可靠，其高度、与被跨越物的距离、搭设的长度应符合规程要求。风、雨过后应注意检查，防止倾倒。拆除跨越架时应由上至下，不得整体将跨越架拉倒。

（2）跨越架的搭设与拆除，均应在被跨越电力线路不带电条件下进行，并设安全监护人。跨越架跨越 35kV 电力线路时应用绝缘承力网封顶；跨越不停电线路时，作业人员严禁在跨越架内攀登或作业，并严禁从顶架上通过；导、地线通过跨越架时，应用绝缘承力绳作导引绳，引渡或牵引过程中架上不得有人。要设过线负责人，并由专人监护过架过程。

二、施工准备

架线施工前，应了解被跨越电力线、通信线、公路、铁路、河道、建筑物、构筑物、树木等情况。与物主联系，初步确定跨越方式，线路通道内凡设计规定拆除的房屋、窑场、石矿和改迁的电力线、通信线等影响架线的设施宜在架线前处理完毕。

跨越设施安装前应按线路、被跨越物的断面图、明细表，测量被跨越物的交叉角、高度、宽度、长度等参数，收集现场实际情况，为制定跨越施工方案提供依据。

三、施工危险点分析及安全措施

(一) 危险点一：高处坠落伤人

(1) 高处作业时应使用安全带，戴安全帽，杆塔上转移作业位置时，不得失去安全带的保护。

(2) 作业人员在搭设的跨越架上移动位置时，必须站在连接、紧固好的构件上。

(3) 应使用合格的材质，严禁超载使用；材质严禁以小代大使用。

(4) 加强施工过程中的监护。

(二) 危险点二：高处坠物伤人

(1) 严禁工具、材料、螺栓等从跨越架上坠落。

(2) 所使用的工器具、材料等应放在工具袋内，工器具的传递应用绳索。

(三) 危险点三：触电

预防触电事故的发生，是跨越架搭设施工不可忽视的问题。对于邻近电力线较为复杂的跨越架，必须认真勘察现场情况，确定现场布置和搭设方案，确保搭设架体安全、可靠，拉线、斜撑等符合规范要求；同时，对于采用金属构件搭设的架体，要连接好临时接地线，以防雷电。

(四) 危险点四：架体倒塌

(1) 搭设好的架体要按照规范和技术要求打设临时拉线。

(2) 大风、大雨过后，项目部要安排专人对架体进行全面检查，如果不符合安全技术要求，要进行补强，必要时要进行强度验算。

(3) 搭设过程中要按照规范和技术规定设置十字剪刀撑。

(4) 跨越架材质须满足安全技术要求。

(5) 搭设架体的立杆、大小横杆间距必须满足安全规程和技术规范要求。

(6) 搭设的跨越架全部完成后，要进行验收，并注明可承载负荷数值；经验收合格后，要悬挂验收牌、施工（搭设）牌、安全警示牌。

📽 任务实施

一、实施前工作

(1) 本任务标准化作业指导书的编写。指导学生（学员）完成跨越设施安装与拆除施工作业指导书的编写。

(2) 工器具及材料准备。根据跨越设施安装与拆除施工作业指导书，准备施工需用的工器具及材料清单。

(3) 办理施工相关手续。工作负责人按规定办理施工作业手续，得到批复后方可进行工作。

(4) 召开班前会。

(5) 布置工作任务。

(6) 工作现场或模拟现场布置。根据作业现场或模拟现场情况合理布置、摆放工器具及材料。

二、实施工作

（一）跨越方案制定

根据现场所测数据，通过施工技术设计，优化跨越方案。跨越方案应安全可靠，满足架线施工要求。

（二）跨越设施安装

（1）跨越架的搭设宽度、沿被跨越物方向的有效遮护宽度必须满足安全规程要求。

（2）除跨越架与带电体的距离要满足要求外，还要计算导线受风压而产生的风偏距离。

（3）木质跨越架所使用的立杆有效部分的小头直径不得小于 70mm；横杆有效部分的小头直径不得小于 80mm，其在 60～80mm 的，可双杆合并或单杆加密使用。

（4）毛竹或木质跨越架搭设时，搭接长度不得小于 1.5m。绑扎时小头应压在大头上，绑扣不得少于三道。立杆、大横杆、小横杆相交时，应先绑两根，再绑第三根，不得一扣绑三根。跨越架立杆、大横杆应错开搭接，横杆间距 1.2m，立杆间距 1.5m。毛竹或木质架体立杆应垂直埋入坑内，埋深不得小于 0.5m，回填土后夯实。横杆与立杆应直角搭设，跨越架两端，即每隔六到七个立杆，应设置剪刀撑、支杆或拉线，拉线的挂点或支杆、剪刀撑的绑扎点应设在立杆与横杆的交界处，且与地面的夹角不得大于 60°。支杆埋入地下的深度不得小于 0.3m。跨越架两端应搭设羊角，羊角伸出端部 2～3m。临时拉线及跨越架排数应符合施工方案要求。跨越架搭设时每个节点均应可靠连接、逐层加固，由下向上依次进行，不得上下同时进行，或先搭框架后装斜撑或支撑、拉线。搭设材料要有专人传递，不得任意抛掷。毛竹跨越架搭设如图 3-13 所示。

图 3-13　毛竹跨越架搭设

（5）在带电体附近作业时，人体与带电体的最小安全距离应满足安全规程要求。临近带电体作业时，作业全过程应设专人监护，绝缘工具必须定期进行绝缘试验，其安全性能应符合安全规程的规定。跨越不停电线路时，施工人员不得在跨越架内侧攀登或作业，并严禁从封顶架上通过。搭设与拆除不停电跨越架时，应明确邀请被跨越电力线运行部门进行现场监护，施工单位也应设现场安全监护人。跨越带电线路施工前，应向运行部门书面申请退出重合闸。跨越不停电线路架线施工应在良好的天气下进行，遇雨、雪、霜、雾，以及相对湿度大于85％或5级以上大风时，应停止作业，并对已展放好的网、绳加以安全保护，避免造成意外。跨越架搭设需牢固可靠，正常情况下应能同时满足线（绳）的垂直荷载及架面风压荷载要求。遇强风、暴雨天气时，随时注意跨越架的状况。必要时，跨越架应予以补强。强风、暴雨过后应对跨越架、拉线、毛桩进行检查、加固，确认合格后方可使用。悬索式跨越架搭设如图3-14所示。

图 3-14 悬索式跨越架搭设

（6）其他专用跨越设施的安装应满足施工方案要求。

（三）跨越设施验收

跨越设施安装后应按相关规定，悬挂醒目的安全警示、禁止交通限制等标识。跨越设施应经监理单位验收合格并挂跨越设施验收标识牌后方可使用。

（四）跨越设施拆除

跨越设施拆除操作顺序应与搭接时相反，由上向下进行，不得上下无秩序地同时进行拆除，或采取成排推倒的方法。拆下的材料应有专人传递，不得向下抛扔，并且有防倾倒措施。

三、实施后工作

（1）工作结束，整理现场。

（2）召开班后会。总结工作经验，分析施工中存在的问题及改进方法等。

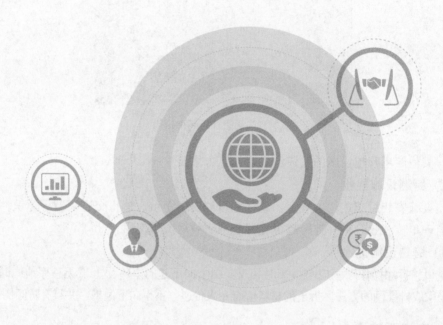

任务评价

本任务评价见表 3-5。

表 3-5　　　　跨越设施安装与拆除施工任务评价表

姓名		学号				
评分项目		评分内容及要求	评分标准	扣分	得分	备注
施工准备 (25分)	施工方案 (10分)	(1) 方案正确。 (2) 内容完整	(1) 方案错误，扣10分。 (2) 内容不完整，每处扣0.5分			
	准备工作 (5分)	(1) 安全着装。 (2) 场地勘察。 (3) 工器具、材料检查	(1) 未按照规定着装，每处扣0.5分。 (2) 工器具选择错误，每次扣1分；未检查，扣1分。 (3) 材料检查不充分，每处扣1分。 (4) 场地不符合要求，每处扣1分			
	班前会 (施工技术交底) (5分)	(1) 交代工作任务及任务分配。 (2) 危险点分析。 (3) 预控措施	(1) 未交代工作任务，每次扣2分。 (2) 未进行人员分工，每次扣1分。 (3) 未交代危险点，扣3分；交代不全，酌情扣分。 (4) 未交代预控措施，扣2分。 (5) 其他不符合要求，酌情扣分			
	现场安全布置 (5分)	(1) 安全围栏。 (2) 标识牌	(1) 未设置安全围栏，扣3分；设置不正确，扣1分。 (2) 未摆放任何标识牌，扣2分；漏摆一处，扣1分；标识牌摆放不合理，每处扣1分。 (3) 其他不符合要求，酌情扣分			
任务完成 (60分)	跨越架结构形式的选择 (10分)	选择跨越架结构形式	(1) 跨越架结构形式选择不合理，扣3分。 (2) 其他不符合要求，酌情扣分			
	毛竹、木质跨越架搭设 (10分)	(1) 毛竹、木质跨越架搭设方法。 (2) 工具的使用。 (3) 毛竹、木质跨越架搭设	(1) 毛竹、木质跨越架搭设方法不正确，扣2分。 (2) 工具的使用方法不正确，扣2分。 (3) 跨越架搭设不符合规范要求，扣2分			
	钢管跨越架搭设 (10分)	(1) 钢管跨越架搭设方法。 (2) 工具的使用。 (3) 钢管跨越架搭设	(1) 钢管跨越架搭设方法不正确，扣2分。 (2) 工具的使用方法不正确，扣2分。 (3) 跨越架搭设不符合规范要求，扣2分			

评分项目		评分内容及要求	评分标准	扣分	得分	备注
任务完成 (60分)	悬索式跨越架搭设 (10分)	(1) 悬索式跨越架搭设方法。 (2) 工具的使用。 (3) 悬索式跨越架搭设	(1) 悬索式跨越架搭设方法不正确，扣2分。 (2) 工具的使用方法不正确，扣2分。 (3) 跨越架搭设不符合规范要求，扣2分			
	不停电跨越施工 (10分)	(1) 不停电跨越架搭设方法。 (2) 工具的使用。 (3) 不停电跨越架搭设	(1) 不停电跨越架搭设方法不正确，扣2分。 (2) 工具的使用方法不正确，扣2分。 (3) 跨越架搭设不符合规范要求，扣2分			
	质量验收 (5分)	整体安装检查	安装不符合规范要求，每处扣2分			
	整理现场 (5分)	整理现场	(1) 未整理现场，扣1分。 (2) 现场有遗漏，每处扣1分。 (3) 离开现场前未检查，扣1分			
基本素质 (15分)	安全文明 (5分)	(1) 标准化作业。 (2) 安全措施完备。 (3) 作业现场规范	(1) 未按标准化作业流程作业，扣1分。 (2) 安全措施不完备，扣1分。 (3) 作业现场不规范，扣1分			
	团结协作 (5分)	(1) 合理分工。 (2) 工作过程相互协作	(1) 分工不合理，扣1分。 (2) 工作过程不协作，扣1分			
	劳动纪律 (5分)	(1) 遵守工地管理制度。 (2) 遵守劳动纪律	(1) 不遵守工地管理制度，扣2分。 (2) 不遵守劳动纪律，扣2分			
合计	总分100分					
任务完成时间：		时 分				
教师						

🧠 学习与思考

(1) 跨越架的主要类型有哪些？

（2）跨越架结构形式如何确定？

（3）说出跨越设施安装与拆除的施工危险点及防范措施。

（4）编制跨越设施安装与拆除施工方案。

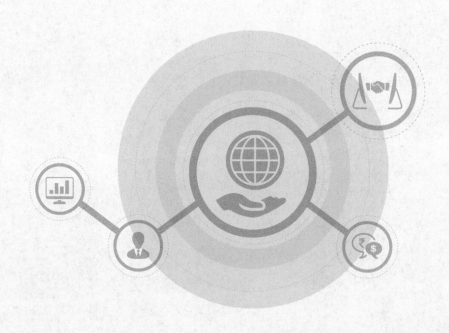

任务四　导引绳的展放

任务描述

导引绳展放是张力架线施工的一项重要内容。

本学习任务主要是完成导引绳展放施工方案的编制，并实施导引绳展放施工任务。

任务目标

了解导引绳展放流程，熟悉导引绳的选定，掌握导引绳展放方法，明确施工前的准备工作、施工危险点及安全防范措施，并依据相关线路施工验收规范，编制并实施导引绳展放施工方案。

任务准备

一、知识准备

（一）前期准备工作

展放初级导引绳的前期准备工作包括现场调查、施工方案制定、导引绳选型计算、施工机具准备、施工现场准备、通信联络等。

1. 现场调查

（1）施工前，应组织工地负责人、技术负责人及动力伞飞行人员等进行现场调查，确定动力伞飞行区段划分和选择起降场地。

（2）现场调查中应详细了解沿线地形情况和气候特点、线路的重要跨越物等信息，收集塔位断面图，了解施工区域附近是否有航空管制或禁飞区域。

2. 施工方案制定

（1）根据现场调查情况，结合设计资料制定适合工程实际的飞行方案。方案应包括飞行路线、飞行方向（应从海拔高处向海拔低处飞行）、飞行次数、导引绳接头点、导引绳布线长度。根据线路走向、档距、塔位的海拔高程及跨越物情况，制定飞行器飞行展放区段图。动力伞展放初级导引绳现场布置断面示意图如图3-15所示。

（2）应编制动力伞展放初级导引绳施工作业指导书，并经过审批后，报项目监理部审核批准方可实施。施工前必须向施工人员进行安全技术交底。

3. 导引绳选型计算

导引绳系由从小到大的一组绳索组成。其中，最小的（用于飞行器展放的）叫初级导引绳，最大的（直接牵放牵引绳者）叫导引绳，其余中间级的叫二级导引绳、三级导引绳等。

（1）导引绳选型计算：

1）迪尼玛绳牵引导引绳时的选型计算。迪尼玛绳的破断力：

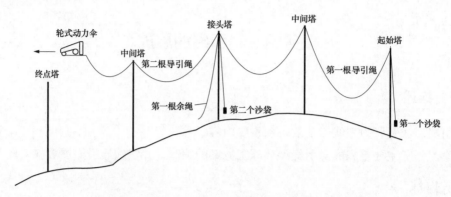

图 3-15　动力伞展放初级导引绳现场布置断面示意图

$$Q_3 \geqslant \frac{1}{4}Q_2 \times \frac{k}{3} = \frac{k}{12}Q_2 \tag{3-20}$$

式中　Q_3——迪尼玛绳的破断力（N）；

　　　Q_2——导引绳的破断力（N）；

　　　k——迪尼玛绳的安全系数。

2）迪尼玛绳牵引迪尼玛绳时的选型计算。迪尼玛绳的破断力：

$$Q_{n+1} \geqslant \frac{k}{12}Q_n \times \frac{c}{7.8} \approx \frac{1}{93.6}kcQ_n \tag{3-21}$$

式中　Q_{n+1}——上级导引绳的破断力（N）；

　　　Q_n——下级导引绳的破断力（N）；

　　　7.8——钢材密度（kg/m³）；

　　　c——中间导引绳密度（kg/m³），其中迪尼玛绳密度为 0.97，锦纶绳密度
　　　　　　为 1.14。

（2）初级导引绳强度校验及盘长选取：

1）初级导引绳强度校验。在确定动力伞放绳区段后，根据现场实际情况，依据张力放线过程中的最大牵引力计算原则，详细计算各档初级导引绳的最大牵引力，各级导引绳的安全系数应大于 4.0。

2）初级导引绳盘长选取。初级导引绳在动力伞上的安装总重量应小于动力伞的载重量。导引绳直径为 $\phi3.5$ 时，一般每盘长度以 2km 为宜。其余各中间级的规格按牵放程序、方法、设备能力优化组合确定。

4. 施工机具准备

动力伞设备主要包括机身、伞翼、初级导引绳、绳盘、燃油及维修工器具等。动力伞应提前一天运至施工现场，对各部器材、机械和工器具进行全面检查并试飞。

5. 施工现场准备

（1）对选定的施工场地进行现场踏勘，了解地形情况、跨越情况和特殊标记物等，并将布绳方案详细向施工人员进行技术交底。

（2）应提前对起降场地进行平整。当选择平地或草地时，应提前对田埂、凹凸点进行

平整，保证地面平坦，无尖锐突起石块；对草地上的高大杂草进行铲除，平整及铲除范围应比动力伞起降过程中所需的滑行距离稍长些。若为土质地面，应具有一定的承压力以避免下陷，否则应利用机动车辆进行碾压。如起飞场地选择在公路上，必须请交通管理部门协助暂时封闭公路。

6. 通信联络

关于动力伞的通信系统，地面上可以采用输电线路施工中常用的手持无线电对讲机，飞行员可以采用头盔式对讲机。但由于动力伞展放初级导引绳时一般与张力放线交叉作业，为了避免干扰，动力伞飞行人员、塔上接绳人员及动力伞飞绳指挥人员采用统一的频道，张力放线采用另一个独立的频道。

（二）动力伞

展放导引绳使用的动力伞由发动机、护筐、坐带、螺旋桨、油箱及初级导引绳线盘支架和导引绳导管组成。

动力伞的飞行是依靠螺旋桨提供向前的推力、伞翼提供向上的浮力实现的。

输电线路架线施工中使用的动力伞是在原有动力伞的机身架上每侧增加一个导引绳轴架。将初级导引绳缠绕在线轴上并固定于轴架上，绳头固定沙袋（质量为1.5kg）。动力伞飞到指定的起始塔号处后将绳头抛下，沿线路方向继续飞行，将导引绳铺放在铁塔的横担上，直至绳轴上的导引绳放完，塔上人员配合接住导引绳。每次起飞可携带两盘导引绳（每盘长度约2km），当一盘导引绳展放结束后，动力伞掉头，终止塔作为起始塔，起始塔变为终止塔，进行第二盘导引绳的展放，展放结束后返航。一个放线区段可分几次飞行完成。

一个放线区段的导引绳全部展放结束后，将分段展放的初级导引绳在起止塔上相连接，放入固定在地线支架或横担上方的朝天滑车内，抽紧导引绳，即可用贯通的初级导引绳牵引下一级导引绳，从而完成张力放线导引绳的展放工作。

（三）初级导引绳上盘安装

动力伞初级导引绳一般选用$\phi3.5$的锦纶绳或$\phi3.0$的迪尼玛绳，每盘长度以2km左右为宜。绳盘采用$\phi500$的轻质圆盘，采用人工或专用绕线机上盘。专用绕线机上盘操作如图3-16所示。

图3-16　专用绕线机上盘操作示意图

（四）动力伞起飞

（1）每次飞行前必须认真全面检查，当发现任何有可能影响安全的因素时，不得飞行。动力伞起飞前的试运行如图3-17所示。

图 3-17　动力伞起飞前的试运行

（2）任何不利气象条件下都不得飞行：风速超过 6.0m/s 时不得飞行；侧风超过 20°（风向与飞行方向夹角的补角）、风速超过 4.4m/s 时也不得飞行。

（3）飞行时要注意保护长发，避免衣服和身体接触螺旋桨、滑轮和操纵绳，必须佩戴头盔和目镜。

（4）动力伞到达起降场地后，首先对线路进行试飞，通过试飞了解施工范围内的线路走向、跨越物及线路周围的障碍物等。

（5）确认动力伞各部件工作状态良好后，飞行员和飞行协助人员系好安全带，进入起飞待命状态，动力伞起飞方向为迎风方向。

（6）指挥人员再次确认风力、风向和能见度，确认跑道上及安全范围内无任何障碍物和闲杂人员，向飞行员发出"同意起飞"命令，观察起飞状态，指挥飞行员做出起飞调整动作以保证顺利起飞。

（7）起飞时飞行员用左右脚蹬棒控制空中方向。油门应缓慢加大，机体开始运动后，当伞翼充气并升到头顶正确位置后，加大油门。

（8）顺利起飞后指挥人员告知塔上高处人员，并与飞行员保持联系。

（五）沙袋抛扔

（1）当展放开始，首基塔上人员看到动力伞后，应用对讲机或旗语向飞行员发出明示。动力伞距起始塔约 200m 时，应适时调整高度，与即将通过的铁塔净空距离不宜过高，将沙袋抛下。

（2）首基塔上人员应提前注意躲避下坠沙袋，当导引绳接触到铁塔时，塔上人员将导引绳抓住，移到线路一侧并临时固定，准备迎接另一根导引绳的到来。

（3）当展放接续导引绳时，为防止漏塔放绳，在动力伞将要飞到该塔上空时，塔上人员应用手势或报话机等方法进行提示和沟通，以方便伞上飞行员确认抛沙袋的首端塔。前一根导引绳的末端塔就是后一根导引绳的起始塔。

（六）塔上抓绳

（1）每基塔应派 1～2 人，必须戴手套、拿对讲机。当导引绳落到铁塔的横担处时，及时将导引绳压住，并将导引绳移到一侧。整个施工段应将导引绳移到指定的同一侧，并及时通知指挥人员。

（2）动力伞向前飞行过程中，导引绳展放落到每基塔的横担上，塔上人员要及时压住，防止导引绳因过分松弛而落到地上或跨越物上；当展放至末尾端时，尾端塔上人员要将尾端绳及时抓住，以防止绳头因张力作用反弹后滑到塔下。

（3）每放完一根导引绳后，塔上人员要及时收拢尾绳，并将导引绳放入指定的放线滑车中，将导引绳以略带张力的状态临时锚固。在导引绳放入滑车的过程中，注意导引绳不能被划或磨伤，特别是外皮部分；锚绳时要注意风向及张力，防止展放第二根绳时两根绳受扭、缠绕在一起。

（七）动力伞返航

（1）动力伞返航后，到达起降场之前应提前通知指挥人员，地面人员应注意返航的动力伞，并始终保持地面起降环境安全，并由指挥人员指挥飞行员降落。

（2）动力伞配有着陆减振缓冲装置，充分减小了着陆时对人身的冲击力，保证了飞行人员安全。

（3）着陆方向应为迎风向。如不可避免地要顺风着陆，风速必须小于 3.5m/s。

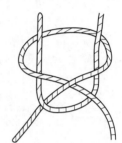

（4）着陆时侧风不得超过 20°，如遇特殊情况应复飞，再次选择方向降落。

（八）绳头连接、固定及余绳收回

绳扣如图 3-18 所示。

（1）初级导引绳全部展放完毕后，导引绳之间应及时连接，并及时放入小滑车中。锦纶绳的接头可采用单绕式双插头法制作，制

图 3-18　绳扣

作方式如图 3-19 所示。如采用迪尼玛导引绳，接头必须采用 1.0t 抗弯连接器进行连接。

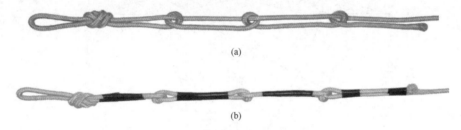

(a)

(b)

图 3-19　锦纶绳接头制作示意图

(a) 绳头缠绕方式；(b) 绳头制作成品

（2）在接头塔位释放余绳时，在牵引侧同时收回余绳，待全段余绳收完后，进行临时锚固。

（3）由于初级导引绳的强度较低（如锦纶绳），当施工段长度超过 4km 时，应在中间适当位置设置一个牵引站，利用人力或双卷筒绞磨进行对头牵引，并在此处对接，以便降低牵引力。

（九）各级导引绳过渡

动力伞悬空展放初级导引绳时，过渡导引绳为线路施工中常用的 $\phi15$ 导引绳。一般采用如下过渡顺序：初级导引绳——"一牵一"展放 $\phi6$ 迪尼玛绳——"一牵二"牵放 $\phi9$ 防扭钢丝绳，同时携带一根 $\phi6$ 迪尼玛绳——"一牵一"牵放 $\phi15$ 防扭钢丝绳（导引绳）。也可采用一根 $\phi6$ 迪尼玛绳同时牵引多根 $\phi6$ 迪尼玛绳进行各相导引绳的铺放，并进行分绳操作。

用初级导引绳牵引 $\phi6$ 迪尼玛绳，可用人工直接牵引或小牵引机牵引，其他各级导引绳过渡均应采取牵引机牵引张力展放。

1. 绳头制作及走板连接

每基铁塔配备 2～3 根 $\phi12\times35.0m$ 锦纶绳套和一根长 40.0m 小棕绳备用，每根绳套

配备一只 30kN 抗弯连接器。绳头制作如图 3-19 所示，"一牵二"走板连接如图 3-20 所示。

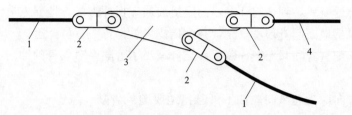

图 3-20　"一牵二"走板连接示意图

1—φ6 迪尼玛绳；2—3t 旋转连接器；3—"一牵二"走板；4—防扭钢丝绳

2. "一牵二"垂直分绳法

"一牵二"垂直分绳操作如图 3-21 所示。

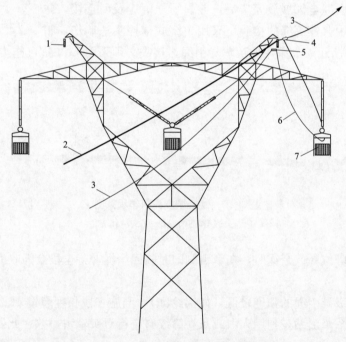

图 3-21　"一牵二"垂直分绳操作示意图

1—地线滑车；2—9 号防扭钢丝绳；3—φ6 迪尼玛绳；4—"一牵二"走板；
5—3t 旋转连接器；6—φ12 锦纶绳套；7—导线放线滑车

当走板到达该基放线滑车前，将备用的 φ12 锦纶绳套由导线放线滑车中穿过，绳头分别由铁塔横担的前后面引到地线支架处。当"一牵二"走板顺利通过每基放线滑车后，应停止牵引。由高处作业人员在走板后将携带的 φ6 迪尼玛绳由走板上拆除，将预先穿好的绳套进行串接并连于走板上。

开始牵引时，利用备用的小棕绳随牵引速度将携带的导引绳放入导线放线滑车中，严禁随意抛扔。

3. "一牵二" 水平分绳法

"一牵二" 水平分绳操作如图 3-22 所示。

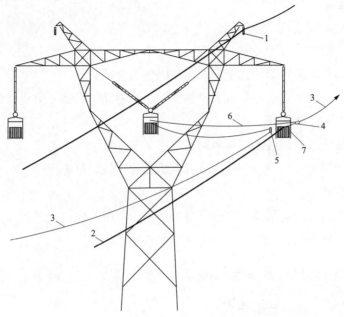

图 3-22　"一牵二" 水平分绳操作示意图

1—地线滑车；2—9 号防扭钢丝绳；3—ϕ6 迪尼玛绳；4—"一牵二" 走板；

5—3t 旋转连接器；6—ϕ12 锦纶绳套；7—导线放线滑车

4. 双回路铁塔导引绳过渡

双回路铁塔导引绳过渡可采用 "一牵四" 进行铺放。铺放完成后在每基中间塔上进行导引绳移位操作，使各相导引绳进入各相张力放线滑轮中。多轮放线滑车滑门打开示意图如图 3-23 所示。

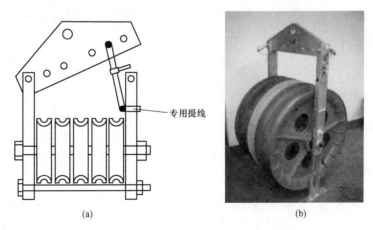

(a)　　　　　　　　　　　　　　(b)

图 3-23　多轮放线滑车滑门打开示意图

(a) 普通滑车滑门打开示意图；(b) 侧开门放线滑车

二、施工准备

(一) 技术准备

(1) 编制导引绳展放施工方案。

(2) 制定合适的施工技术及安全措施。

(3) 架线段内各障碍物清理完毕，满足架线施工要求。

(4) 架线段内各跨越点已办好有关跨越手续，跨越设施安装完毕并经验收合格。

(二) 工器具及材料准备

(1) 使用的牵张机等设备及工器具检查完毕，符合安全使用要求。

(2) 使用的导引绳符合安全使用要求并运输到位，且满足施工需要。

(三) 人员要求

参加施工作业的人员必须经培训合格并持证上岗；施工前必须熟悉施工图纸、作业指导书及施工工艺特殊要求。

三、施工危险点分析及安全措施

(一) 危险点一：高处坠落伤人

(1) 高处作业时应使用安全带，戴安全帽，杆塔上转移作业位置时，不得失去安全带的保护。

(2) 塔上作业人员移动位置时，必须站在连接、紧固好的塔材构件上。

(3) 应使用合格的牵引工器具，严禁超载使用；钢丝绳套严禁以小代大使用。

(4) 加强施工过程中的监护。

(二) 危险点二：高处坠物伤人

(1) 严禁工具、塔材、螺栓等从塔上坠落。

(2) 所使用的工器具、材料等应放在工具袋内，工器具的传递应用绳索。

(三) 危险点三：触电

认真勘察现场情况，确定现场布置和起吊方案，确保拉线、控制绳等工具至带电体的安全距离。

🎬 任务实施

一、实施前工作

(1) 本任务标准化作业指导书的编写。指导学生（学员）完成导引绳展放施工作业指导书的编写。

(2) 工器具及材料准备。根据导引绳展放施工作业指导书，准备施工需用的工器具及材料清单。

（3）办理施工相关手续。工作负责人按规定办理施工作业手续，得到批复后方可进行工作。

（4）召开班前会。

（5）布置工作任务。

（6）工作现场或模拟现场布置。根据作业现场或模拟现场情况合理布置、摆放工器具及材料。

二、实施工作

（一）施工准备

应按已审批的作业指导性文件，对全体施工人员进行技术交底。架线施工通道内各障碍物清除完毕，满足架线施工要求，跨越设施安装完毕并经验收合格。跨越施工已征得被跨越物主单位同意，手续齐全。施工作业前应对通信设备进行实地测试，保证通信联络通畅。

（二）导引绳选定

导引绳宜采用无捻和少捻的钢丝绳、迪尼玛绳，不宜采用普通钢丝绳。通过施工计算的牵引力，确定导引绳及各初级导引绳的种类、规格。

（三）导引绳展放（牵引法）

初级导引绳利用动力伞沿线路方向展放，并落入横担顶部。用人工将初级导引绳放入放线滑车内，初级导引绳牵引次级导引绳，以此类推，最后牵出所需规格导引绳。

（四）导引绳连接

导引绳间的连接使用抗弯连接器，强度等级应与之匹配。连接器能满足通过的放线滑车的要求，一个放线段内每相导引绳放完后应及时将一端锚固，另一端用绞磨收紧，使导引绳升空，避免人为破坏及减少对跨越架的威胁。

三、实施后工作

（1）验收检查。验收检查要点如下：

1）人力铺放导引绳是否偏离线路。

2）导引绳升空前，各接头间连接是否牢固。

3）导引绳有无重叠、交叉及扭绞现象，导引绳余绳部分应呈 S 形铺放。

4）影响导引绳升空的障碍是否已清除。

（2）工作结束，整理现场。

（3）召开班后会。总结工作经验，分析施工中存在的问题及改进方法等。

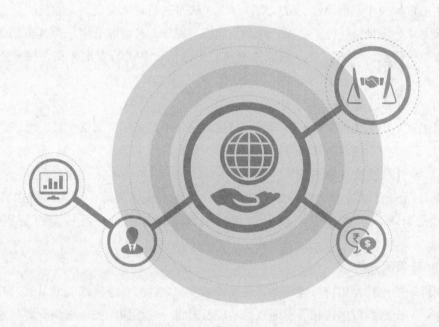

任务评价

本任务评价见表 3-6。

表 3-6　　　　　　　　　　　导引绳展放任务评价表

姓名		学号				
评分项目	评分内容及要求	评分标准		扣分	得分	备注
施工准备 (25分)	施工方案 (10分)	(1) 方案正确。 (2) 内容完整	(1) 方案错误，扣 10 分。 (2) 内容不完整，每处扣 0.5 分			
	准备工作 (5分)	(1) 安全着装。 (2) 场地勘察。 (3) 工器具、材料检查	(1) 未按照规定着装，每处扣 0.5 分。 (2) 工器具选择错误，每次扣 1 分；未检查，扣 1 分。 (3) 材料检查不充分，每处扣 1 分。 (4) 场地不符合要求，每处扣 1 分			
	班前会 (施工技术交底) (5分)	(1) 交代工作任务及任务分配。 (2) 危险点分析。 (3) 预控措施	(1) 未交代工作任务，每次扣 2 分。 (2) 未进行人员分工，每次扣 1 分。 (3) 未交代危险点，扣 3 分；交代不全，酌情扣分。 (4) 未交代预控措施，扣 2 分。 (5) 其他不符合要求，酌情扣分			
	现场安全布置 (5分)	(1) 安全围栏。 (2) 标识牌	(1) 未设置安全围栏，扣 3 分；设置不正确，扣 1 分。 (2) 未摆放任何标识牌，扣 2 分；漏摆一处，扣 1 分；标识牌摆放不合理，每处扣 1 分。 (3) 其他不符合要求，酌情扣分			
任务完成 (60分)	施工准备 (5分)	(1) 跨越设施安装验收。 (2) 现场通信设备实地测试	(1) 跨越设施安装验收不合格，扣 2 分。 (2) 现场未对通信设备实地测试，扣 2 分			
	确定导引绳展放方案 (10分)	导引绳展放方案	(1) 没有导引绳展放方案，扣 5 分。 (2) 导引绳展放方案不正确，扣 2 分			
	导引绳选择及工器具检查 (10分)	(1) 选择导引绳。 (2) 检查工具设备	(1) 导引绳选择错误，扣 3 分。 (2) 未检查工器具，扣 3 分			
	导引绳展放 (15分)	(1) 导引绳展放方法。 (2) 导引绳展放操作	(1) 导引绳展放方法不正确，扣 5 分。 (2) 导引绳展放操作不符合规范，每处扣 2 分			
	导引绳连接 (10分)	(1) 导引绳连接方法。 (2) 导引绳连接操作	(1) 导引绳连接方法错误，扣 5 分。 (2) 导引绳连接操作不符合规范，扣 2 分			

续表

评分项目		评分内容及要求	评分标准	扣分	得分	备注
任务完成 (60分)	质量验收 (5分)	整体安装检查	安装不符合规范要求，每处扣2分			
	整理现场 (5分)	整理现场	(1) 未整理现场，扣1分。 (2) 现场有遗漏，每处扣1分。 (3) 离开现场前未检查，扣1分			
基本素质 (15分)	安全文明 (5分)	(1) 标准化作业。 (2) 安全措施完备。 (3) 作业现场规范	(1) 未按标准化作业流程作业，扣1分。 (2) 安全措施不完备，扣1分。 (3) 作业现场不规范，扣1分			
	团结协作 (5分)	(1) 合理分工。 (2) 工作过程相互协作	(1) 分工不合理，扣1分。 (2) 工作过程不协作，扣1分			
	劳动纪律 (5分)	(1) 遵守工地管理制度。 (2) 遵守劳动纪律	(1) 不遵守工地管理制度，扣2分。 (2) 不遵守劳动纪律，扣2分			
合计	总分100分					
任务完成时间：		时　　　　分				
教师						

学习与思考

(1) 导引绳的主要类型有哪些?

(2) 说出导引绳展放施工危险点及防范措施。

(3) 编制导引绳展放施工作业指导书。

任务五 张力放线施工

任务描述

张力放线是张力放线架设导线施工中非常重要的一个工序。

本学习任务主要是完成张力放线施工方案的编制，并实施张力放线施工任务。

任务目标

了解张力放线的技术特点，熟悉张力放线施工现场布置，掌握张力放线施工操作方法，熟悉张力放线牵引绳、导线以及地线的展放方法，明确施工前的准备工作、施工危险点及安全防范措施，并依据相关线路施工验收规范，编制并实施张力放线作业指导书。

任务准备

一、知识准备

在架线施工中，导、地线的展放是在牵张场布置、滑车悬挂、跨越架安装、导引绳展放完毕后进行的一项重要工作，是架线工序中最关键的一个步骤。

（一）牵张场的现场准备

1. 牵引场的布置及准备工作

牵引机尽量布置在选定的牵引场桩号位置所在档距的1/2顺线路的中心线上，过轮临锚对地夹角不大于20°，保证牵引机出口的仰角在15°以下。

牵引场的准备工作有：

（1）机械固定。牵引机进场、就位、锚固、接地。

（2）穿绳工作。牵引绳绕上牵引轮并固定在绳盘上。

（3）小张力机。锚固、固定牵引绳盘、穿牵引绳连接。

（4）其他工作。调试通信、安装接地等准备工作。

2. 张力场布置及准备工作

张力机布置在选定的张力场桩号位置所在档距的1/2顺线路的中心线上，过轮临锚对地夹角不大于20°，保证张力机出口的仰角在15°以下。

张力场的准备工作有：

（1）机械固定。张力机进场、就位、锚固、接地，以及固定线盘尾车、吊装导线线盘就位到线盘尾车架上。

（2）穿引导线。用尼龙绳将导线引入各自的张力轮。

（3）连接走板。牵引绳、走板、导线用旋转连接器按顺序固定连接，如图3-24所示。

（4）小牵引机。锚固、固定导引绳盘、穿导引绳连接。

（5）接地滑车。每一根导线上安装一组。

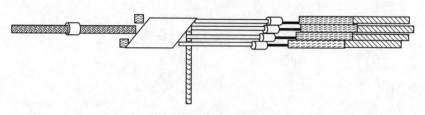

图 3-24　走板连接示意图

（6）指挥设备。张力场设置指挥台，配备车载式报话机一部，配备扩音器及高音喇叭、望远镜。

（7）监视人员。牵张放线区段内沿途各桩号、重要交叉跨越处、转角耐张塔均需设置信号员或监视员，各配备手持式报话机一部。张力机出口至放线轴架段需设专人监护导线。

（8）通信指挥。由张力场指挥台统一指挥、呼叫，沿途各信号员应答，发生意外情况时信号员可以紧急呼叫停车，然后由指挥负责人处置（牵张机司机牵引放线时，必须佩戴监理耳机）。

（9）其他工作。调试通信、辅助接地等准备工作。

3. 导线上扬的处理措施

如放线滑车的垂直档距较小或等于零，则该放线滑车的线绳上扬。导引绳、牵引绳上扬，用单轮钢质压线滑车压绳。小转角及无转角耐张塔导线上扬，用专用压线放线滑车压线或以倒挂放线滑车压线。倒挂滑车时应拆掉滑车横梁板，使牵引板能直接通过，如图 3-25 所示。

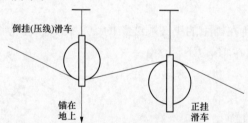

图 3-25　控制导引绳、导线上扬的
压线滑车布置图

（二）牵引放线施工

牵引放线作业开始必须具备的条件是：施工组织落实，准备队和放线队已经开展工作；张力架线的施工准备工作必须全部就绪或正在就绪。牵引放线施工按以下工序展开。

1. 展放导引绳

（1）导引绳的布线长度为牵张放线区段长度的 1.2～1.3 倍，按每盘长度 800～1200m 分段布线，人力展放，展放时要沿各相导线的线路方向展放，不得相互交错。分段之间的导引绳用钢绳连接器连接，导引绳通过五轮滑车的中间钢轮，采用 $\phi 10$ 棕绳引渡。放通后导引绳分别与小牵张机系统连接。不能连续作业时，导引绳放通后临锚，应保持对地 6m 距离。导引绳临锚时采用随机所带的 $\phi 15$ 钢绳卡线器。

（2）导引绳为编织无扭结构，使用中不得打背扣或做起重绳用；连接器不得有断裂、变形等；各段导引绳的连接必须有专人负责，连接应牢固可靠。导引绳盘放在专用的绳盘上，绳盘采用专用的拖架，绳盘和拖架在使用中不得野蛮装卸以防止变形。

（3）导引绳经过跨越架时，用小绳引渡；通过带电跨越架时，必须用 $\phi 14 \times 80m$ 绝缘绳引渡，并注意将接头连接牢固。导引绳展放完毕后，及时升空锚固，沿线监视人员应注意余线（防止金钩）以及树木、岩石、跨越架等是否被挂住等现象。

（4）导引绳展放完毕后，应将所有空盘送回张力场，以备回收导引绳用。主要工器具见表3-7。

表3-7　　　　　　　　　　　　　　　　主要工器具

序号	名称	规格	单位	数量	备注
1	导引绳盘	—	个	6～8	
2	小绳	$\phi 14 \times 100m$	根	3	
3	导引绳连接器	5t	个	25	
4	导引绳放线架	—	个	3	
5	直梯	8m	个	3	

2. 导引绳牵引牵引绳

导引绳牵引牵引绳时通过小张力机、小牵引机进行"一牵一"施工。导引绳牵引牵引绳如图3-26所示。

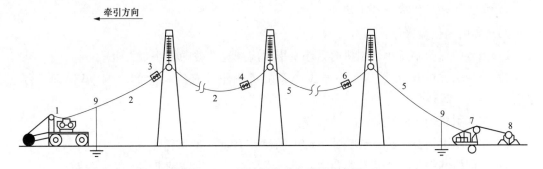

图3-26　导引绳牵引牵引绳示意图

1—小牵引机；2—导引绳；3—30kN抗弯连接器；4—80kN旋转连接器；5—牵引绳；
6—80kN抗弯连接器；7—小张力机；8—牵引绳盘架；9—接地滑车

（1）施工方法如下：

1）在张力场按要求将导引绳缠绕于牵引机牵引轮，并将绳头与导引绳空盘连接固定。

2）在牵引场按要求将牵引绳在小张力机张力轮缠绕后，将牵引绳头引出，经15t旋转器与导引绳头连接牢固。

3）分别在小牵引机、小张力机前方的导引绳、牵引绳上装设钢质接地滑车，并插好接地体。

4）开始牵引牵引绳前，指挥人员应进行下列检查：遗留问题是否处理完毕，监护及操作点人员是否就位；各监护点通信设备是否完好，通信是否清晰；牵张机锚固是否牢固，各部转动是否正常；导引绳是否在放线滑车中轮，上拨塔位压线滑车是否已装好，接地线是否安装妥善。当一切检查无误后方可进行牵引。

5）牵张机的任何一次启动，必须得到现场总指挥的通知，指令不清楚时，应询问清楚。启动的程序是：先启动张力机，后启动牵引机；停机的程序是：先停牵引机，后停张力机。

6）开始牵引时应以慢速牵引，待整个区段内导引绳余绳抽完，牵引绳带上张力后，停止牵引。指挥人员应询问跨越档、近地档、转角塔及各监护点的运行情况，一切正常后再继续牵引。当牵引绳与导引绳接头通过首基塔位后，可将牵引速度控制在 40～60m/min。牵张机的牵张力按各区段施工作业图纸控制。

7）牵引机司机接到任何点的停机信号，均应立即停机，并在停止操作后马上报告现场指挥，以通知张力机司机。

8）牵引绳展放完毕后，在牵张场两端用专用卡具进行临锚，以保证牵引绳对地及跨越物的距离。

（2）牵引绳换盘操作：

1）绳盘上剩余一层时，应通知小牵引机减速，当牵引绳盘剩余 6～7 圈时，停止导引绳牵引，在小张力机前将牵引绳临锚。

2）人力回松绳盘，将空盘取下，装上满盘牵引绳。

3）用钢绳连接器将两条牵引绳连接好，人力回盘收紧到满盘上。

4）启动小牵引机继续牵引作业。

（3）导引绳换盘操作：

1）当导引绳头临近小牵引机时，小牵引机应减速，并通知小张力机。

2）当导引绳的连接器和绳头通过小牵引机张轮并在绳盘上缠绕 5～6 圈时，停止牵引。

3）在牵引机前 30m 处将导引绳临锚。

4）回松牵引绳盘，拆开连接器，卸下满盘导引绳，换上空盘。

5）将回松的导引绳缠绕在空盘上，继续牵引受力，拆除辅助牵引绳卡线器。

两个换盘操作的关键是：回松的绳头要带上尾部张力，防止太松造成事故。一般情况下，当钢绳抗弯连接器钢丝绳头的插接部分直径较大时，在进入牵引轮的半周中产生变径，可能发生跑线事故。这种情况多发生在后张轮第三槽，采用辅助牵引可以减小牵引张力。辅助牵引可以采用 3t 的机动绞磨代替。

（三）地线展放

（1）利用展放导引绳，用"一牵一"小牵引机展放地线，展放方法与牵放牵引绳相同，采用集中压接法进行直线管压接。

（2）跨耐张段紧线，以各自耐张段的紧线应力进行弛度观测。

（3）耐张塔高空平衡挂线。

（4）直线塔使用专用提线器附件安装，附件安装见金具串组装图。

（5）人力出线安装防振锤。

（四）牵引绳牵引导线

牵引绳牵引导线采用"一牵四"施工工艺。施工准备工作及平面布置工作已经完成，牵张机械就位，牵引绳有一相已经放通并临锚在张力机前，另一相正在进行牵放。

张力展放导线如图 3-27 所示。

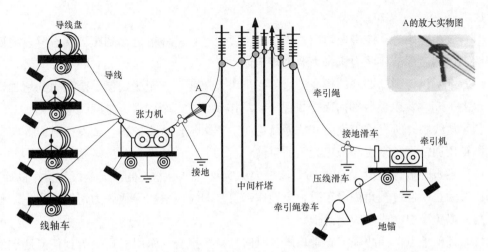

图 3-27 张力展放导线示意图

1. 牵张场准备

(1) 牵引场准备:

1) 牵引绳放通后,将工作中的牵引绳头引入主牵引机牵引轮缠绕,将绳头引入并固定于牵引绳空盘上,然后收紧余绳。

2) 在牵引机前的牵引绳上装好钢质接地滑车,并注意先接好接地线。

3) 调节固定牵引机的链条葫芦,锚固好机身。

(2) 张力场准备:

1) 将计划展放的四盘导线分别吊装在已布置好的导线轴承上,导线轴架应用角钢临锚固定。

2) 以四根 $\phi22$ 白棕绳为导引绳,将其一头与导线分别在主张力机的张力轮上缠绕 5 圈,导线入轮和缠绕的方向为左进右出。

3) 用人力拉住导引绳头,慢速启动张力机,托出四盘导线的线头,将导线头引出张力机 6~8m。托线头时,四个线头应尽量等长。

4) 导、地线端头和牵引板连接处,可采用牵引管或网套连接器。采用网套连接器时,与导线连接的网套连接器尾部用铁丝盘绕绑扎,每道绑扎 20 圈,两道间距 150mm 左右,其连接应达到网套连接器的强度要求。

5) 将四个锁紧的网套连接器分别经 3t 旋转器与走板相连,走板的另一端经 15t 旋转器与牵引绳相连。

6) 分别在每根导线上装好铝质接地滑车,连好接地体。

7) 调整主张力机锚固绳,检查临锚状态。

2. "一牵四" 张力放线

(1) 对张牵机的张力、牵引力按规定的张力、牵引力整定值进行整定。

(2) 牵张机受力后,拆除牵张场的牵引绳临锚。

(3) 张力放线前,应检查各监护点人员的到位情况和通信联络情况,一切正常后再准备牵放。

（4）放线开始时，应慢速牵引，当走板将要通过首基杆塔运动到爬坡状态时，将四根导线调平，然后逐渐将张力机张力调到规定值。

（5）牵引机得到已调平的指令后，可逐步增大速度，直至规定值。牵引力的增加，每次不得大于 5kN，以免因冲击而造成保护误动作和导线、牵引绳大幅度跳动。

（6）放线中，所有监护人员和信号员均应坚守岗位，认真监护，传发信号应简练、清晰，不得用通信设备发送与施工无关的事情。

（7）走板临近杆塔滑车 50m 时，监护人员应及时向指挥人员预报走板与滑车的距离，直到通过为止；通过转角塔滑车时，应慢速牵引，同时应根据导线张力情况，预先调整滑车偏角，以免牵引绳或导线出滑槽。

（8）任何地点发现故障或异常均应及时向总指挥报告，牵引机司机听到任何地点发出的停机要求均应立即停机，并通知张力机停机，故障排除后先通知张力机司机，再准备牵放。

3. 牵引绳换盘操作

当牵引绳的连接器到达牵引机前时停止牵引。

（1）在牵引机前 30m 处安装辅助牵引后同时启动牵引机和辅助牵引，使连接器通过牵引机张轮。

（2）当连接器和绳头在绳盘上缠绕 5～6 圈时，停止牵引，并通知张力机司机停机。

（3）回松牵引绳盘，拆开连接器，卸下满盘牵引绳，换上空盘。

（4）将回松的牵引绳缠绕在空盘上，继续牵引受力。拆除辅助牵引绳卡线器。回松的绳头要带上尾部张拉力。

4. 导线换盘操作

导线轴架上的任一盘导线，当展放到最后一层时，应通知牵引机减速，线盘剩余的导线在 5～6 圈时开始进行导线换盘操作。

（1）停止牵引，张力机制动（先停牵引机，后制动张力机）。

（2）在张力机前、锚线后倒出线盘上的余线，地上应铺有防护物，防止磨线。

（3）取下空盘，换上满盘导线盘，将两个线头用双龙套连接，把余线回盘至满盘导线盘上；恢复线轴制动，拆除机前临锚。

（4）打开张力机制动，牵引机缓慢牵引，使导线接头至压接的位置，停止牵引，张力机制动。

（5）将要压的导线在机前临锚，张力机启动，使导线松弛落地，进行压接作业。

（6）拆除临锚，拆除的方法是：张力机回盘导线，临锚拆除后，打开张力机制动，继续牵引。

如果四根导线等长，换盘操作可以同时进行。如果四根导线不等长，换盘操作将分多次进行，从而影响放线的速度和工作进度。因此，张力放线时要求导线每盘线的长度应基本相等，这是提高牵张放线工作周期的关键。对等长导线的线头连接，应相互错开 1～3m，以减小压接管保护套过滑车时的冲击力。

（五）导线线端临锚

当一相导线牵放完成，在牵张场同时做线端临锚。临锚时应在卡线器后用 600mm 胶管对导线进行保护。设置线端临锚的规定如下：

（1）导线展放完毕后，放线段的两端导线必须临时收紧连接于地锚上，保持导线对地面有一定的安全距离。这种锚线称为线端临锚。

（2）线端临锚的水平张力不得超过 2.2t。线端临锚还将作为紧线临锚用，因此线端临锚的设计受力应为最大紧线张力。

（3）线端临锚的调节装置应对每条子导线单独设置，但地锚可以共用，其构成如图 3-28 所示。

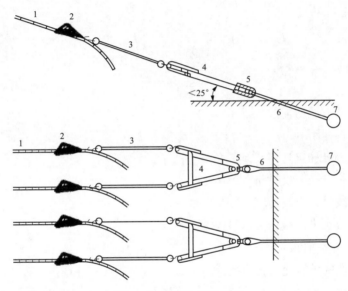

图 3-28　线端临锚示意图

1—导线；2—卡线器；3—60kN 手扳葫芦；4—100kN 铺线架；5—M36 卸扣；6—地锚钢丝绳套；7—钢管或钢板地锚

1）线端临锚的四条导线的卡具位置应相互错开，以免松线时相互碰阻摩擦。

2）卡线器尾部一段导线上应套上胶管，防止损伤导线。

3）为防止子导线间相互鞭击损伤导线，临锚时各子导线应有适当的张力差，使子导线相互错开排列。

4）临锚时导线对地夹角不应大于 20°，锚线后的导线距离地面不应小于 5m。

5）一根导线若不能当天放完，应做好牵引绳、导线的锚固工作，并设专人看管。

（六）连续直通放线时走板过转角滑车

（1）直线转角和耐张转角滑车的滑车预偏，经计算确定，用钢绳将五轮滑车控制到预偏角度。

（2）当走板接近转角滑车时以 15m/s 的速度牵引，待走板正常通过转角塔 30m 后再提速牵引。

（3）牵引绳掉槽、走板翻转时应停止牵引，安排人妥善处理。

（七）张力放线施工计算

为了保证张力放线施工的顺利进行，放线质量应符合设计要求，放线前必须进行张力放线的施工计算。确定放线张力是张力架线施工设计的重要内容，是选定张力放线牵张机械等设备的理论依据。

1. 布线时线长计算

张力放线布线一般采用连续布线法，即放线区段按展放累计线长使用导线线轴。第一相放完后，将导线切断，余线接着用于第二相，依次类推，直到放完各相再将余线转入下一阶段。布线时必须对线长进行计算，要严格控制压接管位置，杜绝压接管在不允许的接头档或直线塔悬垂夹 5m 以内，尽量减少短线头。此外，应严格控制压接管数量。布线时线长按式（3-22）计算：

$$L_i = \frac{l_i}{\cos\varphi_i} + \frac{\omega^2 l_i^3}{24H_i^2} \tag{3-22}$$

$$\varphi_i = \arctan\frac{\Delta h_i}{l_i} \tag{3-23}$$

式中　L_i——线档放线所需线长（m）；

　　　l_i——线档档距（m）；

　　　φ_i——线档悬挂点连接线倾斜角（°）；

　　　ω——单位导线长度重量（N/m）；

　　Δh_i——导线悬挂点高差（m）；

　　　H_i——导线水平放线张力（N）。

2. 张力放线相关计算

（1）每个线档的导线允许张力按式（3-24）～式（3-26）计算：

$$T_P = \frac{Gl_1 l_2}{2f_P \cos\alpha} \tag{3-24}$$

$$f_P = H_1 - (h_1 - h_2) - \frac{l_1}{l_1 + l_2}(H_1 - H_2) \tag{3-25}$$

$$\alpha_1 = \arctan\left(\frac{H_2 - H_1}{L}\right), \alpha_i = \arctan\left(\frac{H_{i+1} - H_i}{L}\right) \tag{3-26}$$

式中　f_P——危险点、被跨点的允许放线最大弛度（m）；

　　　T_P——各放线档的允许放线张力（N）；

H_1、H_2——两杆塔导线悬挂点海拔高度（m）；

　　　h_1——跨越架、地形凸起点等危险点海拔高度（m）；

　　　h_2——跨越架、地形凸起点等危险点要求的净空距（m），一般取 2m；

l_1、l_2——被跨物（地形凸起点等危险点）跨两杆塔之距（m）；

　　　α——导线两杆塔悬挂点高差角（°）；

　　　G——导线单位长度质量（kg/m）；

　　　L——跨越档的档距（m）。

（2）每个线档控制张力按式（3-27）计算：

$$T_K = \frac{G l_1 l_2}{2 f_P} \tag{3-27}$$

（3）出口张力按式（3-28）计算：

$$T_T = \varepsilon^{1-i} T_K - G(h_{悬1} \pm \varepsilon^{-1} h_{悬2} \pm \varepsilon^{-1} h_{悬3} \pm \cdots \pm \varepsilon^{1-i} h_{悬i} - \varepsilon^{1-i} f_i) \tag{3-28}$$

$$f_i = \frac{l_i W}{8 T_K \cos\alpha_i}\left(1 + \frac{2 T_K h_{悬i} \cos\alpha_i}{l_i^2 W}\right) \tag{3-29}$$

式中　　T_T——每个线档逐档推算出的张力机出口张力（N）；

ε——摩擦阻力系数，取 $1.008 \sim 1.015$；

$h_{悬1}$——张力机出口至首基杆塔导线悬挂点间的高差（m）；

$h_{悬2}, \cdots, h_{悬i}$——第 2 基~第 i 基杆塔导线悬挂点间的高差（m），当张力机侧低时取"+"，否则取"－"。

3. 牵引力计算

取放线段最大出口张力计算牵引力：

$$P_H = m[T_T \varepsilon + G(h_{悬1}\varepsilon^n \pm h_{悬2}\varepsilon^{n-1} \pm h_{悬3}\varepsilon^{n-2} \pm \cdots \pm h_{悬n}\varepsilon - h_{n+1})] \tag{3-30}$$

式中　P_H——最大牵引力（N）；

m——子导线的条数。

4. 上扬或压力档计算

$$W_{判i} = \frac{\omega_0}{2}\left(\frac{l_i}{\cos\varphi_i} + \frac{l_{i+1}}{\cos\varphi_{i+1}}\right) + T_{i+1}\left(\pm\frac{h_1}{l_i} \pm \frac{h_{1+1}}{l_{i+1}}\right) \tag{3-31}$$

式中　ω_0——牵引钢丝绳的单位长度重量（N/m）；

T_{i+1}——第 i+1 号线档牵引绳的水平张力，为保证计算安全，使用放线段的最大牵引力代替放线张力。

当 $W_{判i}$ 为负值时说明第 i 号杆塔上扬，为正值时说明第 i 号杆塔不上扬，当其值大于1000 时说明为压力档。

5. 牵引绳规格选择

牵引绳展放时，牵引绳的规格按式（3-32）进行选择：

$$Q_P = 0.6 n T_P \tag{3-32}$$

式中　Q_P——牵引绳综合破断力（N）；

n——牵引绳安全系数；

T_P——导线水平张力（N）。

二、施工准备

（一）技术准备

（1）审查设计图纸，熟悉有关资料。

（2）搜集资料，摸清情况。

（3）熟悉施工图纸，即张力放线施工图纸。

（4）计算每个张力放线区段的布线计划和张力控制值。

（5）编制张力放线施工作业指导书。

(二) 工器具及材料准备

(1) 所用的工器具在定期试验周期内，不得超期使用。

(2) 根据安全文明施工的要求和架线区段内跨越情况，配备相应的安全设施。

(3) 配备作业人员的安全用具。

(4) 对进入施工现场的放线设备、线盘支架、导（牵）引绳和各种连接器具进行清点，检查其外观是否存在缺陷。

(5) 到达现场的设备是否在检定周期内，是否有第三方出具的检测报告书，不得超期使用。

(6) 机械设备操作手应熟知操作程序和操作规程。

(7) 对进入现场的材料应按设计及规范要求进行清点和检验；进行悬垂绝缘子串、耐张绝缘子串检测及地面组装；进行放线滑车检查。

本任务所需工器具见表 3-8。

表 3-8　　　　　　　　　　　　牵引绳展放工器具配置表

序号	名称	规格	单位	数量	备注
1	跨越架	竹竿/钢管	副	—	据情况而定
2	拉线	$\phi 13.5 \times 30m$	条	50	配套丝杠、U形环
3	导引绳	$\phi 15 \times 1000m$	盘	50	
4	旋转连接器	5t	个	12	
5	抗弯连接器	3～5t	个	50	
6	棕绳	$\phi 14 \times 120m$	根	3	
7	滑车	1t	个	3	
8	放线轴	$\phi 40 \times 1.5m$	个	2	
9	放线架	—	个	2	
10	架板	$60mm \times 400mm \times 3m$	块	10	
11	地锚（搭架用）	3t	套	30	埋深1.5m，搭架用
12	抗弯连接器	5t	个	20	
13	绝缘绳	—	m	300	
14	验电笔	10、35、110、220kV	副	各1	
15	断路线	10、35、110、220kV	副	—	据情况而定
16	脚扣	—	副	10	
17	踩板	—	副	10	
18	钢丝绳套	$\phi 13.5 \times 50m$ 拉线	个	20	配套丝杠、U形环
19	手持报话机	—	台	4	
20	牵引绳	$\phi 25 \times 1000m$	km	30	
21	抗振连接器	—	—	—	据情况而定
22	旋转器	14t	个	2	

（三）人员要求

参加施工作业的人员必须经培训合格并持证上岗；施工前必须熟悉施工图纸、作业指导书及施工工艺特殊要求。

三、施工危险点分析及安全措施

（一）危险点一：高处坠落伤人

（1）塔上作业人员移动位置时，必须站在连接、紧固好的塔材构件上。

（2）加强施工过程中的监护。

（二）危险点二：高处坠物伤人

（1）严禁工具、金具等从塔上坠落。

（2）所使用的工器具、材料等应放在工具袋内，工器具的传递应用绳索。

（三）危险点三：触电

认真勘察现场情况，制定相应的安全保护措施，确保放线中的导引绳、牵引绳等保持至带电体的安全距离。张力放线过程中放线滑车同时连接好接地线，以防感应电。

任务实施

一、实施前工作

（1）本任务标准化作业指导书的编写。指导学生（学员）完成张力放线施工作业指导书的编写。

（2）工器具及材料准备。

（3）办理施工相关手续。工作负责人按规定办理施工作业手续，得到批复后方可进行工作。

（4）召开班前会。

（5）布置工作任务。

（6）工作现场或模拟现场布置。根据作业现场或模拟现场情况合理布置、摆放工器具及材料。

二、实施工作

（一）地线展放

（1）以铝包钢线、钢芯铝绞线、钢铝混绞线做地线时，用张力放线方法展放。以钢绞线做地线时，可不采用张力放线方法展放，而使用人力展放。

（2）一般地线牵引绳可用导引绳替代，地线可用导引绳直接牵引。

（3）光缆展放时必须采用张力放线方法进行展放。光缆运抵现场后应进行外观检查，符合要求后方可用于展放。光缆与牵引绳连接时，应有防止光缆旋转的措施，通常用防扭钢丝绳防扭。当线轴中的光缆剩下5～6圈时应停止牵引，在张力机前用光缆专用卡钳器临锚，然后将线轴上的余线退出，用钢绳与光缆尾线相连，以绞磨替代张力机继续牵放到预定位置。

（二）牵引绳展放

用导引绳通过小牵引机和小张力机配合，带张力展放牵引绳。展放牵引绳的操作方法与导线张力放线相同，属于"一牵一"放线方式。牵引绳与牵引绳的连接应使用能通过牵引机卷扬轮的抗弯连接器。

（三）导线展放

（1）导线用张力放线方法展放，按技术部门提供的导线布线图安装线盘，将导线盘入张力轮。缠绕方向应以导线外层绕碾方向为准。

（2）放线前，指挥人员应规定通信频道、工作地点及当天的工作内容，并交代清楚相序、子导线的排列序号等，以便施工人员在放线过程中能准确无误地反映各子导线的动态。导线牵引前应收紧牵张机与其尾车之间的绳线，调整好尾部张力。

（3）张力放线的现场指挥应设在张力场，各岗位按现场指挥的统一指令作业。

（4）牵引时应先开张力机，待张力机刹车打开后，再开牵引机。停止牵引时应先停牵引机，后停张力机。

（5）施工过程中牵张设备操作人员应密切注意设备运转情况，接到任何岗位发出的停机信号时应立即停止牵引机，张力机随后停机，处理完毕后继续作业。

（6）开始牵引前应重点检查以下情况：沿线停电措施是否落实，场地布置和机械设备锚固是否到位，通信联络人员是否到岗，受力系统连接是否牢固可靠，牵引绳是否在牵引轮槽及放线滑车轮槽内。

（7）开始牵引时，牵引速度应缓慢，现场指挥应通知塔后看护人员检查施工区段有无异常情况，调整各自导线张力，使走板呈水平状态。走板牵引至靠近转角塔滑车时，应快速牵引并调整各自导线张力，使走板面与滑轮轴基本平行，以防跳槽。

（8）放线滑车上扬的塔号由专人监护以防跳槽，并准备好处理跳槽的必要工具。

（9）牵引绳牵引导线过转角塔时必须采取措施，防止外角侧放线滑车偏斜与横担相碰。

（10）牵引板过滑车后应重点检查以下情况：牵引板不应翻转，平衡锤不应搭在导线上，导线不应跳槽。

（11）更换牵引轮盘的方法：当牵引绳头进入牵引绳盘3～4圈后应停止牵引，在牵引机与绳盘之间用卡线器锚固牵引绳，拆除刚入绳盘的抗弯连接器，卸下满盘换上空盘，将牵引绳头缠固在新装的绳盘上，转动绳盘收紧牵引绳，卸下牵引绳上临时锚固的卡线器后继续牵引。

（12）更换导线盘的方法：当导线盘上的导线剩下最后一层时，应减慢牵引速度，线盘上导线剩下6圈时应停止牵引。将尾线临时锚固，倒出盘上余线，装上新盘导线，用双头网套将尾线与新线连接，并将余线缠回线盘，继续慢速牵引至双头网套于压接点位置，停止牵引进行压接。

（13）每相的导线展放完毕后，应在牵张场两端进行地面临锚。锚线张力应满足对地及跨越物的安全距离。按锚线张力选配工具及锚桩，锚线与导、地线接触或可能接触的部位应采取导线防磨措施。一相导线展放完毕后在牵张机前将导线临锚，同相各子导线的锚线张力宜稍有差异，使子导线在空间错开，以避免线间鞭击。导线、锚线高度应保证与地面或跨越物的安全距离，锚线应使用挂胶钢锚线。

三、实施后工作

（1）工作结束，整理现场。

（2）召开班后会。总结工作经验，分析施工中存在的问题及改进方法等。

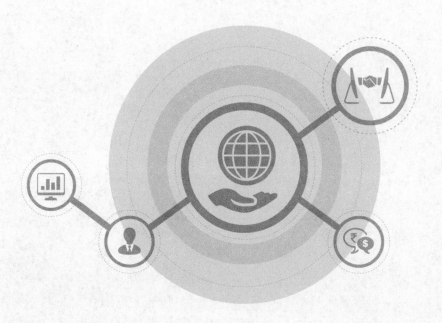

任务评价

本任务评价见表 3-9。

表 3-9   张力放线任务评价表

姓名		学号		扣分	得分	备注
评分项目		评分内容及要求	评分标准	扣分	得分	备注
施工准备 (25分)	施工方案 (10分)	(1) 方案正确。 (2) 内容完整	(1) 方案错误,扣10分。 (2) 内容不完整,每处扣0.5分			
	准备工作 (5分)	(1) 安全着装。 (2) 场地勘察。 (3) 工器具检查	(1) 未按照规定着装,每处扣0.5分。 (2) 工器具选择错误,每次扣1分;未检查,扣1分。 (3) 材料检查不充分,每处扣1分。 (4) 场地不符合要求,每处扣1分。 (5) 设备连接不可靠,每处扣1分			
	班前会 (施工技术交底) (5分)	(1) 交代工作任务及任务分配。 (2) 危险点分析。 (3) 预控措施	(1) 未交代工作任务,每次扣2分。 (2) 未进行人员分工,每次扣1分。 (3) 未交代危险点,扣3分;交代不全,酌情扣分。 (4) 未交代预控措施,扣2分。 (5) 其他不符合要求,酌情扣分			
	现场布置 (5分)	(1) 安全围栏。 (2) 标识牌	(1) 未设置安全围栏,扣3分;设置不正确,扣1分。 (2) 未摆放任何标识牌,扣2分;漏摆一处,扣1分;标识牌摆放不合理,每处扣1分。 (3) 其他不符合要求,酌情扣分			
任务完成 (60分)	地线展放 (15分)	(1) 地线牵引绳展放。 (2) 地线展放。 (3) 地线连接	(1) 地线牵引绳展放不符合规范要求,每处扣2分。 (2) 地线展放不符合规范要求,每处扣2分。 (3) 地线连接不符合规范要求,每处扣2分			
	牵引绳展放 (15分)	(1) 牵引绳选择。 (2) 牵引绳展放	(1) 牵引绳选择不正确,每处扣2分。 (2) 牵引绳展放不符合规范要求,每处扣2分。 (3) 每超过2km牵引绳未加旋转连接器,每处扣2分			

评分项目		评分内容及要求	评分标准	扣分	得分	备注
任务完成 （60分）	导线展放 （20分）	（1）导线展放。 （2）导线更换线盘。 （3）导线地面临锚	（1）导线展放不符合规范要求，每处扣2分。 （2）导线更换线盘不符合规范要求，每处扣1分。 （3）导线地面临锚不符合规范要求，每处扣1分。 （4）其他不符合条件，酌情扣分			
	导、地线展放质量检查 （5分）	（1）导引绳展放质量检查。 （2）地线展放质量检查。 （3）导线展放质量检查	（1）导引绳展放不符合规范要求，每处扣1分。 （2）地线展放不符合规范要求，每处扣1分。 （3）导线展放不符合规范要求，每处扣1分			
	整理现场 （5分）	整理现场	（1）未整理现场，扣1分。 （2）现场有遗漏，每处扣1分。 （3）离开现场前未检查，扣1分			
基本素质 （15分）	安全文明 （5分）	（1）标准化作业。 （2）安全措施完备。 （3）作业现场规范	（1）未按标准化作业流程作业，扣1分。 （2）安全措施不完备，扣1分。 （3）作业现场不规范，扣1分			
	团结协作 （5分）	（1）合理分工。 （2）工作过程相互协作	（1）分工不合理，扣1分。 （2）工作过程不协作，扣1分			
	劳动纪律 （5分）	（1）遵守工地管理制度。 （2）遵守劳动纪律	（1）不遵守工地管理制度，扣2分。 （2）各杆位和跨越处监视人员未接到撤离指令，擅自离开工作岗位，扣3分			
合计	总分100分					
任务完成时间：		时	分			
	教师					

🧠 学习与思考

（1）张力放线有哪些优点？

（2）说出张力放线施工现场布置。

（3）说出张力放线施工工艺流程。

（4）张力放线施工的准备工作包括哪些内容？

（5）张力放线施工的危险点及安全措施有哪些？

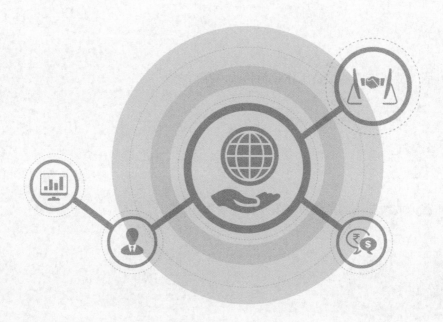

任务六 导、地线连接

📋 任务描述

因导、地线的长度有限，部分新导、地线有缺陷时需断开重接。耐张杆导线跳线安装等都必须进行导、地线连接。导、地线连接是架线施工的关键工序。

本学习任务主要是完成导、地线连接施工方案的编制，并实施导、地线连接施工任务。

📖 任务目标

了解导、地线的结构及类型，熟悉导、地线连接操作方法，明确施工前的准备工作、施工危险点及安全防范措施，并依据相关线路施工验收规范，编制并实施导、地线连接施工方案。

💻 任务准备

一、知识准备

导、地线的连接可分为钳压连接、爆压连接、液压连接。导、地线连接的质量要求主要是满足握着力（不低于拉断力90%）、接触电阻（不得大于等长导体的电阻）、连接点的温升、电晕（超高压输电时应考虑）等内在的质量要求，同时应满足外观质量及一个档内只能有一个接续管的要求。在操作的过程中，最主要的问题就是划印。在连接前应将被连接的部分清洗干净，采用钳压连接或液压连接时还应涂一层导电脂。

（一）钳压连接

钳压连接就是用钳压器把被连接的导线端头和钳压管一起压成具有一定间隔的凹槽，借助于管壁和线材的局部变形获得握着力，从而达到接续的目的，如图3-29所示。

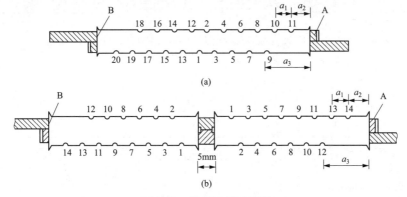

图 3-29 钳压连接示意图

（a）LGJ-95/20 钢芯铝绞线；（b）LGJ-240/40 钢芯铝绞线

A—绑线；B—垫片；1，2，3……操作顺序

（二）爆压连接

依靠敷设于压接管外壁的炸药在爆炸瞬间释放的化学能，给压接管表面数万大气压强的压力，将压接管及穿在压接管内的导、地线线头强力压缩，产生塑性变形，获得握着力，从而达到接续的目的，如图 3-30（a）所示。爆压连接的质量要求除握着力要大于导地线计算拉断力的 95% 以外，还应满足其对烧伤面积等的特殊要求（在进行爆压连接时须对导线进行保护），如图 3-30（b）所示。对于不能满足要求的应割断重接，其操作工艺有割线、清洗、爆压管涂保护层、包药和裁药、划印、剥线和穿线、引爆、整理及检验等。

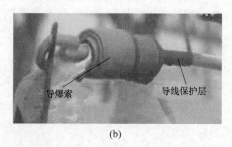

(a)   (b)

图 3-30　爆压连接示意图

（a）采用爆压连接直导线；（b）采用爆压连接耐张线夹

（三）液压连接

液压连接和钳压连接的原理相似。液压的握着强度较钳压的要大得多，因而它主要用于大档距、大导线的接续。一般在 240mm² 及以上的钢芯铝绞线、35~70mm² 的钢绞线、185mm² 及以下的铝包钢绞线的直线接续，耐张线夹以及跳线线夹的连接等，都应采用液压的方式进行连接。图 3-31 所示为直接接续的钢芯铝绞线钢芯对接式钢管液压施工顺序示意图。图 3-32 所示为直接接续的钢芯铝绞线钢芯对接式铝管液压施工顺序示意图，图 3-33 所示为导线液压连接后现场测量对边距。

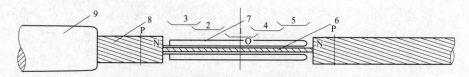

图 3-31　直接接续的钢芯铝绞线钢芯对接式钢管液压施工顺序示意图

1~5—压接顺序；6—钢芯；7—钢管；8—铝线；9—铝管

图 3-32　直接接续的钢芯铝绞线钢芯对接式铝管液压施工顺序示意图

1~6—压接顺序；7—钢芯；8—已压钢管；9—铝线；10—铝管

1. 液压连接工艺

以超高压液压泵为动力的压接机，配套相应压接模具对导、地线及压接管进行满足使用要求的连接，此作业过程称为液压连接工艺，简称压接。

2. 正压

对于接续管，正压是指从接续管的压接中间标记向两侧逐模施压的压接顺序；对于耐张线夹，正压是从钢锚拉环侧跨过不压区向管口方向逐模施压的压接顺序。

图 3-33　导线液压连接后现场测量对边距

3. 压接管

压接管是指用金属材料制成的适合采用导、地线液压连接的金具，包括接续管钢管、接续管铝管、耐张线夹的耐张钢锚和耐张线夹的铝管等。

4. 压接模具

对边距 S_m 和压口长 L_m 按式（3-33）和式（3-34）设计：

$$S_m = (0.86D)_{-0.2}^{-0.1} \tag{3-33}$$

$$L_m = \frac{kP}{HBD} \tag{3-34}$$

式中　P——压接机工作压力（N）；

　　　k——压接机使用系数，1000kN 和 1250kN 压接机取 0.09，2000、2500kN 和 3000kN 压接机取 0.08；

　　HB——压接管材料的布氏硬度，钢压接管取 133，铝压接管取 25；

　　　D——压接管标称外径（mm）。

5. 压接作业指导书

压接作业指导书包括以下内容：

（1）导地线的规格型号及有关参数。

（2）接续管及耐张线夹的结构尺寸。

（3）压接应达到的额定工作压力。

（4）导、地线和压接管的定位印记尺寸。

（5）耐张线夹钢锚环与铝管引流板相对位置的要求。

（6）压接机型号及压接模具规格。

（7）压接管压后的尺寸和测量方式等有关规定。

（8）施工流程和工艺设计。

（9）其他特殊要求。

（四）一般规定

（1）液压连接施工是架空送电线路施工中的一项重要隐蔽工序，操作人员必须经过培训并考试合格，持有操作许可证方能进行操作。操作时应有指定的质量检查人员在场进行监督。

（2）不同规格和不同绞制方向的导、地线严禁在一个耐张段内连接。

（3）液压连接的导、地线的端部在割线前应将线调直，并加防止散股的绑线。切割断面应与轴线垂直，在铝合金芯铝绞线切断铝股时，严禁伤及铝合金芯。

（4）液压连接时所使用的钢模应与被压管相配套，钢模型号为液压管外径。凡上模与下模有固定方向时，钢模应有明显标记，不得放错。液压机的缸体应垂直于地面，并放置平稳。

（5）液压管放入下钢模时，位置应正确。检查定位印记是否处于指定位置，双手把住管、线后合上模，此时应使导线或地线与压接管保持水平状态，并与液压机轴心相一致，以避免管子受压后产生弯曲，然后开动液压机。

（6）液压机的操作必须使每模都达到规定的压力（75MPa），施压时应使每模达到额定工作压力后维持 3～5s，而不以合模为压接完成的标准；且每模压接应连续完成，不应断断续续。

（7）施压时相邻两模至少应重叠 5mm。

（8）各种液压管在第一模压好后应检查压后对边距尺寸，符合标准后再继续液压连接操作。

（9）对钢模应进行定期检查，如发现有变形或磨损现象，应停止或修复后使用。

（10）当压接管压完后有飞边时，应将飞边锉掉，采用铝管时应锉为圆弧状，同时用细砂纸将锉过处磨光。管子压完后因飞边过大而使对边距尺寸超过规定值时，应将飞边锉掉后重新施压。

（11）钢管压后凡锌皮脱落者，不论是否裸露于外，皆涂富锌漆以防生锈。

（12）导、地线直线管及补修管压接完毕后，对张力放线时需过滑车的压接管必须使用压接管保护钢套进行保护，对升空档不过滑车的压接管则不需使用保护钢套。

二、施工准备

（一）技术准备

（1）审查设计图纸，熟悉有关资料。

（2）搜集资料，摸清情况。搜集技术经验资料，深入实地摸清施工现场情况。

（3）编制施工作业指导书。

（4）熟悉施工图纸，即张力架线施工图，以及导、地线接续验收规范。

（二）工器具准备

（1）所用的工器具在定期试验周期内，不得超期使用。

（2）配备作业人员测量和检查所需的计量工器具。

（三）材料准备

对进入现场的材料应按设计及规范要求进行清点和检验；对导线、地线（光缆）、接续管、压接钳等进行检查。

（四）人员准备

参加施工作业的人员必须经培训合格并持证上岗；施工前必须熟悉施工图纸、作业指导书及施工工艺特殊要求。

三、施工危险点分析及安全措施

（1）液压机使用前，应检查液压钳体与顶盖的接触口，液压钳体有裂纹者严禁使用。

（2）切割导线时，线头应扎牢，并防止线头回弹伤人。

（3）液压机启动后，先空载运行检查各部位运行情况，正常后方可使用；压接钳活塞起落时，人体不得位于压接钳上方，防止压接钳上盖向上弹出伤人。

（4）液压机用的工作油应清洁，不得含有泥沙等脏物，工作前要充满液压油。

（5）放入顶盖时，必须使顶盖与钳体完全吻合；严禁在未旋转到位的状态下压接。

（6）液压泵操作人员应与压接钳操作人员密切配合，并注意压力指示，不得过载。

（7）液压泵的安全溢流阀不得随意调整，并不得用溢流阀卸荷。

（8）液压连接时，扶线人位于压钳的侧面，并注意手指不得深入压模内。

（9）高空压接时，操作平台内机械设备及材料必须固定牢靠，防止脱落伤人及设备损失；操作平台与高空临锚钢绳或导线等连接固定必须可靠，并固定在多根线绳上；导线必须有防跑线的措施；高空操作人员的安全绳连接在铁塔上，并不得与平台、线绳交叉。

📹 任务实施

一、实施前工作

（1）本任务标准化作业指导书的编写。指导学生（学员）完成导、地线连接施工作业指导书的编写。

（2）工器具及材料准备。

（3）办理施工相关手续。工作负责人按规定办理施工作业手续，得到批复后方可进行工作。

（4）召开班前会。

（5）布置工作任务。

（6）工作现场或模拟现场布置。根据作业现场或模拟现场情况合理布置、摆放工器具及材料。

二、实施工作

（一）施工检查

（1）对所有导线接续管及耐张压接管、跳线线夹进行外观检查，不得有弯曲、裂痕、锈蚀等缺陷。出厂后管外径并非标准，应用精度为 0.02mm 的游标卡尺测量受压部分的内外直径，用钢尺测量各部分尺寸，并将数据填入隐蔽工程签证单压接管施工检查及评级记录。

（2）检查导线的型号、规格及结构，应与设计图纸相符，且符合国家标准要求。

（3）压接铝管和压接钢管的液压机出力为 200t，液压连接前检查液压设备是否完好，能否保证正常操作。对油压表必须进行定期校核，做到准确可靠。

（4）压接前应检查所用钢模是否与液压管相匹配，防止用错。同时，要求压接时每后一模必须重叠前一模 1/3。

（二）导线的断线

（1）确认导线的相别和线别后，将导线掰平直，待其平整完好；同时与管口相距的 18m 内不存在必须处理的缺陷。

（2）割线前，在端部绑铁线，防止线端松散；切割时，断口面应与其轴线垂直。

（3）切割时用剥线刀或钢锯，不得用大剪刀或电工钳。切割铝合金芯铝绞线的内层铝股时，严禁伤及铝合金芯，其方法是先割到铝股直径的 3/4 处，再逐根掰断。

（三）清洗

（1）对所用的接续管及耐张线夹，应用汽油清洗管内壁的油垢，并清除影响穿管的锌疤和焊渣。短期不使用时，应将管口临时封堵，并用塑料袋封装。

（2）铝合金芯铝绞线的液压部分穿管前应用汽油清除其表面油垢，清除的长度相对先套入铝管端不应短于铝管套入部位，对另一端不应短于半管长的 1.5 倍。

（3）导线表面氧化膜的清除及涂刷导电脂操作：涂导电脂的范围为铝线进入铝管的压接部分；将外层铝线清洗并干燥后，再将导电脂薄薄地均匀涂上一层，将外层铝股覆盖；用钢丝刷沿导线轴线方向对已涂导电脂部分进行擦刷，擦刷范围覆盖到压后与铝压接管接触的全部铝线表面。

（4）待外层铝股用汽油清洗并干燥后，均匀涂上 801 号导电脂并用细铜丝刷清刷表面氧化膜，保留导电脂进行压接。

（5）清洗后，各种规格的接续管、耐张线夹应分类存放，并挂标识牌。

（四）划印

（1）压接管用汽油清洗干净后，做好管的编号和管外径的测量，再划定位印记。定位印记的尺寸视液压管实测长度而定，划印位置详见压接操作步骤。

（2）对于铝合金芯铝绞线接续管，先在铝股表面划第一次定位印记，待小钢（铝）管压接完成后，在铝股表面划铝管管口的第二次定位印记。

（3）定位印记划好后，应立即进行尺寸复查，以确保正确无误。

（五）接续管压接

（1）测量接续管长度。用钢卷尺测量铝接续管的长度。铝接续管内部衬管的实长为 L_1，铝接续管的实长为 L_2，如图 3-34 所示。

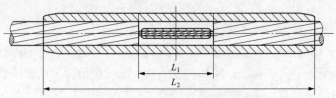

图 3-34　铝接续管长度的测量

（2）绑扎和切割标记。用钢卷尺分别自导线端面向内侧量取 $L_1+L_2+\Delta_2L+50\text{mm}$，划绑扎标记于 P_1；量取 $L_1/2+\Delta_2L+20\text{mm}$，划绑扎标记于 P_2；量取 $L_1/2+\Delta_2L$，划切割标记，正压时导线两端的切割标记为 B_1，倒压时切割标记为 B_2，如图 3-35 所示。

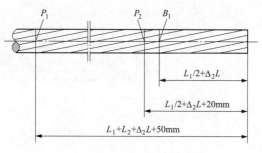

图 3-35　绑扎和切割标记示意图

（3）套铝接续管。在 P_1 处将绞线旋紧绑扎牢固，将接续管顺铝管绞线旋紧绑扎牢固，将接续管顺铝线绞制方向旋转推入，使其左端面至绑扎 P_1 处。

（4）剥铝线。在 P_1、P_2 处将导线旋紧绑扎牢固后，用切割器（或手锯）在切割标记处分层切断各层铝线。切割内层铝线时，应采取不伤及铝合金芯的具体措施。用切割器切割后，在 P_2 处将绞线绑扎紧固，自钢芯端部分别向内侧量取 $L_1/2-\Delta L_1$，划定位标记于 A_1，如图 3-36 所示。

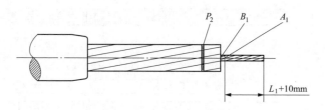

图 3-36　剥铝线划定位标记 A_1

（5）穿铝合金芯管。清洁钢芯，将其顺导线绞制方向向管内旋转推入，并与定位标记 A_1 重合。

（6）穿衬管。衬管压接后，量取 A_1A_1 的中心点于 O_1，自 O_1 点分别向外侧量取 $L_2/2$，划正压定位标记于 A_2；向绞线侧量取 $L_1/2+\Delta L_2$，量取 O_1B_1 为 L_3，量取 O_1B_2 为 L_4，如图 3-37 所示。

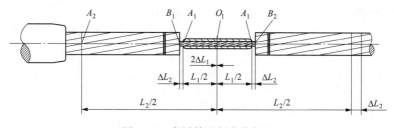

图 3-37　穿衬管及划定位标记

在补涂导电脂后，将铝接续管顺钢绞线绞制方向旋转推入，正压时两端面与 A_2 重合，如图 3-38 所示。

（7）压铝管。检查铝管两端管口与定位印记 A 是否重合，分别自 B 标记向管口端部施压，一侧压至管口后再压另一侧，如图 3-39 和图 3-40 所示。

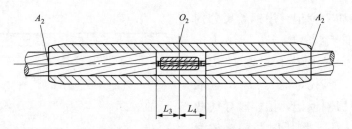

图 3-38 铝接续管正压定位标记

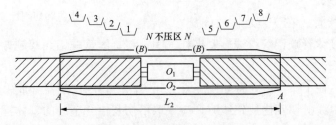

图 3-39 导线接续管铝管压接

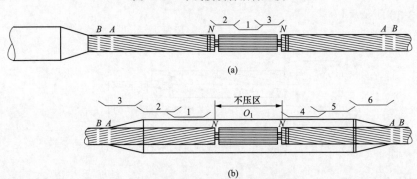

(a)

(b)

图 3-40 导线接续管的压接顺序

（a）导线接续管钢管压接顺序；（b）导线接续管铝管压接顺序

（六）耐张线夹压接

（1）剥铝股。剥铝股割线长度 $ON = L_1 + 20\text{mm}$（L_1 为钢锚凹槽前侧至钢锚管口距离，以压接前实测为准）。

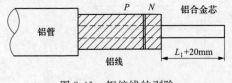

图 3-41 铝绞线的剥除

（2）套铝管。将铝管自导线的一端套入。

（3）穿钢锚。将已剥露的钢芯自钢锚口顺钢芯绞制方向旋转推入，直至钢芯端头触到钢锚底部，管口与铝股预留 $\Delta L = 20\text{mm}$（建议值），如图 3-41 和图 3-42 所示。

（4）压钢锚。第一模自钢锚凹槽前侧开始，然后向管口端连续施压。

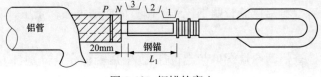

图 3-42 钢锚的穿入

（5）穿铝管。用钢尺测量耐张线夹铝管的全长 L，自 B 点向铝线侧量取 $BA=L+20\text{mm}$，划一定位印记 A；自 A 点向钢锚侧量至铝线端头，使 $AN=L_3$，并记录 AN 的长度。

（6）涂导电脂。按要求涂导电脂，然后将铝管顺铝线绞制方向，向耐张线夹钢锚端旋转推入至绑线，松开绑线 P，继续推入直至耐张线夹铝管两管口分别与铝线及耐张线夹钢锚上的定位印记 A、B 重合为止。重合后，根据记录的 AN 及 BC 长度，将定位印记 N 及 C 移至耐张线夹铝管上。

（七）钢绞线接续管液压

先将钢绞线旋转推入钢管内，直至钢管套的中心，再将另一根钢绞线旋转推入钢管中心，直至两端钢绞线印记处。钢管第一模中心应与钢管中心重合，首先依次向钢管一端施压至管口，然后再压另一侧。

（八）引流管液压

引流管的液压操作顺序：由管底向管口方向连续施压。

（九）补修管压接

用补修管补修导线前，对其覆盖部分的导线表面，应用棉纱将泥土、脏物擦干净，再套上补修管进行压接。

（十）压接检测

各种液压管压后的对边距尺寸 S 的最大允许值为 $S=0.866\times0.993d+0.2\text{mm}$，$d$ 为管外径（mm）。

（1）三个对边距只允许有一个达到该最大值，若超过应更换钢模重压。

（2）压后的管件不应有肉眼可看出的扭曲及弯曲现象，有弯曲时应校直，校直后不应有裂缝出现。对压后的飞边、毛刺应锉平并用 0 号砂纸磨平。

（3）压后铝管的两端涂红铅油，钢管锌皮脱落处须涂环氧富锌漆。

（4）压接过程中应有旁站监理在场监视和测量；施工完毕后，经检验合格，打上操作者钢印代码，填写隐蔽施工及质量验评记录。

三、实施后工作

（1）工作结束，整理现场。

（2）召开班后会。总结工作经验，分析施工中存在的问题及改进方法等。

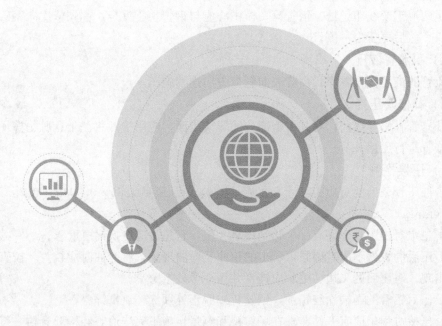

任务评价

本任务评价见表3-10。

表 3-10　　　　　　　　　　导、地线连接施工任务评价表

姓名		学号				
评分项目	评分内容及要求		评分标准	扣分	得分	备注
施工准备 (25分)	施工方案 (10分)	(1) 方案正确。 (2) 内容完整	(1) 方案错误，扣10分。 (2) 内容不完整，每处扣0.5分			
	准备工作 (5分)	(1) 安全着装。 (2) 场地勘察。 (3) 工器具、材料检查	(1) 未按照规定着装，每处扣0.5分。 (2) 工器具选择错误，每次扣1分；未检查，扣1分。 (3) 材料检查不充分，每处扣1分。 (4) 场地不符合要求，每处扣1分			
	班前会 (施工技术交底) (5分)	(1) 交代工作任务及任务分配。 (2) 危险点分析。 (3) 预控措施	(1) 未交代工作任务，每次扣2分。 (2) 未进行人员分工，每次扣1分。 (3) 未交代危险点，扣3分；交代不全，酌情扣分。 (4) 未交代预控措施，扣2分。 (5) 其他不符合要求，酌情扣分			
	现场安全布置 (5分)	(1) 安全围栏。 (2) 标识牌	(1) 未设置安全围栏，扣3分；设置不正确，扣1分。 (2) 未摆放任何标识牌，扣2分；漏摆一处，扣1分；标识牌摆放不合理，每处扣1分。 (3) 其他不符合要求，酌情扣分			
任务完成 (60分)	压模选择及检查 (5分)	(1) 压模选择。 (2) 压模检查	(1) 压模选择方法不正确，扣1分。 (2) 压模未检查，扣1分			
	导线及接续管清洗 (5分)	(1) 导线清洗。 (2) 接续管清洗	(1) 导线未清洗，扣1分。 (2) 导线清洗方法不正确，扣1分。 (3) 接续管未清洗，扣1分。 (4) 接续管清洗方法不正确，扣1分			
	划印 (5分)	划印	(1) 划印不正确，扣1分。 (2) 划印不符合规范要求，扣1分			
	直线接续管压接 (15分)	(1) 穿管。 (2) 钢芯压接。 (3) 铝管压接	(1) 穿管方法不正确，每处扣2分。 (2) 钢芯压接方法不正确，每处扣2分。 (3) 铝管压接方法不正确，每处扣2分			
	耐压接续管压接 (15分)	(1) 穿管。 (2) 钢锚压接。 (3) 铝管压接	(1) 穿管方法不正确，每处扣2分。 (2) 钢锚压接方法不正确，每处扣2分。 (3) 铝管压接方法不正确，每处扣2分			

续表

评分项目		评分内容及要求	评分标准	扣分	得分	备注
任务完成 （60分）	压接尺寸 检查（5分）	压接尺寸检查	压接尺寸不符合规范要求，每处扣 1分			
	检查安 装质量 （5分）	整体安装检查	（1）压接后未进行质量检查，扣2分。 （2）压接质量检查不符合规范要求， 每处扣2分			
	整理现场 （5分）	整理现场	（1）未整理现场，扣1分。 （2）现场有遗漏，每处扣1分。 （3）离开现场前未检查，扣1分			
基本素质 （15分）	安全文明 （5分）	（1）标准化作业。 （2）安全措施完备。 （3）作业现场规范	（1）未按标准化作业流程作业，扣1分。 （2）安全措施不完备，扣1分。 （3）作业现场不规范，扣1分			
	团结协作 （5分）	（1）合理分工。 （2）工作过程相互协作	（1）分工不合理，扣1分。 （2）工作过程不协作，扣1分			
	劳动纪律 （5分）	（1）遵守工地管理制度。 （2）遵守劳动纪律	（1）不遵守工地管理制度，扣2分。 （2）不遵守劳动纪律，扣2分			
合计	总分100分					
任务完成时间：		时　　　　　分				
教师						

🧠 学习与思考

（1）导、地线连接方法有哪几种？

（2）导线压接前的准备工作包括哪些内容？

（3）说出导、地线液压连接施工工艺流程。

任务七 紧 线 施 工

任务描述

紧线施工是张力架线的关键工序。张力放线完工后，需进行紧线施工。

本学习任务主要是完成紧线施工方案的编制，并实施紧线施工任务。

任务目标

了解紧线前的准备工作，熟悉导、地线紧线施工操作流程，明确施工前的准备工作、施工危险点及安全防范措施，并依据相关线路施工验收规范，编制并实施紧线施工作业指导书。

任务准备

一、知识准备

（一）紧线概述

一般以张力放线施工段作为紧线段，以直线塔作为紧线操作塔。

（1）导、地线紧线常采用直线塔紧线和耐张塔紧线两种方式。利用耐张塔紧线时，必须按设计要求设临时拉线。直线塔紧线完毕后，须设过轮临锚和地面临锚；耐张塔紧线采用平衡挂线的施工方法。

（2）光缆盘长一般按耐张段长度生产，两端接头也设置在耐张塔上，紧、挂线也在耐张塔上进行。光缆紧线卡线器采用厂家提供的专用卡线器，卡线器重复使用次数不得超过厂家的规定。

（3）紧线顺序：先紧地线，后紧导线。对单回路导线，应先紧中相线，后紧边相线；对双回路或多回路，则先紧地线，导线按左上线、右上线、左中线、右中线、左下线、右下线的顺序紧线。

（二）紧线施工

1. 直线塔紧线

（1）紧线弧垂达到标准值时，各杆塔上应及时划印，并立即进行地面临锚和过轮临锚，过轮临锚应与地面临锚同时受力。

（2）锚线时，应使紧线操作塔上的印记保持不变。

（3）导线反向临锚应设置在与紧线操作塔相邻的前一基塔上，待该塔安装完线夹后，做反向临锚，反向临锚时应使所有子导线受力均衡。

2. 耐张塔紧线

（1）对孤立档及终端塔宜采用耐张塔紧线方法。

（2）每根子导线应分别使用一组紧线滑车组，各子导线同时收紧，避免紧线过程中子导线互相缠绕。

（3）其他要求同直线塔紧线施工工艺。

（三）弧垂观测

（1）弧垂观测档选择。紧线段在 5 档及以下时靠近中间选择一档；紧线段在 6～12 档时靠近两端各选择一档；紧线段在 12 档以上时靠近两端及中间可选 3～4 档。弧垂观测档宜选择档距较大和悬挂点高差较小及接近代表档距的线档；弧垂观测档的数量可以根据现场条件适当增加，但不得减少。

（2）连续上（下）山坡时的弧垂观测，当设计有规定时按设计规定观测。

（3）对观测档应进行档距和高差复核。

（4）弧垂观测方法一般采用等长法、异长法、角度法或平视法等。在条件许可时，应优先选用等长法。

（5）弧垂观测时的实测温度应能代表导线或架空地线的温度，温度应在观测档内实测。

（6）弧垂调整。弧垂调整方法如下：

1）调整距紧线场最远的观测档弧垂，使其满足弧垂要求；回松导、地线，调整距紧线场次远的观测档弧垂，使其满足弧垂要求；再收紧导、地线，使较近的观测档弧垂合格；依次类推，直至全部观测档弧垂符合要求。

2）同相分裂导线在同时收紧到弧垂接近标准值时，先调整好一根导线的弧垂，然后再逐根调整并找平。

3）找平观测档子导线时，对非观测档的弧垂也应予以监测和找平。

（7）各观测档弧垂调整困难、不能统一时，应检查观测数据；发现弧垂数据混乱时，应放松导、地线重新调整，查明原因后实施。

（8）导线紧线应在同一天完成，同塔双回路等高悬挂的导线紧线也应在同一天完成。

（四）划印

张力架线的划印作业，一般在杆塔上操作。要求观测好一相划一相的印记，且耐张塔及直线塔应同时划印。划印应在紧线段内各弧垂观测档均达到设计值，紧线应力基本不发生变化，且子导线间的不平衡误差在允许范围内后进行。

（1）直线塔划印。在导线悬垂绝缘子串的挂线孔中心位置，用悬挂垂球的方法，使垂球对准任意子导线上划一个记号。如绝缘子串影响垂球悬挂，采用在横担上前后偏移一段距离后挂垂球，在线上做好临时印记，再返回相同距离在线上划印的平移方法。分裂导线时，子导线应利用直角三角尺，将三角尺的一个直角边平行导线，另一个直角边对准已划印点，并在其他子导线上划印，如图 3-43 所示。

（2）耐张塔划印。用一划印板将其一端固定在横担的导线挂孔处，另一端沿线夹角平分线方向伸向导线上方。划印板的另一端悬挂垂球，并对准相应导线挂孔的子导线，分别划印并记录各子导线与相应挂孔之间的高差和水平偏移值，以供计算割线使用，如图 3-44 所示。

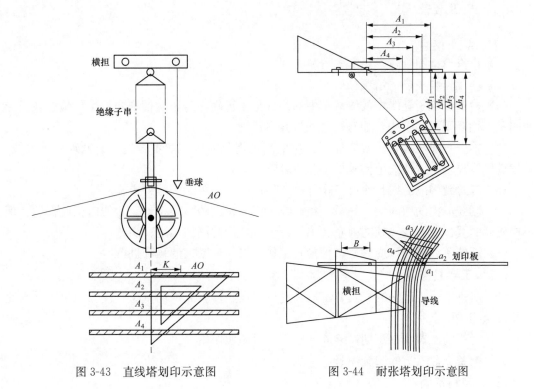

图 3-43　直线塔划印示意图　　　　图 3-44　耐张塔划印示意图

（3）所划印记应正确清晰，并在离大号侧印记向塔身方向最合适距离精确位置上缠包黑胶布，以防印记消失。

（4）紧线段内各杆塔划印完毕，对各子导线做地面临锚，即将所紧各子导线分别锚固在锚线锚桩上，并拆除紧线工器具。

（五）耐张塔平衡挂线

张力架线在耐张塔上是直通而不是断开的。紧线后，在耐张塔上进行割线、压接耐张线夹、连接绝缘子串及挂线等各项作业，这些作业称为耐张塔平衡挂线。耐张塔平衡挂线前应根据划印及其他数据计算每条子导线的割线长度，耐张塔相邻的直线塔不应安装悬垂线夹，相邻的两个线档内不应安装间隔棒。

耐张塔平衡挂线有两种方法：平衡挂线和半平衡挂线。

（1）平衡挂线也称不带张力挂线，挂线所需过牵引量用空中临锚收紧，连接金具到达挂线位置时，空中临锚仍然承受锚固的导线张力。

（2）半平衡挂线也称带张力挂线，分裂导线每次只挂横担一侧一相导线中的一半子导线，再在横担另一侧挂线，以此类推，使横担受力始终不超过一相导线总张力的一半。挂线所需过牵引量由挂线工具收紧，挂线工具承受全部挂线张力。

（3）平衡挂线及半平衡挂线的作业程序：横担两侧进行高空临锚；割线、松线落地；压接耐张线夹；连接绝缘子及金具串；平衡挂线或半平衡挂线；安装其他附件。

二、施工准备

(一) 技术准备

(1) 审查设计图纸,熟悉有关资料。

(2) 搜集资料,摸清情况。

(3) 检查各相子导线在放线滑车中的位置是否正确,防止跳槽现象发生;检查各子导线间是否相互受扭、缠绕,如有则必须打开再紧线。

(4) 检查直线压接管位置,经判断后应满足规范要求,如不合适,应处理后再紧线。凡发现导线损伤的应按规范要求处理后再紧线。

(5) 被跨越的电力线是否已完全停电并接地或采取可靠的跨越措施。

(6) 紧线段内的中间塔放线滑车在放线过程中设立的临时接地,紧线时仍应保留,但不应妨碍紧线作业。现场核对弧垂观测档位置,复测观测档档距、高差。

(7) 地线紧线前同样应做好各项检查工作,以保证紧线的顺利进行。

(二) 工器具准备

(1) 对进入施工现场的机具、工器具进行清点、检验或现场试验,确保施工工器具完好并符合相关要求。

(2) 所用的工器具在定期试验周期内,不得超期使用。

(3) 配备作业人员的安全用具。

(三) 材料准备

对进入现场的材料应按设计及规范要求进行清点和检验;对观测弧垂的测量仪器、划印器等进行检查。

(四) 人员要求

参加施工作业的人员必须经培训合格并持证上岗;施工前必须熟悉施工图纸、作业指导书及施工工艺特殊要求。

三、施工危险点分析及安全措施

(一) 危险点一:高处坠落伤人

(1) 塔上作业人员移动位置时,必须站在连接、紧固好的塔材构件上。

(2) 加强施工过程中的监护。

(3) 耐张塔出线作业人员必须正确使用速差自控器,采取二道保护措施,速差保护器应固定在与导线连接的二联板上。

(二) 危险点二:高处坠物伤人

(1) 严禁工具、塔材、螺栓等从塔上坠落。

(2) 所使用的工器具、材料等应放在工具袋内,工器具的传递应用绳索。

(三) 危险点三:触电

预防触电事故的发生,是张力架线施工中不可忽视的问题。对距电力线较近的塔位,必须认真勘察现场情况,确定现场布置和起吊方案,确保拉线、控制绳等工具至带电体的安全距离。

任务实施

一、实施前工作

（1）本任务标准化作业指导书的编写。指导学生（学员）完成紧线施工作业指导书的编写。

（2）工器具及材料准备。根据紧线施工作业指导书，准备施工需用的工器具及材料清单。

（3）办理施工相关手续。工作负责人按规定办理施工作业手续，得到批复后方可进行工作。

（4）召开班前会。

（5）布置工作任务。

（6）工作现场或模拟现场布置。根据作业现场或模拟现场情况合理布置、摆放工器具及材料。

二、实施工作

（一）紧线施工

1. 施工准备

（1）紧线前应重点检查现场布置、地锚埋设、工器具选用以及连接导、地线接续管位置，导、地线跳槽和混淆等情况。

（2）导线锚线塔垂直荷重超过悬垂绝缘子串的允许承载力时，绝缘子串应予以补强。

（3）检查直线接续管位置是否合适，导线损伤的处理是否完毕。

（4）紧线段的操作端应根据导、地线的紧线张力选择，配备合适的紧线工器具。

（5）紧地线的牵引固定地锚一般采用地线线端临锚的地锚，紧导线时一般采用导线线端临锚的地锚。紧导（地）线的牵引系统布置如图 3-45 所示，线端临锚布置如图 3-46 所示。

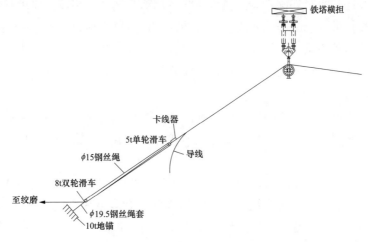

图 3-45　紧导（地）线的牵引系统布置

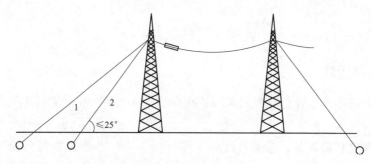

图 3-46　线端临锚布置

1—线端临锚；2—过轮临锚

（6）在该紧线段与上一紧线段的结合处，应进行导、地线的压接，导、地线临锚的拆除，导、地线的升空等项作业。

2. 紧地线

（1）按图 3-45 做好现场布置。每根地线布置一套牵引系统，实现两根地线同紧。确定系统各元件连接牢固后，即可启动绞磨。

（2）收紧地线。当操作端的线端临锚拉线不受力时，应停止牵引，将线端临锚由地线上拆除。继续收紧地线，且两根同时收紧，同步观测弧垂。当各档弧垂调整达到设计要求时，停止牵引。

（3）恢复操作端线端临锚，并收紧手扳葫芦，拆除牵引系统。当弧垂调整符合设计规定及验收规范要求时，登塔划印。

3. 紧导线

（1）按图 3-45 做好现场布置。每相导线应布置四套牵引动力装置，以达到四根子导线同时收紧的目的。检查牵引系统各元件连接牢固后，即可启动绞磨。

（2）缓慢收紧四根子导线，当操作端的线端临锚拉线不受力时，应停止牵引，将线端临锚由导线上拆除。继续收紧子导线，应注意将子导线对称收紧，使放线滑车保持受力平衡。四根子导线同步收紧，同步观测弧垂。当各档弧垂调整达到设计要求时，停止牵引。

（3）恢复操作端线端临锚，并收紧手扳葫芦，松出绞磨绳，拆除牵引系统的工具。用线端临锚的手扳葫芦微调子导线弧垂，使之符合设计规定及验收规范要求后，在每基杆塔上进行划印。完成划印作业后，方可进行过轮临锚作业。

4. 临时锚线

紧线后为了确保已紧线段的导、地线不跑线，在操作端的直线塔上一般增加一套过轮临锚。在某些特殊情况下，相邻直线塔还应增加反向临锚。过轮临锚及反向临锚示意图如图 3-47 所示。

（1）过轮临锚。完成紧线后，紧线操作塔不得进行附件安装，且相邻档不得安装间隔棒，以便在操作塔上进行过轮临锚。过轮临锚钢丝绳对地夹角不宜大于 25°，其地锚设置与线端临锚相同。过轮临锚工具应按最大紧线张力进行验算。

（2）反向临锚。反向临锚钢丝绳的上端通过两条钢丝绳套直接与绝缘子串下端的 K 型

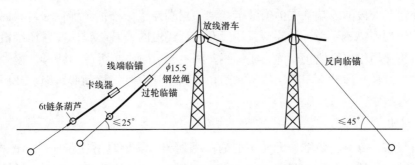

图 3-47　过轮临锚及反向临锚示意图

或 X 型联板相连接，下端通过 30kN 双钩与地锚连接。反向临锚钢丝绳对地夹角不应大于 45°。反向临锚后，应收紧双钩，使悬垂绝缘子串保持与水平面垂直。临锚的锚线方向应基本顺线路方向，临锚的位置应便于松锚作业。反向临锚工具应按最大紧线张力的 1/4 进行验算。

5. 松锚升空

在该紧线段与上一紧线段的衔接档内，进行导（地）线直线压接，拆除导（地）线的线端临锚，使导（地）线由地面升至空中等项作业，简称松锚升空。

（1）松锚升空必须满足下列条件方可进行作业：

1）两个相邻的放线段均已分别完成线端临锚。

2）上一个紧线段已安装过轮临锚。

3）上一个紧线段除安装过轮临锚外，其他杆塔已安装线夹，靠近反向临锚塔的一个档距内已安装完间隔棒。

（2）松锚升空前，应做好两个放线段的界档（牵张场设置的档）内导（地）线线头的压接。

（3）将两放线段的导（地）线线头由线端临锚处向对侧展放。在两线头交接处的适当位置断线，然后按工艺要求进行直线管的压接。

（4）松锚升空前，应在导（地）线上安置压线滑车，如图 3-48 所示。

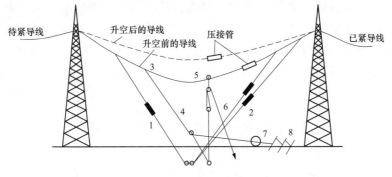

图 3-48　松锚升空布置

1—线端临锚；2—过轮临锚；3—卡线器；4—松锚钢丝绳；5—压线滑车；

6—ϕ16 棕绳；7—机动绞磨；8—地锚

（5）在待紧线段的线端临锚前安装卡线器，尾端连接松锚钢丝绳，通过转向滑车，收紧导线，使线端临锚不受力，拆除待紧线段及已紧线段的线端临锚。收紧压线滑车组，使其受力后，再慢慢松出松锚钢丝绳。松锚钢丝绳不受力时，再拆除卡线器。慢慢松出压线滑车组，使导（地）线升空。当压线滑车组松放到不受力时，拉动脱落绳，使压线滑车翻转，解下压线滑车。

（二）划印

（1）直线塔、直线转角塔、无转角的耐张塔划印。在导线所在竖向平面的横担端头，到悬垂绝缘子串的挂线孔中心距离为 K 的 A 点悬挂垂球，使垂球对准任一子导线上划一个记号，设为 AO 点。以 AO 点为基准点，将直角三角板一直角边贴紧导线量取 K 值并划印，设为 A_1 点。以 A_1 点为准将直角边对准各子导线划出点 A_2、A_3、A_4。这里的点 A_2、A_3、A_4 即为直线塔的导线划印点，划印点在悬垂线夹中心位置。

（2）耐张塔划印。耐张塔的划印必须与割线长度相结合采用直角三角尺和垂球进行，如图 3-46 所示。用一划印板（宽 0.1m，长约 2m，具有刻度）将其一端固定在横担的导挂孔处，另一端沿平行线路内转角平分线方向伸向导线上方。划印板另一端悬挂垂球，并对准相应导线挂孔的子导线进行划印，并记录子导线线号。

耐张转角塔的划印一般采用高空对孔划印法，由施工人员在高空直接将导线头对准调整板挂线孔进行划印。先在地面实际量取耐张线夹钢锚内壁到钢锚非压接区端点的长度 L_1，再量取与耐张线夹连接的 U 形挂环的挂孔中心到挂环内壁的长度 L_2，则割线长度 $L=L_1+L_2$。

（3）划印操作注意事项。一般使用划印笔进行划印，必要时在记号前或记号后缠绕黑胶布以便识别。划印时由两个人配合作业，一人在导线上划印，另一人在横担上监视。所划印记必须准确、清晰。操作人员脚踩导线时，动作要轻、稳，避免导线窜动。当直线悬垂绝缘子串由于前后侧导线悬挂点间高差产生倾斜时，仍按直线塔划印。线夹安装时是否需要移动，应经计算确定。

（三）耐张塔平衡挂线

（1）高空临锚。在距横担挂点 1.5 倍悬挂点高度的导线处安装导线卡线器，在卡线器与横担锚线孔间设置锚线工具，依次为卡线器、锚线钢绳、手扳葫芦、卸扣，如图 3-49 所示。每相导线一侧应设置四套高空临锚装置，两侧共八套高空临锚装置。两侧同时收紧手扳葫芦，使锚线工具逐渐受力，使两侧卡线器间导线逐渐松弛，同时观测弧垂。收紧导线时，应保证操作塔横担平衡受力。可根据收紧过程中导线是否向操作塔一侧移动来判断

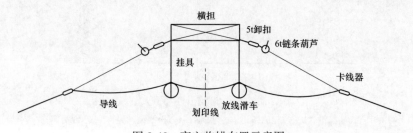

图 3-49　高空临锚布置示意图

操作塔受力是否对称平衡。

（2）割线。高空临锚两侧卡线器之间的子导线松弛后，应在待割线点（放线滑车之间）的两侧线上分别用麻绳绑扎固定，麻绳另一端通过横担上的滑车拉至地面收紧。割线前，在卡线器拉环侧 0.5～1.0m 处，用小绳将导线松绑在锚绳上，防止松线时导线产生硬弯。收紧小绳，将导线拉至横担上进行切割。

（3）松线。割线后松出小绳，使两侧导线线头缓慢落至地面。

（4）压接耐张线夹。耐张线夹压接按压接工艺规定进行割线、清洗、压接。利用挂在横担上的小滑车及麻绳卸下放线滑车。

（5）连接绝缘子串及金具。耐张线夹压接后，根据设计图纸组装绝缘子串及金具。绝缘子串组装前，应擦拭干净，金具的螺栓、销钉及绝缘子的弹簧销钉应符合规范及设计要求。将安装好的绝缘子串及金具与耐张线夹相连接，均压环暂不组装。每隔 5～6 片绝缘子安装一副木板或带胶套的绝缘子夹具，避免挂线时两串绝缘子串互相碰撞。

耐张绝缘子串及金具整体组装完毕后，起吊绳绑扎在端部的二联板，通过牵引系统直接吊装就位，如图 3-50 所示；或将耐张绝缘子串组装部分吊离地面，剩余部分由人工在下边起吊边安装，全部安装完毕后直接吊装至挂点处安装孔上。应用控制绳控制耐张绝缘子串及金具过横担，防止相碰。

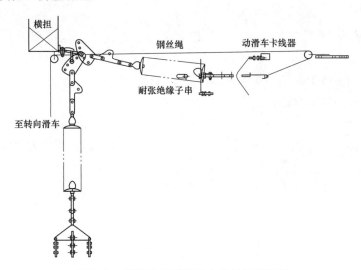

图 3-50　耐张绝缘子串及金具悬挂示意图

（6）平衡挂线。按照图 3-51 所示做好平衡挂线现场布置。

1）现场布置时，挂线用的滑车尽量靠近挂线孔，以减少过牵引量。

2）在绝缘子串及金具的挂线侧牵引板处连接 $\phi18$ 的牵引钢丝绳，其另一端与牵引滑车组相连。

3）启动绞磨，收紧绝缘子串，待绝缘子串离地面 0.5m 时暂停绞磨，调整绝缘子大口朝向。

4）继续牵引，当绝缘子串挂线侧金具接近横担挂线孔时，应慢速牵引；确认已满足挂线要求时，停止牵引；如果挂线不到位，应第二次收紧高空临锚，直到满足挂线要求为止。

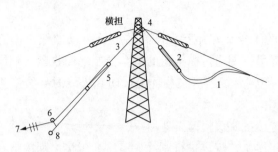

图 3-51　耐张塔平衡挂线布置示意图

1—导线；2—耐张绝缘子串；3—总牵引钢绳；4—起重滑车；

5—牵引滑车组；6—地滑车；7—绞磨；8—地锚

5) 当挂线连接螺栓穿上并拧紧后，可回松牵引系统，在其不受力时拆除或移至另一侧。

6) 待两相两侧挂线后，同步放松高空临锚的手扳葫芦；待临锚钢绳松弛后，方可拆除临锚装置。

7) 拆除临锚时，首先应拆除临锚钢绳与手扳葫芦的连接卸扣，回收手扳葫芦；其次拆除钢绳与卡线器的连接卸扣，回收钢绳；最后拆除卡线器。

三、实施后工作

（1）验收检查。验收检查方法如下：

1) 紧线弧垂在挂线后应立即在观测档检查，一般情况下允许偏差为 $\pm 2.5\%$，大跨越偏差不超过 1m。

2) 各相间弧垂应力求一致，但相对偏差最大值一般情况下不超过 300mm，大跨越不超过 500mm。

3) 同相子导线弧垂应力求一致，但相对偏差：允许安装间隔棒时，330kV 以上为 50mm，330kV 以下为 80mm；不安装间隔棒时，垂直双分裂为 100mm。

4) 挂线后应测量被跨越物净空距离，换算到最大弧垂。

5) 相位排列必须符合设计。

（2）工作结束，整理现场。

（3）召开班后会。总结工作经验，分析施工中存在的问题及改进方法等。

任务评价

本任务评价见表3-11。

表 3-11 紧线施工任务评价表

姓名		学号				
评分项目	评分内容及要求		评分标准	扣分	得分	备注
施工准备 (25分)	施工方案 (10分)	(1) 方案正确。 (2) 内容完整	(1) 方案错误，扣10分。 (2) 内容不完整，每处扣0.5分			
	准备工作 (5分)	(1) 安全着装。 (2) 场地勘察。 (3) 工器具、材料检查	(1) 未按照规定着装，每处扣0.5分。 (2) 工器具选择错误，每次扣1分；未检查，扣1分。 (3) 材料检查不充分，每处扣1分。 (4) 场地不符合要求，每处扣1分			
	班前会 (施工技术交底) (5分)	(1) 交代工作任务及任务分配。 (2) 危险点分析。 (3) 预控措施	(1) 未交代工作任务，每次扣2分。 (2) 未进行人员分工，每次扣1分。 (3) 未交代危险点，扣3分；交代不全，酌情扣分。 (4) 未交代预控措施，扣2分。 (5) 其他不符合要求，酌情扣分			
	现场布置 (5分)	(1) 安全围栏。 (2) 标识牌	(1) 未设置安全围栏，扣3分；设置不正确，扣1分。 (2) 未摆放任何标识牌，扣2分；漏摆一处，扣1分；标识牌摆放不合理，每处扣1分。 (3) 其他不符合要求，酌情扣分			
任务完成 (60分)	紧线施工准备 (10分)	(1) 紧线施工方案。 (2) 紧线准备	(1) 未编制紧线施工方案，扣3分。 (2) 紧线准备不充分，每处扣2分			
	直线塔紧线 (10分)	(1) 直线塔划印。 (2) 直线塔紧线操作	(1) 直线塔划印方法不正确，扣2分。 (2) 直线塔紧线不符合规范要求，每处扣2分。 (3) 一个耐张段未同时划印，扣2分			
	耐张塔紧线 (10分)	(1) 耐张塔划印。 (2) 耐张塔紧线操作	(1) 耐张塔划印方法不正确，扣2分。 (2) 耐张塔紧线不符合规范要求，每处扣2分。 (3) 耐张塔平衡断线工艺不正确，扣2分。 (4) 未按照架线作业指导书要求采取二道保护，扣2分			

续表

评分项目		评分内容及要求	评分标准	扣分	得分	备注
任务完成 (60分)	弧垂观测 (10分)	(1) 选择弧垂观测档 及方法。 (2) 弧垂观测	(1) 弧垂观测档选择不正确，扣2分。 (2) 弧垂观测方法不正确，扣2分。 (3) 子导线弛度调整工艺不正确，扣2分			
	耐张塔挂 线检查 (10分)	(1) 耐张塔挂线方法。 (2) 耐张塔挂线工艺 要求	(1) 耐张塔挂线方法不正确，扣5分。 (2) 耐张塔挂线工艺不符合规范要求，每处扣2分			
	检查安 装质量 (5分)	整体安装检查	(1) 未进行质量检查，扣1分。 (2) 安装不符合规范要求，每处扣2分			
	整理现场 (5分)	整理现场	(1) 未整理现场，扣1分。 (2) 现场有遗漏，每处扣1分。 (3) 离开现场前未检查，扣1分			
基本素质 (15分)	安全文明 (5分)	(1) 标准化作业。 (2) 安全措施完备。 (3) 作业现场规范	(1) 未按标准化作业流程作业，扣1分。 (2) 安全措施不完备，扣1分。 (3) 作业现场不规范，扣1分			
	团结协作 (5分)	(1) 合理分工。 (2) 工作过程相互协作	(1) 分工不合理，扣1分。 (2) 工作过程不协作，扣1分			
	劳动纪律 (5分)	(1) 遵守工地管理制度。 (2) 遵守劳动纪律	(1) 不遵守工地管理制度，扣2分。 (2) 不遵守劳动纪律，扣2分			
合计	总分100分					

任务完成时间：　　　　时　　　　分

教师	

学习与思考

（1）紧线施工的顺序是什么？

（2）导线弧垂如何观测？

（3）阐述紧线施工操作流程。

（4）紧线施工准备工作包括哪些内容？

（5）紧线施工的危险点及安全措施有哪些？

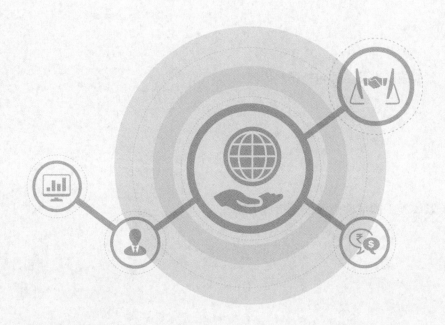

任务八 附件安装

任务描述

附件安装是架线施工的最后一道工序，也是架线施工中高处作业最多的工序。

本学习任务主要是完成附件安装施工方案的编制，并实施附件安装施工任务。

任务目标

了解输电线路附件的类型及结构，熟悉附件安装工艺流程，明确施工前的准备工作、施工危险点及安全防范措施，并依据相关线路施工验收规范，编制并实施附件安装施工方案。

任务准备

一、知识准备

附件安装包括直线塔附件安装和耐张塔附件安装两部分内容。直线塔的附件安装是指在导线弛度观测完成后，将导线由放线滑车提出，并通过金具与绝缘子连接的过程。耐张塔的附件安装主要是跳线（也称引流线）安装。紧线完成后需将耐张杆塔前后导线进行电气连接，此连接过程通称为跳线安装。

（一）直线塔的附件安装

直线塔的附件安装主要包括悬垂线夹以及护线条、阻尼线、防振锤、均压环、屏蔽环、重锤等的安装。除预绞丝、护线条外，一律缠绕铝包带。铝包带应紧密缠绕，其缠绕方向应与外层铝股的绞制方向一致。安装预绞丝、护线条时，其中心应与线夹中心重合，对导线包裹应紧固。防振锤与阻尼线应与地面垂直，其安装距离偏差不应大于±30mm。

（1）悬垂绝缘子串的安装。将导、地线从放线滑车中取出，安装到悬垂线夹中。该过程中需要将导、地线向上提起（提线钩口必须挂胶），然后拆除放线滑车。

（2）护线条的安装。预绞丝用于悬垂线夹的称为预绞丝护线条，其可以减少导线弯曲应力。预绞丝补修条用于导线补修。

（3）均压环、屏蔽环的安装。要按照设计图纸进行均压环、屏蔽环的安装。安装作业时不得强装，不得在作业过程中造成磕碰进而引起金具损伤，并保持与其他金具、绝缘子的电气距离。

（4）防振锤、阻尼线的安装。安装误差不应大于±30mm。

（5）重锤的安装。重锤的作用是防止导线上扬和减少导线在运行中受大风作用产生过大的摇摆。

（6）间隔棒的安装。间隔棒用于防止因导线的扭劲、风力和次档距振荡而使子导线互相鞭击，或者在电磁力的作用下分裂间距减小而引起的导线表面电位梯度增大等。其安装距离和电压等级有关，应该按照设计图纸给出的数值进行安装，一般情况下间隔棒距离最大不超过 60m。安装可用飞车进行，操作飞车时应注意：导线张力安全系数不小于 2.5；作业人员须经过培训；刹车要灵活、不得超载等。间隔棒的安装方法：与导线接触部分应缠铝包带，螺栓紧固力矩不低于 60N·m；位置正确，应避开接续管和补修管；杆塔两侧第一个间隔棒的安装距离偏差不应大于次档距的 ±1.5%，其余不应大于次档距的 ±3%；三相间隔棒的位置应一致。

（二）耐张塔的附件安装

耐张塔的附件安装主要包括跳线以及护线条、阻尼线、防振锤、均压环、屏蔽环、重锤等的安装。其中，护线条、阻尼线、防振锤、均压环、屏蔽环、重锤等的安装与直线塔相同。跳线安装施工流程：施工准备、跳线绝缘子串悬挂、模拟放样、压接一端引流板、确定实际尺寸、压接另一端引流板、跳线安装、质量验收。

二、施工准备

（一）技术准备

（1）审查设计图纸，熟悉有关资料。

（2）搜集资料，摸清情况。

（3）在安装施工前，参与施工的人员首先要认真研究设计图纸，掌握施工规范并了解相应的安全措施。有些设计图纸在尺寸上描述不精确，或者需要进行换算，因此需要工作人员提前进行仔细测量和相关计算。每个参与作业的工作人员都要对作业过程中的各个技术要点以及危险点做到心中有数，熟悉安装工艺相关资料，了解基本工艺流程。

（二）工器具及材料准备

（1）所用的工器具在定期试验周期内，不得超期使用。

（2）登高的工具要半年试验一次，起重工具每年一次。

（3）配备作业人员的安全用具。

（4）准备施工所需要的跳线、悬垂线夹、间隔棒、防振锤、均压环、屏蔽环等，并对其外观、数量、规格等进行仔细验收，并分类放置、摆放整齐。

（三）人员要求

参加施工作业的人员必须经培训合格并持证上岗；施工前必须熟悉施工图纸、作业指导书及施工工艺特殊要求。

三、施工危险点分析及安全措施

（一）危险点一：高处坠落伤人

（1）上、下导线时要正确使用软梯，且使用速差自控器和二道保护；高处作业人员的安全延长绳不得绑在绝缘子串上，应该绑在与速差自控器在同一位置的铁塔横担施工孔位置。

（2）应使用合格的工器具，严禁超载使用；钢丝绳、绳套、链条葫芦等提线工器具严禁以小代大使用。

（3）加强施工过程中的监护。

（二）危险点二：高处坠物伤人

（1）严禁工具、金具、螺栓等从塔上坠落。

（2）所使用的工器具、材料等应放在工具袋内，工器具的传递应用绳索。

（三）危险点三：触电

预防触电事故的发生，是架线附件安装施工中不可忽视的问题。对距电力线较近的塔位，必须认真勘察现场情况，施工人员应该在工作区域两端挂设临时接地线，防止感应电伤人。同时，距离运行电力线路较近的塔位在进行附件安装施工时，要使用干燥绝缘绳上下传递物件，谨防靠近电力线，确保控制绳等工具至带电体的安全距离。间隔棒安装时要使用绝缘尺进行距离测量，不得使用带有金属丝的测量卷尺。

任务实施

一、实施前工作

（1）本任务标准化作业指导书的编写。指导学生（学员）完成附件安装施工作业指导书的编写。

（2）工器具及材料准备。

（3）办理施工相关手续。工作负责人按规定办理施工作业手续，得到批复后方可进行工作。

（4）召开班前会。

（5）布置工作任务。

（6）工作现场或模拟现场布置。根据作业现场或模拟现场情况合理布置、摆放工器具及材料。

二、实施工作

（一）附件安装工艺

弧垂观测后应及时进行直线塔附件和间隔棒的安装，安装时间不得超过 5d。提升导、地线时应采用专用的提升工器具，工器具配备应经过计算选择。提线钩内侧应衬胶，或在导线吊点处套开口胶管。附件安装之前作业区两端挂设临时接地。

1. 悬垂线夹安装

施工人员按照所划印记安装预绞丝护线条和铝包带，使印记处于护线条和铝包带的中心。铝包带应紧密缠绕，其缠绕方向应与外层铝股的绞制方向一致。所缠铝包带应露出线夹口但不应超过 10mm，其端头应回缠于线夹内压住。预绞丝中心应与线夹中心对齐，对导线的包裹应紧密。然后用提线器或链条葫芦将导线吊起，且要保证提线器或链条葫芦悬挂位置尽量靠近横担导线悬挂点，如图 3-52 所示。最后把导线从滑车中取出来放到线夹中，并调整线夹的位置，使绝缘子串与地面垂直，再将各个固件装配到线夹上并逐个拧紧。

悬垂线夹安装时应注意悬垂线夹的形式。上扛型悬垂线夹应先安装两根下导线，然后

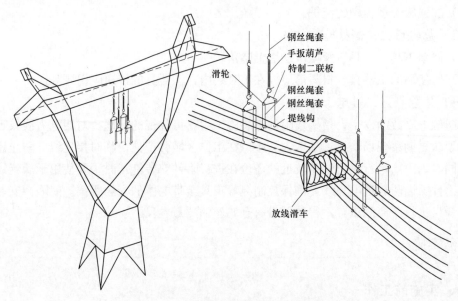

图 3-52　直线塔导线提线示意图

安装两根上导线。下垂型悬垂线夹应先安装两根上导线，然后安装两根下导线。安装线夹时，应调整各子导线高度，按规定线别使线夹与绝缘子串的金具相连并紧固线夹螺栓。

图 3-53　防振锤安装成品

2. 防振锤安装

防振锤安装时先要测量安装的距离，并且要注意防振锤的大小头方向，不得装反。保证悬垂线夹从线夹中心起到防振锤夹板的中心，以及耐张线夹从线夹前端到防振锤夹板中心的偏差小于 30mm。防振锤夹板与导线的接触部分要缠上一层铝包带。防振锤应垂直于地面，夹板螺栓要使用弹簧垫并拧紧，如图 3-53 所示。导、地线架设好后，为了防止导、地线因风振而受到损坏，要保证防振锤安装的时间不超过 5d。在特殊情况下大跨越永久性防振装置无法立即安装时，相关作业人员一定要及时会同设计单位采用紧急防振措施。

3. 间隔棒安装

间隔棒可分为相间间隔棒和子导线间隔棒，送电线路三相导线为水平布置和三角布置时，不用装设相间间隔棒。六线间隔棒安装成品如图 3-54 所示。间隔棒可以起到防振作用，可分隔各子导线和防止导线间鞭击等。分裂导线安装间隔棒时，作业人员可以携带间隔棒从杆塔横担沿着绝缘子串到达导线处，然后乘着飞车在档距内进行间隔棒安装作业。导线间隔棒安装的具体位置要严格满足设计要求，其结构面应垂直于导线，并采用准确的方法进行次档距测量。次档距测量时，对耐张塔要从中相铁塔挂线孔处算起，对直线塔则要从悬垂线夹中心算起。如设计要求对耐张塔要从中相铁塔中心处算起，就按照要求换算到导线挂线孔处进行测量。飞车或人工走线跨越电力线路时，一定要提前验算对带电体的净空距离，保证该距离大于安全规程要求的最小安全距离，以保证作业人员的人身安全。杆塔两侧第一个间隔棒的安装距离偏差要保证小于次档距的±1.5％，其余距离要保证偏差在±3％之内。具体测距时可采用直接测量法或间接测量法，如果是跨越电力线路的情况要使用间接测量法或用绝缘测具进行具体测量。推荐作业人员使用计程器线上测距仪或电子尺进行测量。

图 3-54　六线间隔棒安装成品

4. 阻尼线安装

根据设计给定尺寸依次划定安装中心位置，缠绕铝包带和护线条，阻尼线安装后应与地面垂直。安装距离偏差不应大于±30mm。缓慢回松调节工具，同时调整绝缘子碗口朝向，使其符合规定要求并保持一致。绝缘子串承受全部导、地线重力后拆除提线工具。对连续上下山的直线塔，设计对直线悬垂线夹的安装有移位要求时，按设计移位距离值进行安装。检查有无安装差错和遗留问题，确认无误后将绝缘子清扫干净。

（二）跳线安装

1. 施工准备

（1）材料准备：未经牵引过的导线、引流线夹、跳线小间隔棒、导电脂、跳线间隔棒等。

（2）机具准备：机动绞磨、起吊钢、液压机、液压模、放样专用钢丝绳、断线钳、钢刷等。

2. 跳线绝缘子串悬挂

悬挂跳线串前应将绝缘子用干净的抹布擦洗干净，将金具和绝缘子按照设计图纸的要求装好，利用机动绞磨将跳线串吊装到安装位置。

3. 模拟放样

利用一根柔软钢丝绳作为跳线放样专用钢丝绳。将放样专用钢丝绳提到铁塔横担上，将其一端用人力固定在导线耐张线夹的引流板上，另一端用人力在铁塔另一侧的导线耐张线夹的引流板处上下移动。当跳线尺度达到设计要求后，塔上人员在放样钢丝绳上划印，标注印记。按照放样确定的尺寸，选取未经牵引过的原状导线制备跳线用导线。单导线跳线可直接根据放样尺寸计算出跳线实际所需长度，截取跳线用导线，压接两端引流板，完成跳线制作。

4. 压接一端引流板

按照压接规程和压接手册，在每相跳线的一端逐次压接一个子线引流板。为保证引流线安装完成后呈近似悬链线状及减小接触电阻，压接时将引流管的光面方向与耐张线夹的引流管光面方向保持一致。压接完成后在引流板管口喷涂红铅油。

5. 确定实际尺寸

将一端压接完毕的引流线，逐根用人力吊至铁塔前后两侧的耐张线夹处，将跳线引流板临时安装在一侧导线的耐张线夹上，另一侧用人力紧贴该侧的耐张线夹，连接孔沿引流轴线方向前后移动。当各子线跳线和弧垂符合设计要求后再跳线划印，标注相位和线号，以便于识别。

6. 压接另一端引流板

在划印处用铝线绑扎，然后断取引流线的多余部分，按照相同方法压接引流板，完成各相跳线的制作。

7. 跳线安装

单导线跳线吊装时，在跳线两端捆扎绳索，用人力吊至绝缘子串端部与其连接，装好跳线一端再装另一端。对分裂导线跳线的吊装，无跳线绝缘子串时，在跳线两端分别捆扎绳索，用人力逐根吊至设计位置后，由高处作业人员进行跳线引流板与耐张线夹的连接；有跳线绝缘子串时，按上述方法先吊装绝缘子串或整体吊装。整体吊装时，主起吊绑扎点位于绝缘子串合适部位，采用机械牵引，跳绳两端通过绳索用人力牵拉。各点提升速度应相互协调。跳线引流板面应平整光洁，用汽油清洗干净后，涂上导电脂，用细钢刷清除表面氧化膜，保留导电脂进行连接。要按照跳线上的标注进行安装，引流板应光面对光面连接，将跳线弧垂调整到符合设计要求后，按规定力矩逐个拧紧连接螺栓。利用软梯悬空作业方式安装跳线间隔棒，安装过程中严禁蹬踏引流线。各间隔棒的距离应符合设计要求，跳线间隔棒的结构面应垂直于跳线束。跳线就位装好后，应进行整形，使其顺畅、自然、美观；检查跳线是否与屏蔽环相磨，如果相磨或者两者间隙过小，需在该部位安装跳线小间隔棒，使两者分离；跳线小间隔棒的一端安装在金具延长杆上，另一端安装在跳线上，安装数量视实际需要确定。跳线安装如图 3-55 所示。

图 3-55　跳线安装

8. 引流线安装

高压线路引流线为软硬结合的刚性管型引流线，其主体部分为刚性结构，两端采用软导线与耐张线夹的引流板连接。

引流线安装具体要求及控制：

（1）对引流板的紧固要求。一定要用扭力扳手进行紧固，紧固力矩要达到标准要求值。

（2）跳线安装之后，跳线与塔体间的最小距离一定要符合施工的设计要求。

（3）软线部分要尽量美观、流畅，引流部分不能出现散股和灯笼状。

（4）任何气候、环境条件下，均要保证引流线不与金具产生摩擦或者碰撞。如果引流线与耐张金具之间的距离小于规定值，一定要装设防摩擦金具。

（5）布置引流板的方向时，要保证引流线安装后的整体效果，使其流畅美观。

（6）一般情况下，要保证引流线尽量不要穿过均压屏蔽环。

（7）合理使用导电脂。引流线做好后应呈自然下垂状，各相间隙也必须符合相关设计规定，使用压接引流线线夹时中间不得出现接头。如果使用铝制引流板连接并沟线夹，要保证连接面平整光洁。可以预先使用汽油清洗连接面附着物及导线表面的污垢，涂上一层导电脂，并使用细钢丝刷清除涂有导电脂的表面氧化膜。然后在保留导电脂的情况下，逐个均匀地拧紧连接螺栓。

（三）光缆附件及引下线安装

1. 光缆附件的安装

光缆附件安装时应先选择光缆卡线器，然后准备链条葫芦、光缆附件金具等，其安装步骤如下：先将光缆卡线器卡在光缆上，连接好链条葫芦后两侧同时收紧。待光缆呈松弛状态后，卸下光缆滑车，在光缆上缠绕预绞丝，再按要求安装光缆金具。将收紧的链条葫芦放松，使光缆呈受力状态，卸下链条葫芦和光缆卡线器，按要求量尺划印，缠绕防振锤预绞丝。安装防振锤和光缆接地引线。

地线附件安装基本上与光缆附件安装相似。

2. 光缆引下线的安装

光缆引下线安装时，一般从耐张塔地线支架上往下做引线，引出端沿铁塔主材方向将光缆自然引下，弯曲半径应符合产品说明书要求，从上至下依次用夹具固定在主材上，间距应符合施工图纸要求。光缆接线盒安装在指定位置，接线盒内应无潮气及雨水进入。安装各紧固螺栓，拧紧皮条必须安装到位，合口处应注明引入编号。余缆缠绕在余缆架上，余缆架用专用夹具固定在指定位置上。

三、实施后工作

（1）工作结束，整理现场。

（2）召开班后会。总结工作经验，分析施工中存在的问题及改进方法等。

任务评价

本任务评价见表3-12。

表 3-12　　　　　　　　　　　　附件安装任务评价表

姓名		学号				
评分项目		评分内容及要求	评分标准	扣分	得分	备注
施工准备 (25分)	施工方案 (10分)	(1) 方案正确。 (2) 内容完整	(1) 方案错误，扣10分。 (2) 内容不完整，每处扣0.5分			
	准备工作 (5分)	(1) 安全着装。 (2) 场地勘察。 (3) 工器具、材料检查	(1) 未按照规定着装，每处扣0.5分。 (2) 工器具选择错误，每次扣1分；未检查，扣1分。 (3) 材料检查不充分，每处扣1分。 (4) 场地不符合要求，每处扣1分			
	班前会 (施工技术交底) (5分)	(1) 交代工作任务及任务分配。 (2) 危险点分析。 (3) 预控措施	(1) 未交代工作任务，每次扣2分。 (2) 未进行人员分工，每次扣1分。 (3) 未交代危险点，扣3分；交代不全，酌情扣分。 (4) 未交代预控措施，扣2分			
	现场布置 (5分)	(1) 安全围栏。 (2) 标识牌	(1) 未设置安全围栏，扣3分；设置不正确，扣1分。 (2) 未摆放任何标识牌，扣2分；漏摆一处，扣1分；标识牌摆放不合理，每处扣1分			
任务完成 (60分)	悬垂线夹安装 (10分)	(1) 悬垂线夹的选择。 (2) 悬垂线夹的安装	(1) 悬垂线夹选择错误，扣2分。 (2) 悬垂线夹的安装不符合规范要求，扣2分。 (3) 悬垂线夹螺栓穿向错误，扣2分；开口销开口角度不符合规范要求，扣2分。 (4) 悬垂线夹预绞丝缠绕不紧密，扣2分			
	耐张线夹安装 (5分)	(1) 耐张线夹的选择。 (2) 耐张线夹的安装	(1) 耐张线夹选择错误，扣2分。 (2) 耐张线夹的安装不符合规范要求，扣2分			
	跳线 (10分)	(1) 跳线制作。 (2) 跳线安装	(1) 跳线制作所用导线未进行校直，扣2分；工艺不美观，不符合规范要求，扣2分。 (2) 跳线制作中电气距离不符合设计图纸要求和规范要求，扣2分。 (3) 跳线安装金具螺栓紧固不到位，金具毛刺未进行打磨，扣2分。 (4) 引流板安装没有光面与光面连接，且螺栓紧固不到位，扣2分			

续表

评分项目		评分内容及要求	评分标准	扣分	得分	备注
任务完成 (60分)	平衡挂线 (10分)	(1) 平衡挂线方法。 (2) 平衡挂线工艺	(1) 平衡挂线方法不正确，扣2分。 (2) 平衡挂线工艺不符合规范，扣2分。 (3) 平衡挂线未采取二道保护，不符合要求，扣2分			
	均压屏蔽 环安装 (5分)	(1) 均压屏蔽环选择。 (2) 均压屏蔽环安装	(1) 均压屏蔽环选择错误，扣2分。 (2) 均压屏蔽环安装不符合规范要求，扣2分			
	防振锤安装 (5分)	(1) 防振锤选择。 (2) 防振锤安装	(1) 防振锤选择错误，扣2分。 (2) 防振锤安装不符合规范要求，扣2分			
	间隔棒安装 (5分)	(1) 间隔棒选择。 (2) 间隔棒安装	(1) 间隔棒选择错误，扣2分。 (2) 间隔棒安装不符合规范要求，扣2分			
	检查质量 (5分)	安装质量检查	全面检查安装质量，不符合规范要求，每处扣2分			
	整理现场 (5分)	整理现场	(1) 未整理现场，扣1分。 (2) 现场有遗漏，每处扣1分。 (3) 离开现场前未检查，扣1分			
基本素质 (15分)	安全文明 (5分)	(1) 标准化作业。 (2) 安全措施完备。 (3) 作业现场规范	(1) 未按标准化作业流程作业，扣1分。 (2) 安全措施不完备，扣1分。 (3) 作业现场不规范，扣1分			
	团结协作 (5分)	(1) 合理分工。 (2) 工作过程相互协作	(1) 分工不合理，扣1分。 (2) 工作过程不协作，扣1分			
	劳动纪律 (5分)	(1) 遵守工地管理制度。 (2) 遵守劳动纪律	(1) 不遵守工地管理制度，扣2分。 (2) 不遵守劳动纪律，扣2分			
合计	总分100分					
任务完成时间：		时	分			
	教师					

学习与思考

(1) 附件安装包括哪些内容？

（2）叙述悬垂线夹安装方法。

（3）叙述防振锤安装方法。

（4）说出跳线安装方法。

（5）附件安装施工的危险点及安全措施有哪些？

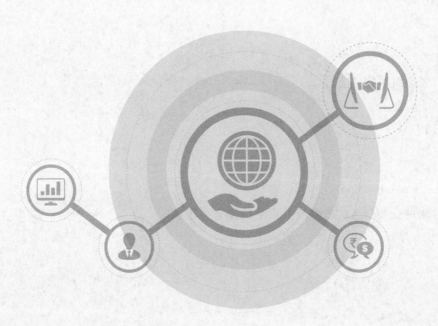

接地工程及线路防护设施施工

【情境描述】

本情境包含两项任务，分别是：接地工程施工和线路防护设施施工。本情境的核心知识点是接地电阻测量方法、防护设施类型及施工方法。关键技能项为接地及防护工程施工工艺。

【情境目标】

通过本情境学习，应该达到的知识目标：掌握输电线路接地工程和防护设施施工的方法及施工工艺流程；应达到的能力目标：编制并实施输电线路接地工程和防护设施施工方案；应达到的态度目标：牢固树立输电线路接地工程和防护设施施工过程中的安全风险防范意识，严格按照标准化作业流程进行施工。

任务一 接地工程施工

任务描述

接地工程施工一般与杆塔基础工程施工同时进行，或在架线施工完毕后进行施工。
本学习任务主要是完成接地工程施工方案的编制，并实施接地工程施工任务。

任务目标

了解接地装置的接地目的、结构及类型，熟悉接地装置施工工艺流程，明确施工前的准备工作、施工危险点及安全防范措施，并依据相关线路施工验收规范，编制并实施接地工程施工方案。

任务准备

一、知识准备

架空输电线路穿山过水，全部暴露于大自然之中，在雷雨季节容易遭受雷击，进而可能造成事故，故防雷是输电线路施工中的一项重要工作。避雷线的防雷效果，在很大程度上取决于其接地情况是否良好。因此，接地工程施工质量的优劣直接关系到电力系统的运行安全。

（一）输电线路防雷的任务

输电线路的杆塔高出地面数十米，并暴露在旷野或高山，绵延数十或数百千米，所以受雷击的机会很多。一旦遭到雷击，往往会使输电线路中断，严重时可导致设备损坏。为了防止雷击导线，输电线路沿线架设了避雷线，并将其接地，引直接雷击的雷电流经避雷线入地。避雷线上落雷后，由于雷电流很大，因此接地电阻上的电压降很大，从而使得避雷线的电位很高，导致导、地线间绝缘被击穿，此称为反击。有时雷电会绕过避雷线直接击中导线，此称为绕击。因此，输电线路防雷的主要任务是：防止直接雷击导线、防止发生反击以及防止发生绕击。

（二）输电线路防雷的措施

输电线路防雷的措施有：架设避雷线、安装避雷针、加强线路绝缘、采用差绝缘方式、装设耦合地线、升高避雷线减小保护角、装设消雷器、使用接地降阻剂等。其中，架设避雷线是输电线路防雷保护最基本和最有效的措施。避雷线的主要作用是防止雷直击导线，同时还具有以下作用：①分流作用，以减小流经杆塔的雷电流，从而降低塔顶电位；②通过对导线的耦合作用可以减小线路绝缘子的电压；③对导线的屏蔽作用可以降低导线上的感应过电压。通常来说，线路电压越高，采用避雷线的效果越好，而且避雷线在线路造价中所占的比重也越低。因此，110kV 及以上电压等级的输电线路都应全线架设避雷线。同时，为了提高避雷线对导线的屏蔽效果，减小绕击率，避雷线对边导线的保护角应做得小一些，一般采用 20°～30°。220kV 及 330kV 双避雷线线路应做到 20°左右，500kV及以上的超高压、特高压线路都架设双避雷线，保护角在 15°左右。

（三）输电线路防雷与接地电阻的关系

雷电压和雷电流幅值很大，波前很陡，衰减得很快，在输电线路中以波的形式传播。当雷电压直击于杆塔顶部或附近避雷线时，假如接地电阻为零，则杆塔顶部电位也为零，流入大地的雷电流为雷电波幅值的 2 倍。实际上，接地电阻不可能为零，但只要接地电阻小于 20Ω，其杆塔顶部电位也要比雷电压直击于无避雷线的杆塔顶部时的电位低 5 倍。若考虑避雷线的分流作用，这个倍数将更大。

雷击塔顶时，接地电阻越大，塔顶电位越高。其值大于一相绝缘子串的 $U50\%$ 时（$U50\%$ 为绝缘子串冲击 50% 放电电压值），塔顶将对该相导线产生闪络反击。由于避雷线与下导线间耦合作用最小，所以一般来说下导线最易发生反击闪络。

将架设避雷线和降低杆塔接地电阻相配合，对于 110kV 以上的水泥杆或铁塔线路是一种有效的防雷措施，即可使雷击过电压降低到线路绝缘子串允许的程度，而所增加的费用，一般不超过线路总造价的 10%。但随着线路电压等级的降低，线路绝缘水平也随之降低，这时即使花很大投资架设避雷线和改善接地电阻，也不能将雷击引起的过电压降低到线路绝缘所能承受的水平。因此，对 35kV 以下的水泥杆或铁塔线路，一般不沿全线架设避雷线，但仍然需要逐基将杆塔接地。因为这时若一相因雷击闪络接地，良好接地的杆塔实际上起到了避雷线的作用，这在一定程度上可以防止其他两相进一步闪络，而系统如果是经消弧线圈接地时，又可以有效地排除单相接地故障。

综上所述，无论是在有避雷线还是在无避雷线的输电线路上，降低接地电阻都是保障正常运行的重要防雷措施。但接地工程是隐蔽工程，位于工程收尾阶段，工艺又比较简单，往往不被重视，所以必须认识到接地装置对线路防雷的重要作用，按设计精心施工，不留隐患。

（四）输电线路的接地电阻

接地电阻是指电流经过接地体进入大地并向周围扩散时所遇到的电阻。大地具有一定的电阻率，如果有电流流过，大地各处就具有不同的电位。电流经接地体注入大地后，以电流场的形式向四处扩散，离接地点越远，半球形的散流面积越大，地中的电流密度就越小，因此可认为在较远处（15～20m以外），单位扩散距离的电阻及地中电流密度已接近零，该处电位已为零电位。

接地电阻是接地体的电位与通过接地体流入地中电流的比值。它与土壤特性及接地体的几何尺寸有关。接地电阻由四个部分组成：接地引线的电阻、接地体的电阻、接地体的表面与其接触的土壤之间的接触电阻，以及散流电阻（电流流经接地体向地中散流时所遇到的土壤电阻）。前两项电阻比后两项电阻小得多，因此接地电阻主要取决于后两项。

高电压保护规程规定：在雷季干燥时，有避雷线的架空电力线路，杆塔不连接避雷线的工频接地电阻不宜超过表4-1所列的数值。

表4-1　　　　　　　有避雷线的架空电力线路杆塔的工频接地电阻

土壤电阻率（Ω·m）	100及以下	100～500	500～1000	1000～2000	2000以上
工频接地电阻（Ω）	10	15	20	25	30

注　如果土壤电阻率很高，接地电阻很难降到30Ω时，可采用6～8根总长度不超过500m的放射形接地体或连续伸长接地体，其接地电阻不受限制。

（五）接地装置及其施工

接地是指电气系统的某些节点或电气设施的某些导电部分与地（包括大地或者范围比较广泛、能用来代替大地的等效导体）之间的电气连接。接地功能是通过接地装置或接地系统来实现的。接地装置是指埋设在地下的接地电极以及该接地电极到设备之间的连接导线的总称，是由埋入土中的接地体（圆钢、角钢、扁钢、钢管等）和连接用的接地线构成的。

接地体是接地装置埋在地下与土壤连接的金属部分。接地引下线用来连通避雷线与接地体。架空输电线路的接地引下线一般是利用混凝土电杆的钢筋或铁塔塔体，再由杆塔接地孔用引下线与接地体连接。

1. 接地装置的类型

按接地的目的，电气设备的接地可分为工作接地、防雷接地、保护接地、仪控接地。工作接地是为了保证电力系统正常运行所需要的接地。例如，中性点直接接地系统中的变压器中性点接地，其作用是稳定电网对地电位，从而降低对地绝缘。防雷接地是针对防雷保护的需要而设置的接地。例如，避雷针（线）、避雷器的接地，其目的是使雷电流顺利导入大地，以降低雷过电压，故又称过电压保护接地。保护接地也称安全接地，是为了人身安全而设置的接地，即电气设备外壳（包括电缆皮）必须接地，以防外壳带电危及人身安全。仪控接地是发电厂的热力控制系统、数据采集系统、计算机监控系统、晶体管或微机型继电保护系统和远动通信系统等，为了稳定电位、防止干扰而设置的接地，也称电子系统接地。

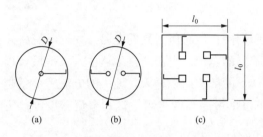

图 4-1　水平敷设的环形接地装置示意图
(a) 单杆；(b) 双杆；(c) 铁塔

2. 接地装置的形式

接地体的形式很多，主要有水平接地体、垂直接地体及混合式接地体。架空输电线路杆塔的接地装置形式是由设计单位根据杆塔所在地区土壤电阻率的大小确定的。有避雷线的架空输电线路每基杆塔都应装设接地装置，其接地装置的形式是由该塔位土壤电阻率的大小决定的。架空输电线路杆塔的接地装置形式有：水平敷设的环形接地装置，如图 4-1 所示；水平敷设的环形及放射状联合接地装置，如图 4-2 所示；水平接地及垂直接地联合接地装置，如图 4-3 所示。

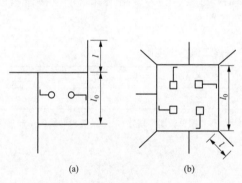

图 4-2　水平敷设的环形及放射状
联合接地装置示意图
(a) 双杆；(b) 铁塔

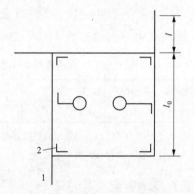

图 4-3　水平接地及垂直接地联合
接地装置示意图
1—水平接地体；2—角钢接地极

3. 接地装置的材料

接地装置所用的材料一般都是钢材，且要考虑防腐剂机械强度的要求。垂直接地体一般采用角钢或钢管，角钢尺寸应大于 $50mm \times 6mm$；钢管外径应大于 $25mm$，且壁厚应大于 $3.5mm$。水平接地体一般采用圆钢或扁钢，圆钢直径不小于 $10mm$；扁钢截面面积不小于 $100mm^2$，且厚度不小于 $4mm$。接地引下线一般采用圆钢、扁钢或钢绞线。圆钢直径一般为 $12mm$；扁钢尺寸一般为 $4mm \times 25mm$；采用钢绞线时，其截面面积在地上部分应大于 $35mm^2$，地下部分应大于 $50mm^2$。

4. 接地装置的施工

接地体敷设一般按设计要求进行，但也要根据现场具体情况尽量避开马路、人行道、地下管道及电线等，还要考虑地形以防接地装置受到山水冲刷。

接地体（线）的连接应采用焊接，焊接必须牢固、无虚焊。接至电气设备上的接地线，应用镀锌螺栓连接；有色金属接地线不能采用焊接时，可用螺栓连接。接地体（线）的焊接应采用搭接焊，且必须符合：对扁钢，搭接长度为其宽度的 2 倍（且至少在 3 个棱边进行焊接）；对圆钢，搭接长度为其直径的 6 倍；圆钢与扁钢连接时，搭接长度为圆钢直径的 6 倍；扁钢与钢管、扁钢与角钢焊接时，除应在其接触部位两侧进行焊接外，还应焊接由钢带弯成的弧形（或直角形）卡子，或直接由钢带本身弯成弧形（或直角形）并与钢管焊接。接地沟应按设计尺寸进行，沟宽不做规定，以开挖方便为原则，如遇障碍物可绕道过去。接地体是环形，绕后仍为环形；接地体是放射形，绕后应尽量减少弯曲。

接地体在敷设前应予以矫正，直线段不应有明显弯曲。放置接地体的接地沟应平展地与地面相接，不可翘起。回填土应选用好土，必要时应清除石块、杂草以及其他影响接地体与土壤接触的杂物，甚至另行运土给予改良。回填土应每隔 200mm 夯实一次，以达到土壤间的紧密接触。

接地引下线应沿电杆引下，并尽可能使之短而直，以减小冲击电流。接地引下线外露部分及埋入土中 300mm 以上部分均应涂油漆进行防腐处理。接地引下线应靠近电杆，每隔 1.0～1.5m 固定一次。

完工后应对接地装置进行遥测，并做好记录。对不合格的应查明原因，必要时应采取增加接地体或改善接地土壤等措施，以满足设计要求。接地装置施工完毕后，需要测量接地电阻是否符合设计要求。土壤电阻率一般由设计单位测定，填写于设计图纸上。当图纸数据与现场实际不符，特别是按照图纸施工后，接地电阻达不到设计规定值时，应进行土壤电阻率测量。

（六）接地电阻的测量

测量接地电阻一般采用接地电阻测试仪，接线和布置如图 4-4 所示。测量时打开接地引下线，接线端钮 E 和引下线 D 连接，在距接地装置被测点 D 为 Y 的位置打一钢棒 A（电位探针）并与接线端钮 P 连接，再在距接地装置被测点 D 点为 Z 的位置打一钢棒 B（电流探针）并与接线端钮 C 连接。电位探针和电流探针布置距离为 $Y \geqslant 2.5L$、$Z \geqslant 4L$（L 为最长水平伸长接地体长度），一般取 $Y = 80m$、$Z = 120m$。

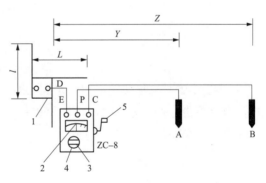

图 4-4　测量接地电阻的接线和布置
1—被测接地装置；2—检流计；
3—倍率标度；4—测量标度盘；5—摇柄

测量步骤为：

（1）按图 4-4 布置，将直径 10mm 的钢棒 A、B 打入地下 0.5m 左右。

（2）接好连线，检查检流计指针是否在零位，否则用零位调整器调整。

（3）将"倍率标度"放在最大处（如×100），慢慢摇动摇柄，同时旋转"测量标度盘"，使检流计指针指在零位。

（4）当检流计指针接近平衡时，加速摇动摇柄至额定值（120r/min），调整"测量标度盘"，使检流计指针指在零位。

（5）如果"测量标度盘"的读数小于1时，应将"倍率标度"置于较小的倍数，重新调整"测量标度盘"，以得到正确的读数。

（6）用"测量标度盘"的读数乘以"倍率标度"的倍数，即可得到所测的接地电阻的数值。

测量接地电阻时，应避免在雨雪天气进行，一般可在雨后3d进行测量。

所测的接地电阻值应根据当时土壤干燥、潮湿情况乘以季节系数，见表4-2。

表 4-2 防雷接地装置的季节系数

1月	2月	3月	4月	5月	6月	7月	8月	9月	10月	11月	12月
1.05	1.05	1.00	1.60	1.90	2.00	2.20	2.55	1.60	1.55	1.55	1.35

（七）土壤电阻率的测量

单位立方体土壤的地面之间的电阻称为土壤电阻率，单位为 $\Omega \cdot cm$ 或 $\Omega \cdot m$。测量土壤电阻率采用四端钮式 ZC-8 型接地电阻测量仪，其测量接线和布置如图4-5所示。将四个测量端钮接于四根接地棒，成一直线打入土内。它们之间的距离为 a 时，棒的埋入深度不应小于 $a/20$，a 可以取整数，以便于计算。

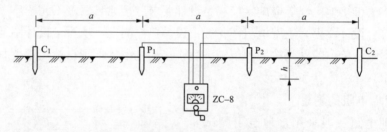

图 4-5 测量土壤电阻率的接线和布置

其测量步骤与测量接地电阻的步骤相同。边摇动摇柄调节"倍率标度"和"测量标度盘"，指针平稳地处于零位时，可读得连接 P_1 和 P_2 两棒间的电阻，将测得电阻按式（4-1）计算，可得相当于 $a/20$ 深度处的近似平均土壤电阻率。

$$\rho = 2\pi a R \tag{4-1}$$

式中 ρ ——被测土壤电阻率（$\Omega \cdot m$）；

      R ——所测电阻率（Ω）；

      a ——电极间距离（m），一般取值为 4～7m。

（八）ZC-8 型接地电阻测量仪

接地电阻测量仪主要用于直接测量各种接地装置的接地电阻值。比较常用的是 ZC-8 型接地电阻测量仪。ZC-8 型接地电阻测量仪有两种：一种为三个端钮；另一种为四个端钮，如图 4-6 所示。

ZC-8 型接地电阻测量仪主要由手摇发电机、相敏整流放大器、电位器、电流互感器及检流计等构成，构件全部密封

图 4-6 ZC-8 型接地电阻测量仪

在铝合金铸造的外壳内。仪表都附带有两根探针：一根是电位探针；另一根是电流探针。

ZC-8 型接地电阻测量仪有三个量程：$0\sim1\Omega$、$0\sim10\Omega$ 和 $0\sim100\Omega$。

二、施工准备

（一）技术准备

（1）熟悉接地施工技术资料，明确相关要求，编写施工手册，明确各杆塔位接地装置的型号、埋深、最大允许工频、接地电阻，以及接地材料的型号、规格、长度、数量。

（2）根据土壤电阻率大小、地质、地貌选择确定输电线路杆塔的接地装置、埋深。

（3）有地线的杆塔，在雷季干燥时，每基杆塔不连架空地线的工频接地电阻不宜大于表 4-1 所列数值。

（4）对参加施工的人员进行技术交底，使其熟悉接地装置图。

（5）按照有关安全规程、规定的要求清除焊接点附近安全范围内的易燃易爆物品、材料。

（6）按照有关安全规程、规定的要求布置、防护焊接有关的管、线、气瓶、焊机等。

（二）工器具及材料准备

（1）根据各杆塔位的地形、地质、地貌等情况确定接地施工使用的工器具。

（2）对开挖接地沟及焊接接地体的工器具，在使用前需检查其完好性，并符合有关安全要求。

（3）按照有关安全规程、规定的要求运输、保管及使用有关管、线、气瓶、焊机等。

（4）配备测量接地电阻所用的工器具，如接地绝缘电阻表等。

（5）按有关要求配备个人劳保用品。

（6）根据设计接地装置型号及要求准备接地材料，并检查各杆塔位接地材料的型号、规格、长度、数量，使其符合设计要求及现场情况。

（7）对进入现场的扁铁、接地钢筋等应按设计及规范要求进行清点和检验。

本任务所需工器具及材料见表 4-3。

表 4-3　　　　　　　　　　接地装置施工工器具及材料表

序号	名称	型号/规格	单位	数量	备注
1	氧气瓶	—	套	1	
2	焊枪	—	副	1	
3	接地电阻测试仪	ZC-8 型	台	1	
4	十字镐	—	把	2	
5	接地引下线	根据现场需要	m	—	
6	接地装置图	—	幅	1	
7	圆钢	根据现场需要	m	—	
8	扁钢	根据现场需要	m	—	

（三）人员要求

参加施工作业的人员必须经培训合格并持证上岗；施工前必须熟悉施工图纸、作业指导书及施工工艺特殊要求。

三、施工危险点分析及安全措施

（一）危险点一：触电伤害

（1）未经过专门训练并考试合格的人员不准进行焊接工作。

（2）禁止使用有缺陷的焊接工具和设备。

（3）天空有雷云时禁止施工作业。

（二）危险点二：碰伤

（1）现场埋设接地体时，要防止弹伤脸和眼睛。

（2）挖地沟时注意避免尖镐刨伤脚或磕伤手。

任务实施

一、实施前工作

（1）本任务标准化作业指导书的编写。指导学生（学员）完成接地工程施工作业指导书的编写。

（2）工器具及材料准备。

（3）办理施工相关手续。工作负责人按规定办理施工作业手续，得到批复后方可进行工作。

（4）召开班前会。

（5）布置工作任务。

（6）工作现场或模拟现场布置。根据作业现场或模拟现场情况合理布置、摆放工器具及材料。

二、实施工作

（1）根据设计的接地深度、放射长度、方向要求，在塔基四周开挖好接地沟（槽），分别水平铺设好接地钢筋（不得突起或盘绕）。

（2）将环网接地钢筋、四角放射接地钢筋、接地引下线各连接部位用爆压或焊接方法牢固连接。

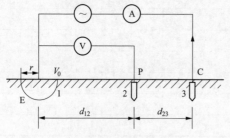

图 4-7　用 ZC-8 型接地电阻
测试仪测量接地电阻

（3）经检查符合要求后，应用选好的细土回填（严禁用石头、杂草或影响接地钢筋与土壤接触的杂物回填），回填土应每隔 200mm 夯实一次，以达到土壤间的紧密接触。

（4）根据设计要求，用接地电阻测试仪对接地电阻进行遥测，并做好原始记录。测量方法：用 ZC-8 型接地电阻测试仪测量接地电阻，如图 4-7 所示。其步骤如下：

1）拆开接地干线与接地体的连接点，或拆开接地干线上所有接地支线的连接点。

2）将一支测量接地棒插在离接地体 40m 远的地下，把另一支测量接地棒插在离接地体 20m 远的地下，两根接地棒均垂直插入地面 400mm 深。

3）将测试仪水平放置在接地体附近平整的场地后接线。测试仪的接线端钮 E 与被测接地极连接，接线端钮 P 与 20m 处的接地棒连接，接线端钮 C 与 40m 处的接地棒连接。

4）对指针机械调零，使其指在表度尺的红线上。

5）根据被测接地体接地电阻的要求，调节好粗调旋钮（表上有三挡可调范围）。

6）从慢至快最终以 120r/min 的转速均匀摇动手柄，当表头指针偏离中心时，边摇边调节细调拨盘，直到表针居中心为止。

7）以细调拨盘的位置乘以粗调定位倍数，其结果就是被测接地体接地电阻的阻值。例如，细调拨盘的读数是 0.35，粗调定位倍数是 10，则被测得的接地电阻是 3.5Ω。

（5）遥测完毕后，将接地引下线上部和铁塔腿部用螺栓连接好，并根据塔脚部位几何形状弯好接地引下线钢筋角度。

三、实施后工作

（1）质量检查。接地体的规格、埋深、长度符合设计规定，接头连接符合焊接要求，接地电阻满足设计要求。

（2）工作结束，整理现场。

（3）召开班后会。总结工作经验，分析施工中存在的问题及改进方法等。

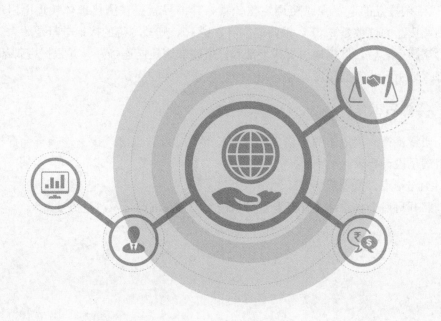

任务评价

本任务评价见表4-4。

表 4-4 接地工程施工任务评价表

姓名		学号				
评分项目		评分内容及要求	评分标准	扣分	得分	备注
施工准备 (25分)	施工方案 (10分)	(1) 方案正确。 (2) 内容完整	(1) 方案错误，扣10分。 (2) 内容不完整，每处扣0.5分			
	准备工作 (5分)	(1) 安全着装。 (2) 场地勘察。 (3) 工器具、材料检查	(1) 未按照规定着装，每处扣0.5分。 (2) 工器具选择错误，每次扣1分；未检查，扣1分。 (3) 材料检查不充分，每处扣1分。 (4) 场地不符合要求，每处扣1分			
	班前会 (施工技术交底) (5分)	(1) 交代工作任务及任务分配。 (2) 危险点分析。 (3) 预控措施	(1) 未交代工作任务，每次扣2分。 (2) 未进行人员分工，每次扣1分。 (3) 未交代危险点，扣3分；交代不全，酌情扣分。 (4) 未交代预控措施，扣2分。 (5) 其他不符合要求，酌情扣分			
	现场安全布置 (5分)	(1) 安全围栏。 (2) 标识牌	(1) 未设置安全围栏，扣3分；设置不正确，扣1分。 (2) 未摆放任何标识牌，扣2分；漏摆一处，扣1分；标识牌摆放不合理，每处扣1分。 (3) 其他不符合要求，酌情扣分			
任务完成 (60分)	接地沟开挖 (10分)	(1) 接地沟开挖方法。 (2) 接地沟开挖尺寸	(1) 接地沟开挖方法不正确，每处扣2分。 (2) 接地沟开挖尺寸不符合设计要求，每处扣2分			
	接地体敷设 (10分)	(1) 接地钢筋连接。 (2) 四角放射接地钢筋连接	(1) 接地钢筋突起或盘绕，每处扣1分。 (2) 接地钢筋连接不牢固，每处扣1分。 (3) 接地体敷设不符合规范要求，扣2分。 (4) 其他不符合条件，酌情扣分			

评分项目		评分内容及要求	评分标准	扣分	得分	备注
任务完成 (60分)	接地电阻测量 (10分)	(1) 接地电阻测量方法。 (2) 接地电阻测量数值	(1) 接地电阻测量方法不正确，扣2分。 (2) 接地电阻测量数值不符合设计要求，扣2分。 (3) 接地引下线上部和铁塔腿部用螺栓连接，不符合规范要求，每处扣2分			
	接地引下线安装 (10分)	(1) 接地引下线连接。 (2) 接地引下线安装。 (3) 接地引下线与铁塔腿部连接	(1) 接地引下线连接不正确，扣2分。 (2) 接地引下线安装不符合规范，扣2分。 (3) 接地引下线与铁塔腿部连接不符合规范，每处扣2分			
	接地沟回填 (5分)	接地沟回填	(1) 接地沟回填方法不正确，扣2分。 (2) 接地沟回填不符合规范，每处扣1分			
	质量验收 (10分)	填写质量验收单	(1) 未填写质量验收单，扣10分。 (2) 未对质量验收结果进行判断，扣5分。 (3) 质量验收单填写不全，每处扣2分			
	整理现场 (5分)	整理现场	(1) 未整理现场，扣1分。 (2) 现场有遗漏，每处扣1分。 (3) 离开现场前未检查，扣1分			
基本素质 (15分)	安全文明 (5分)	(1) 标准化作业。 (2) 安全措施完备。 (3) 作业现场规范	(1) 未按标准化作业流程作业，扣1分。 (2) 安全措施不完备，扣1分。 (3) 作业现场不规范，扣1分			
	团结协作 (5分)	(1) 合理分工。 (2) 工作过程相互协作	(1) 分工不合理，扣1分。 (2) 工作过程不协作，扣1分			
	劳动纪律 (5分)	(1) 遵守工地管理制度。 (2) 遵守劳动纪律	(1) 不遵守工地管理制度，扣2分。 (2) 不遵守劳动纪律，扣2分			
合计	总分100分					
任务完成时间：		时　　　　分				
教师						

学习与思考

（1）接地装置是由哪几部分组成的?

（2）架空输电线路防雷的任务是什么?

（3）架空输电线路防雷的措施有哪些?

（4）说出接地电阻测量方法。

（5）降低接地电阻的方法有哪些?

（6）简述接地工程施工工艺流程。

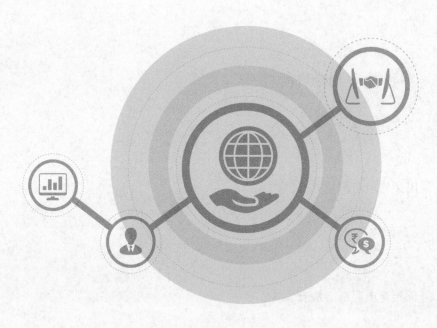

任务二 线路防护设施施工

任务描述

架空线路的防护设施属于架空线路的附属设施，一般在杆塔基础工程施工完毕之后进行施工。

本学习任务主要是完成线路防护设施施工方案的编制，并实施线路防护设施施工任务。

任务目标

了解线路防护设施的类型，熟悉线路防护设施施工工艺流程，明确施工前的准备工作、施工危险点及安全防范措施，并依据相关线路施工验收规范，编制并实施线路防护设施施工方案。

任务准备

一、知识准备

（一）线路防护设施及常见类型

线路防护设施有杆塔基础护坡、挡土墙、防洪堤、排水沟、保护帽、线路防护标识、高塔航空标识等。

1. 杆塔基础护坡、挡土墙

护坡是建筑在边坡上的附属工程，是起保护边坡不被雨水冲刷或绿化作用的。工程护坡有坡面防护和支挡结构防护两类。常用的坡面防护措施有灰浆或三合土等抹面、喷浆、喷混凝土、浆砌块石护墙、锚喷护坡、锚喷网护坡等。这类措施主要用于防护开挖边坡坡面的岩石风化剥落、碎落以及少量落石掉块等现象。所防护的边坡应有足够的稳定性，对于不稳定的边坡应先支挡再防护。支挡结构的类型较多，有挡土墙、锚杆挡墙、抗滑桩等。这些支挡结构既有防护作用，又有加固坡体的作用。采用工程措施护坡，往往过分追求强度功效，因而破坏了生态自然，景观效果差，而且随着时间的推移，混凝土面、浆砌块石面会风化、老化，甚至造成破坏，后期整治费用高。

挡土墙的作用在于保护高路基、减少放坡或保护河道等。挡土墙是一种能够抵抗侧向土压力、防止墙后土体坍塌的构筑物。在输电线路工程中，挡土墙可用来稳定杆塔基础，减小土石方工程量，防止水流冲刷杆塔基础。特别是在山区输电线路杆塔基础防护工程的施工中，挡土墙被广泛运用。

杆塔基础护坡、挡土墙防护是将以钢丝绳网为主的各类柔性网覆盖包裹在所需防护的斜坡或岩石上，以限制坡面岩石土体的风化剥落或破坏以及危岩崩塌（加固作用），或将落石控制在一定范围内运动（围护作用）。

2. 防洪堤

防洪堤是指为了防止河流泛滥而建的堤坝，可以抑制洪水。

3. 排水沟

排水沟是将边沟、截水沟和路基附近、庄稼地里、住宅附近低洼处汇集的水引向路基、庄稼地、住宅地以外的水沟。输电线路工程防护设施的排水沟是指将边沟、截水沟和杆塔基础附近低洼处汇集的水引向杆塔基础以外的水沟。

4. 保护帽

杆塔基础保护帽用于对杆塔基础地脚螺栓的防腐保护。

5. 线路防护标识

输电线路防护标识主要指杆号标识、相位标识和警示标识等。

6. 高塔航空标识

按国家标准，顶部高出地面 45m 以上的高层建筑必须设置航标灯。为了与一般用途的照明灯有所区别，航标灯不是长亮而是闪亮，闪光频率不低于每分钟 20 次，不高于每分钟 70 次。障碍航标灯一般分为低光强、中光强和高光强三种。障碍航标灯的垂直和水平距离大于 45m 的建筑及其设施，可以三种障碍航标灯互相配合使用。离地面 90m 以上的建筑物及其设施，使用的中光强障碍航标灯为红色闪光灯，闪光频率应在每分钟 20～60 次，闪光的有效光强不小于 1600cd；或者使用红色的高光强障碍航标灯，其闪光效果更加明显。离地面 150m 以上的建筑物及其设施，使用高光强障碍航标灯并必须为白色闪光灯，闪光频率应在每分钟 20～70 次，有效光强随背景亮度而定。

(二) 塔基防护及弃土处理

1. 基面处理

（1）所有杆塔基面，如利用的是自然坡面，可不进行人工基面排水；如基面有平降基，则要求整理成上山坡方向高、下山坡方向低，有 5°的自然排水坡度，以利于基面排水。

（2）为防止雨水冲刷地基，应在塔基周边开挖排水沟。排水沟应以 5°的坡度引向原土区排水，不允许向堆积的松土处排水。

（3）凡上山坡方向有较大的雨水流向基面时，都要求开挖排水沟。排水沟一般距削坡顶部 3～5m；如利用的是自然坡面，排水沟距最近基础 8～10m。根据地形，应挖成"人"字形或"圆弧"形，排水沟尺寸及要求详见施工图纸。

（4）铁塔及基础明细表中要求砌筑护坡与挡土墙的塔位，应严格按设计要求施工；施工过程中要求砌筑的，必须由设计、监理、施工等相关单位现场确定。

（5）若山上杆塔开挖的土石方滚落至山下，必须清除，以保护生态环境。

（6）基础施工完成后，根据原占用土地的类别，分别采取复耕、种植等措施恢复或改善原有的植被状况。对农田及耕地，在施工后期应及时清除及清理临时建筑物及废弃物，清理恢复施工基地并平整土地，进行翻土复耕。对于荒地，必须将地表临时建筑物全部拆除，废弃物及时运至弃渣处置点堆放，在场地上播撒草籽或种植植被。

2. 边坡防护

（1）开挖斜坡基坑时，应将弃土运至塔基范围外分散堆放，不允许从基坑内直接向坡下弃土，以避免破坏植被和坡体稳定，危及塔基的安全。

（2）各塔位施工后的余土应合理处置，运至塔基指定位置堆放，严禁就地倾倒。要求搬运至塔基范围外对环境影响最小的场地堆放，且不影响农田耕作。

3. 浆砌块石护坡

（1）护坡可采用浆砌块石砌筑。

（2）原材料要求。石材：尽可能就地取材，如灰岩、砂质砂岩、花岗岩等，其强度等级不得低于 MU30，易风化、整体性差、裂纹多、软化系数低于 0.75 的岩石及未经凿面的大卵石不能采用。砂浆：325 号及以上硅酸盐水泥配置 M10 水泥砂浆，不得使用石灰砂浆。

（3）挡土墙每隔 15～25m 应设置伸缩缝。地基性状和挡土墙高度变化处应设置沉降缝，缝宽 20～30mm，缝中应填塞沥青麻筋或其他有弹性的防水材料，填塞深度不应小于 150mm。

（4）挡土墙后面的填土，应优先选择透水性较强的填料。当采用黏性土作填料时，宜掺入适量的碎石。不得采用淤泥、耕植土、膨胀性黏土等软弱有害的岩土体作填料。

（5）挡土墙的基础嵌入原状土的深度应大于 500mm，同时不得小于设计图纸中规格尺寸及工程量一览表中所列埋深。

（6）挡土墙的泄水孔应严格按照设计图纸中的要求设置。

（7）护坡的外露高度不宜大于 4m。

（8）设计有护坡的塔位时，必须先修好护坡，待边坡稳定后，再进行基坑开挖，严禁一挖到底。

（9）挡土墙在施工前要做好地面排水工作，保持基坑和边坡坡面干燥。

（10）土坡及松散的大块碎石类坡、积层边坡的开挖，严禁先挖坡脚，应从上而下依次分段开挖。

（11）对于护坡基脚，当处于风化岩层上时应先清除表面风化层，当处于土层上时应放在原状土上。

（12）浆砌块石挡土墙的施工必须采用座浆法，块石表面应清洗干净，砂浆填塞应饱满，严禁干砌。

（13）所用石材上下面应尽可能平整，块石厚度不应小于 200mm，外露面应用 M10 砂浆勾缝。应分层错缝砌筑，基底和转折处不应有垂直通缝。

（14）堡坎砌体砂浆达到设计标号的 70% 后，方可回填土。墙后填土必须分层夯实。

（15）地面封闭处理：为防止地面渗水，必须在地面用 0.2m 厚的黏土覆盖保护区，并在其上种植植被。

（16）基础底板（方形截面）、底盘（圆形截面）至堡坎顶部内侧的距离 L_1，以杆塔明细表结构部分中的标注为准。

（17）基坑开挖线至护坡基脚外侧的距离，以铁塔及基础配置图中的标注为准。若无明确要求，应取 1～2m，同时不得影响基坑开挖。

（18）铁塔及基础配置图中堡坎、护坎的高度为平均高度，施工时应根据现场实际地形进行砌筑。

4. 引水、排水

(1) 对易受洪水冲刷的铁塔基础，应按设计要求进行防护。塔位上山坡有水径流向铁塔基础时应在上山坡设置截水沟，靠近基础位置周边设置排水沟，截水沟和排水沟宜采用水泥砂浆抹面或块石砌筑。

(2) 施工弃土应远离塔位堆放，施工结束后应平整场地，让地表水能散水外流，并尽量恢复地表植被。

(3) 需修排水沟的塔位，应根据现场地形顺坡修建，且排水口离开塔基范围，起到截水、排水的作用。

(4) 排水沟采用浆砌块石砌筑，主要用于截断水源，减少汇水对塔基的冲刷。

(5) 浆砌块石排水沟施工注意事项：

1) 块石表面应清洗干净，砂浆填塞应饱满，严禁干砌。

2) 排水沟表面应采用 C15 素混凝土抹面，使排水面光滑平整。

3) 排水沟相对塔基的位置及长度应根据现场的实际地形和施工基面开挖情况而定。铁塔及基础配置图中地形、辅助及防护设施栏示意图及该图中的尺寸仅供参考。

4) 排水沟出水口高程应低于铁塔最长腿基础底面高程，或使水排向铁塔所在山脊外侧，不得对塔基下方造成冲刷。

5) 在排水沟出水口应采用 C15 素混凝土做成散水。散水施工前，其底部土层必须平整夯实。

5. 弃土处理

(1) 基面开挖或基坑开挖前，应根据设计图纸合理选择余土的堆放点和采取相应的防护措施，将余土运至塔基指定位置处堆放，以保护自然植被及环境，防止水土流失。

(2) 位于梯田的塔位，如设置有堡坎，应将弃土尽量堆放于堡坎中；如不能就地堆放，应外运至坡度相对较小的缓坡处堆放。

(3) 山区杆塔基坑开挖与降低基面的土方，应堆放在铁塔附近较平缓的坡面，使土石方就地堆稳，不允许随意抛弃余土。确实无法堆稳时，应考虑余土外运。

(4) 塔位地形坡度小于 20° 的坡地，应将弃土在塔位范围及附近区域就地摊薄。

(5) 塔位地形坡度大于 20° 的坡地，应根据基础施工图纸弃土处理要求执行。

6. 塔脚保护帽浇制

塔脚保护帽浇制应在铁塔检查合格后进行，并应符合以下规定：

(1) 浇制前应对地脚螺栓进行紧固检查。

(2) 保护帽采用 C15 级混凝土，与塔座结合紧密，不得有裂缝。

(3) 铁塔组立后，塔脚板应与基础面接触良好，有空隙时应垫铁片，并浇筑水泥砂浆。

(4) 保护帽应形状统一，其边长按塔脚板外侧每边长增加 50mm，高度根据地脚螺栓外露高度增加 50mm，同时不小于 300mm，顶部制成 20° 的散水坡。还应保证保护帽到接地孔的距离不得小于 150mm。

（5）保护帽浇筑前，监理和施工队质检员必须逐基检查地脚螺栓与螺母是否配合紧密，双帽是否拧紧，螺杆是否出牙，检查合格后才能浇筑塔脚保护帽。

（6）保护帽边缘棱角倒角，应不开裂、不积水，不得用砖块或块石砌筑；如果发现保护帽不合格，应全部打掉重新浇筑。

7. 基础爬梯施工

（1）爬梯设置目的。基础爬梯主要是针对基础外露高度过大、方便检修人员攀爬而设置的。

（2）爬梯设置原则。当基础外露地面实际高度大于 1500mm 时需设置爬梯。

（3）爬梯设置位置要求。应按爬梯安装位置示意图设置爬梯。

（4）爬梯方式。爬梯从天然地面起 1000mm 的高度开始设置，间距为 450mm，最上部梯步距基础顶面不应大于 400mm；爬梯采用 ϕ20 螺纹钢筋加工，爬梯加工成槽形，宽度为 500mm，露出基础混凝土表面长度为 200mm，混凝土内锚固长度为 250mm±50mm。

（5）爬梯防腐。爬梯钢筋外露部分应使用热镀锌防腐。

二、施工准备

（一）技术准备

（1）审查设计图纸，熟悉有关资料。

（2）搜集资料，摸清情况。

（3）线路防护设施施工图。严格按照相关要求做好图纸会审；严格按照规定对现场施工人员有针对性地进行施工技术交底并形成书面记录。

（二）工器具准备

（1）选用适合的基坑开挖、回填用的工器具。

（2）配齐基坑开挖、回填用的各种工器具。

（3）配备上、下坑工具及作业人员的安全用具。

（三）材料准备

对进入现场的材料应按设计及规范要求进行清点和检验。砌筑用块石尺寸一般不小于 250mm，石料应坚硬、不易风化且干净，砌筑时保持砌石表面湿润。其余原材料应符合基础工程使用的原材料要求。标识牌应符合现行有关标准和施工图纸的要求。

（四）人员要求

参加施工作业的人员必须经培训合格并持证上岗；施工前必须熟悉施工图纸、作业指导书及施工工艺特殊要求。

三、施工危险点分析及安全措施

（一）危险点一：坑壁塌方伤人

（1）坑挖好后应进行支模工作，应采取可靠的防止塌方措施。

（2）土质松软处应设防塌板（板桩）。

（3）往外抛土时，应注意避免石块回落伤人。

（二）危险点二：高处跌落摔伤

（1）在施工平台上工作时，应采取防滑措施，平台面积应足够且牢固，防止作业人员掉入坑内摔伤。

（2）下坡、沟坎检查时，不应攀踩支木、顶木，以防踩掉摔伤。

任务实施

一、实施前工作

（1）本任务标准化作业指导书的编写。指导学生（学员）完成线路防护设施施工作业指导书的编写。

（2）工器具及材料准备。

（3）办理施工相关手续。工作负责人按规定办理施工作业手续，得到批复后方可进行工作。

（4）召开班前会。

（5）布置工作任务。

（6）工作现场或模拟现场布置。根据作业现场或模拟现场情况合理布置、摆放工器具及材料。

二、实施工作

（一）基础护坡、挡土墙、排水沟施工

根据设计要求定出基础护坡、挡土墙或排水沟砌筑的位置。在砌筑前，底部浮土必须清除，在砌体外将石料上的泥垢冲洗干净，砌筑时保持砌石表面湿润。

采用座浆法分层砌筑，铺浆厚度宜为 3～5mm；用砂浆填满砌缝，不得无浆直接贴靠；砌缝内应采用扁铁插捣密实。上下层砌石应错缝砌筑；砌体外露面应平整美观，外露面上的砌缝应预留约 4cm 深的空隙，以备勾缝处理。勾缝前必须清缝，用水冲净并保持槽内湿润；砂浆应分次向缝内填塞密实；勾缝砂浆标号应高于砌体砂浆。

基础护坡、挡土墙按相关要求设置排水孔。砌筑完毕后，应及时清理现场，做好环境保护工作。排水沟施工应按施工图纸进行。山地基础的排水沟一般沿基础的上山坡方向开挖，以确保排水顺畅。需浇制的排水沟，混凝土的等级强度应达到设计要求。浇筑的控制要求和基础施工一致。

（二）保护帽施工

1. 施工准备

现场浇筑使用的砂、石、水泥等材料送检合格，已按照保护帽规格定制模板，施工用工器具完好；施工人员交底已经完成，施工用钢卷尺等测量器具经检验合格，铁塔经验收合格。浇制前应对地脚螺栓进行严格检查，地脚螺栓不紧或数量缺少的塔位，严禁浇制保护帽。支模前应将立柱面及塔脚板清理干净。

2. 支模

保护帽尺寸由基础立柱断面尺寸大小确定，如设计或业主另有要求，按设计或业主要求执行。保护帽应使用定型钢模板，规格为 5mm×45mm×L（L 为模板的长度），模板间的连接采用 ϕ12 螺栓连接。使用前，对模板表面的黏结物需清除干净，涂刷脱模剂。严禁使用严重损伤变形的模板。

根据保护帽尺寸的规定，选择相应类型的模板。严格控制断面尺寸，组合时模板的接缝应紧密，螺栓必须紧到位。根据立柱断面尺寸及保护帽断面尺寸确定立柱模板与基础立柱边距离，通过钢卷尺准确确定模板位置。相邻腿保护帽模板需带线找正，以保证保护帽整体与立柱不存在扭转或偏心。保护帽混凝土浇制过程中应及时复查模板位置是否移动，并纠正。

3. 保护帽混凝土浇制

保护帽混凝土标号与基础混凝土标号相同，应采用与基础相同配合比的混凝土进行浇制。人工搅拌必须在干净铁皮上进行。保护帽混凝土必须经过良好振捣。保护帽上表面应在混凝土凝固前进行原浆收光，保护帽顶面应做成平面。

（三）线路防护标识施工

根据设计的要求，防护标识牌应安装在醒目的位置。防护标识牌的安装必须牢固可靠。防护标识牌的安装需统一正确。

（四）高塔航空标识施工

航空标识牌及其附件应根据施工图纸加工。灯（球）必须安装在施工图纸指定的位置上。按警航灯（球）安装说明安装，并安装得安全可靠。警航漆的喷涂需按施工图纸的要求进行，可在工厂加工时喷涂，也可在现场喷涂。

三、实施后工作

（1）验收检查。按照 Q/CSG 10017.1—2007《110kV～500kV 送变电工程质量检验及评定标准　第 1 部分：送电工程》表 6.6.1、表 B.31 及 GB 50233—2014《110kV～750kV架空送电线路施工及验收规范》的规定执行。

（2）工作结束，整理现场。

（3）召开班后会。总结工作经验，分析施工中存在的问题及改进方法等。

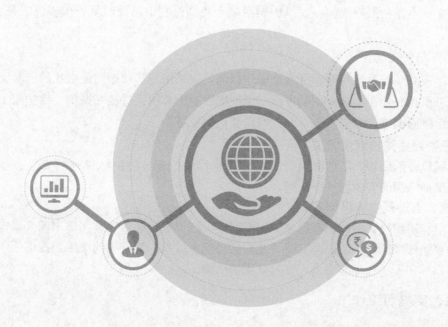

任务评价

本任务评价见表4-5。

表 4-5　　　　　　　　　　线路防护设施施工任务评价表

姓名		学号				
评分项目	评分内容及要求		评分标准	扣分	得分	备注
工作准备 (25分)	施工方案 (10分)	(1) 方案正确。 (2) 内容完整	(1) 方案错误，扣10分。 (2) 内容不完整，每处扣0.5分			
	准备工作 (5分)	(1) 安全着装。 (2) 场地勘察。 (3) 工器具、材料检查	(1) 未按照规定着装，每处扣0.5分。 (2) 工器具选择错误，每次扣1分；未检查，扣1分。 (3) 材料检查不充分，每处扣1分。 (4) 场地不符合要求，每处扣1分			
	班前会 (施工技术交底) (5分)	(1) 工作任务交代及任务分配。 (2) 危险点分析。 (3) 预控措施	(1) 未交代工作任务，每次扣2分。 (2) 未进行人员分工，每次扣1分。 (3) 未交代危险点，扣3分；交代不全，酌情扣分。 (4) 未交代预控措施，扣2分。 (5) 其他不符合要求，酌情扣分			
	现场安全布置 (5分)	(1) 安全围栏。 (2) 标识牌	(1) 未设置安全围栏，扣3分；设置不正确，扣1分。 (2) 未摆放任何标识牌，扣2分；漏摆一处，扣1分；标识牌摆放不合理，每处扣1分。 (3) 其他不符合要求，酌情扣分			
任务完成 (60分)	杆塔基础护坡、挡土墙施工 (10分)	(1) 基础护坡施工。 (2) 挡土墙施工	(1) 基础护坡施工不正确，每处扣2分。 (2) 基础护坡施工不符合规范要求，扣2分。 (3) 挡土墙施工方法不正确，每处扣2分。 (4) 其他不符合规范要求，扣2分			
	防洪堤施工 (10分)	防洪堤施工	(1) 防洪堤施工方法不正确，每处扣2分。 (2) 防洪堤施工不符合规范要求，扣2分			
	排水沟施工 (10分)	排水沟施工	(1) 排水沟施工方法不正确，每处扣2分。 (2) 排水沟施工不符合规范要求，扣2分			

评分项目		评分内容及要求	评分标准	扣分	得分	备注
任务完成 (60分)	保护帽施工 (10分)	保护帽施工	(1) 保护帽施工方法不正确，每处扣2分。 (2) 保护帽施工不符合规范要求，扣2分			
	线路防护 标识施工 (5分)	(1) 塔号标识牌。 (2) 相位标识牌。 (3) 警示牌	(1) 塔号标识牌不符合规范要求，每处扣1分。 (2) 相位标识牌不符合规范要求，每处扣1分。 (3) 警示牌不符合规范要求，扣1分			
	高塔航空 标识施工 (5分)	高塔航空标识施工	(1) 高塔航空标识施工方法不正确，每处扣1分 (2) 高塔航空标识施工不符合规范要求，扣1分			
	整理现场 (5分)	整理现场	(1) 未整理现场，扣1分。 (2) 现场有遗漏，每处扣1分。 (3) 离开现场前未检查，扣1分			
	质量验收 (5分)	安装质量检查	整体安装不符合规范要求，每处扣2分			
基本素质 (15分)	安全文明 (5分)	(1) 标准化作业。 (2) 安全措施完备。 (3) 作业现场规范	(1) 未按标准化作业流程作业，扣1分。 (2) 安全措施不完备，扣1分。 (3) 作业现场不规范，扣1分			
	团结协作 (5分)	(1) 合理分工。 (2) 工作过程相互协作	(1) 分工不合理，扣1分。 (2) 工作过程不协作，扣1分			
	劳动纪律 (5分)	(1) 遵守工地管理制度。 (2) 遵守劳动纪律	(1) 不遵守工地管理制度，扣2分。 (2) 遵守劳动纪律，扣2分			
合计	总分100分					
任务完成时间：		时　　　分				
	教师					

学习与思考

（1）线路防护设施主要包括哪些？

（2）杆塔基础护坡、挡土墙施工主要质量控制点有哪些？

（3）说出防洪堤施工主要质量控制点。

（4）排水沟施工主要质量控制点有哪些？

（5）说出保护帽施工主要质量控制点。

（6）线路防护标识施工主要质量控制点有哪些？

（7）说出高塔航空标识施工主要质量控制点。

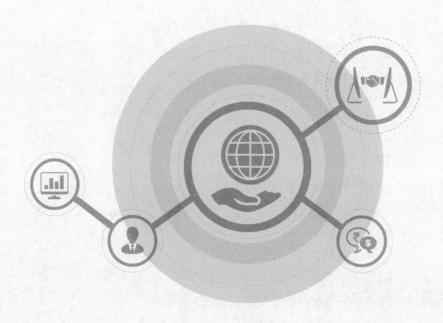

输电线路施工新技术新工艺

【情境描述】

通过了解碳纤维复合芯导线施工、直升机组塔施工、弹射器跨越施工以及钢抱杆组合式跨越架在跨越高电压等级线路中的应用等，熟悉输电线路施工新技术新工艺。

【情境目标】

通过本情境学习，应该达到的知识目标：了解输电线路施工中采用的先进方法、技术和工艺；应达到的能力目标：了解输电线路施工的新技术新工艺；应达到的态度目标：牢固树立输电线路应用新技术新工艺过程中的安全风险防范意识。

【相关知识】

一、碳纤维复合芯导线施工

（一）碳纤维复合芯概述

碳纤维复合芯是以碳纤维为主要增强纤维并与玻璃纤维、树脂复合而成的圆形棒状芯材。碳纤维复合芯导线是由多根软铝型线、耐热铝合金线或耐热铝合金型线（统称导体）与碳纤维复合芯棒同心绞制而成的架空输电线路用绞线。

1. 连接

碳纤维复合芯导线末端与耐张线夹或者两根碳纤维复合芯导线末端与接续管之间的连接方式包括碳纤维复合芯的楔形夹连接和铝部压接。

2. 压接

压接是指通过压力使压线筒沿导线四周产生机械压缩或变形，从而使导线和压线筒之间形成机械连接和电气连接的方法。

（1）集中压接。在张力机与架线段首基塔之间实施的压接行为，又称张力场压接。

（2）分散压接。与集中压接相对应，在非张力场实施的压接行为。

3. 定长放线

依据耐张段的长度以及牵张场的布置，确定导线的制造长度，在施工过程中不进行接续管连接。

4. 蛇节式接续管保护装置

蛇节式接续管保护装置是指在橡胶头和钢管之间增加了可弯曲 30°的蛇节结构的接续管保护装置，主要由橡胶头、蛇节、连接头、钢管与紧固螺钉等组成，在放线过程中能够有效保护接续管及其端部导线。

5. 装配式牵引器

装配式牵引器是指具有两级楔形夹紧装置的牵引器，主要由橡胶套、蛇节、过渡连接件、下连接件、大卡爪、中间连接件、小卡爪、小卡爪安装座、上连接件与压盖等组成，在放线过程中能够安全有效地牵引导线，且可以拆卸重复使用。

（二）碳纤维复合芯导线架线施工

（1）架线施工前，施工单位应根据碳纤维复合芯导线的特性、现场地形等条件有针对性地制定施工方案，编制作业指导书，合理选择施工机具和规划施工组织，并对操作工人进行安全技术交底。

（2）施工人员应经过专业培训并掌握碳纤维复合芯导线的施工特点，在实际操作时严格执行作业指导书的要求，确保碳纤维复合芯导线的施工质量和安全。

（3）采用碳纤维复合芯导线的工程，应按 GB 50233—2014《110kV～750kV 架空送电线路施工及验收规范》规定执行，并结合碳纤维复合芯导线的特殊要求进行验收。

（4）碳纤维复合芯导线应采用张力架线，其施工工艺参照 Q/GDW 154—2006《1000kV 架空送电线路张力架线施工工艺导则》标准执行。

（5）碳纤维复合芯导线张力架线施工应具备的施工条件包括但不限于：

1）施工机具应符合碳纤维复合芯导线施工机具的技术条件。

2）耐张金具组合串中应具有较大调整范围的调整金具。

3）直线塔、耐张塔应设置满足施工要求的施工用孔。

（6）导线承受的放线张力不宜超过 20% T_P（T_P 为导线的计算拉断力），在高山大岭等地形较差地区，放线张力应适当降低。

（7）放线张力正常情况下，导线在放线滑车上的包络角超过 25°时应加挂双滑车。

（8）放线区段长度宜设置在 6～8km，并不应超过 20 个滑车。在高山大岭等地形较差地区，放线区段长度还应缩短。张力放线区段长度和牵张场位置主要根据放线质量要求确定，兼顾放线效率。跨越特别重要的跨越物时，应适当缩短放线区段长度。铝股为软铝时，放线区段滑车数不应超过 15 个，且不宜超过 6km。

（9）跨越高铁、高速公路、重要输电通道时，应对安全性进行专题论证。

（10）与碳纤维复合芯导线直接接触的工器具应有效握持导线，且不应损伤导线。施工单位使用前应对相应工器具进行试验验证。

（11）牵引绳、牵引板、旋转连接器、装配式牵引器与碳纤维复合芯导线的连接部位是张力放线受力系统的薄弱和关键环节，每次使用前均应严格检查，按规定方式安装和使用。

（12）对于 400mm² 及以上的碳纤维复合芯导线，导线牵引应采用装配式牵引器，不应采用单头网套。

（13）导线换盘应采用两个单头网套加抗弯旋转连接器的形式，不应采用双头网套。

（14）对于 400mm² 以下的碳纤维复合芯导线，采用单头网套和双头网套时应进行试验验证。

（15）碳纤维复合芯导线压接，应由培训合格并持上岗证书的技工操作。导线压接施工前应进行压接设备、金具和导线的检查。导线压接施工中应注意严格按照要求操作，压接后检查及压接试验等参照 Q/GDW 1571—2014《大截面导线压接工艺导则》标准执行。

（三）施工准备

1. 导线运输及防护

（1）碳纤维复合芯导线应避免被地面或其他坚硬、尖锐部件磨损。

（2）碳纤维复合芯导线交货盘及包装应适应长距离及山地运输、吊装，避免造成导线损伤。

（3）吊具应避免对导线交货盘挤压或损伤。

2. 跨越施工准备

（1）导线与被跨越物净空安全距离应满足 GB 50233—2014《110kV～750kV 架空送电线路施工及验收规范》的要求，确保施工和被跨物的安全。

（2）张力架线中跨越架的几何尺寸应按 Q/GDW 154—2006《1000kV 架空送电线路张力架线施工工艺导则》的规定执行。

（3）跨越架顶部与导线接触部位应采取防磨保护措施。

3. 张力场的布置

（1）导线放线盘架与张力机的距离不宜小于 15m。

（2）导线对张力机的水平夹角不应大于 10°。

（3）张力机应布置于顺线路方向，不应转向。

4. 机具准备

（1）施工过程中与导线直接接触的机具有张力机、放线滑车、装配式牵引器、接续管保护装置、单头网套连接器、卡线器、提线器、压接机模具等，机具应满足导线特性的要求，并与导线规格、碳纤维复合芯棒规格相匹配。机具型式试验项目执行 DL/T 875—2016《架空输电线路施工机具基本技术要求》的规定。

（2）710mm² 以下碳纤维复合芯导线张力机轮槽底部直径不应小于导线直径的 50 倍。张力机进线导向轮宜由两组（每组两个）自平衡滚轮组成。

（3）放线滑车选用应参照 DL/T 371—2019《架空输电线路放线滑车》，且满足如下要求：

1）轮槽底部直径不应小于导线直径的 30 倍。

2）轮槽深度应大于导线直径的 1.25 倍，且不小于接续管保护装置直径的 2/3。

3）轮槽宽度能顺利通过装配式牵引器与接续管保护装置。

4）滑轮槽内与导线接触部分应为胶体或其他韧性材料。

5）滑轮的摩擦阻力系数不应大于 1.015。

6）与牵放方式相配合，牵引板与放线滑车相匹配，保证牵引板的通过性。

（4）装配式牵引器的结构如图 5-1 所示。装配式牵引器的使用应满足如下要求：

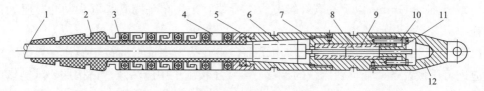

图 5-1　装配式牵引器结构示意图

1—碳纤维复合芯导线；2—橡胶套；3—蛇节；4—过渡连接件；5—下连接件；6—大卡爪；
7—中间连接件；8—小卡爪；9—小卡爪安装座；10—压盖螺栓；11—压盖；12—上连接件

1）过滑车时，牵引器尾部蛇节组产生的最大折角不应大于 30°，其弯曲半径不应小于滑轮槽底半径，且能够有效保护出口处导线，如图 5-2 所示。其中，r 为牵引器尾部弯曲形成的曲线的曲率半径，R 为导线半径。

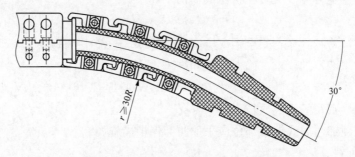

图 5-2　过滑车时牵引器尾部弯曲状态

2）装配式牵引器需与展放导线的规格型号配套使用，不应混用。

3）每次使用前，应检查零部件是否齐全，大、小卡爪有无磨损，卡爪安装座是否有异物或变形，是否锈蚀，如有损伤应及时更换。重复使用的小卡爪应使用纯酒精或汽油清洗内腔的玻璃纤维粉末并晾干；大、小卡爪重复使用次数应符合厂家要求。

（5）碳纤维复合芯导线非定长张力放线时，应使用蛇节式接续管保护装置，其主要由橡胶头、蛇节、连接头、钢管与紧固螺钉等组成，如图 5-3 所示。蛇节式接续管保护装置使用应满足如下要求：

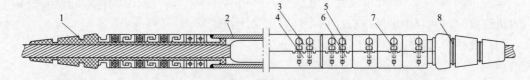

图 5-3　蛇节式接续管保护装置结构示意图

1—橡胶头；2—钢管；3—上连接头；4—下连接头；5—上蛇节；6—下蛇节；7—紧固螺栓；8—卡箍

1）过滑车时，接续管保护装置的两端蛇节组产生的最大折角不应大于 30°，其弯曲半径不应小于滑轮槽底半径，且能够有效保护出口处导线。

2）接续管保护装置主体结构采用内六角螺栓紧固，两端胶头采用不锈钢箍或铁丝绑扎。

3）使用前，应检查接续管保护装置与导线、接续管是否配套，零部件是否齐全，螺栓有无锈蚀，橡胶头有无磨损。

（6）单头网套连接器主要用于导线更换线盘时导线间的连接，由单股编织网、双股编织网、多股编织网、金属保护管、金属压接管、钢丝绳环套等组成，如图5-4所示。单头网套连接器的使用应满足如下要求：

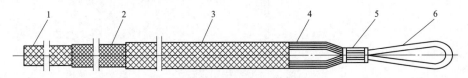

图5-4 单头网套连接器结构示意图

1—单股编织网；2—双股编织网；3—多股编织网；4—铜或铝保护管；5—金属压接管；6—钢丝绳环套

1）剥铝层时宜使用手锯或专用剥线器，不应损伤芯棒。

2）导线宜安装钢箍并压紧后方可穿入网套，避免铝股受力后相对芯棒滑移。

3）安装用钢箍的宽度不大于30mm，过长易损伤导线。

（7）卡线器的使用应满足如下要求：

1）应使用碳纤维复合芯导线专用卡线器，卡线器应能有效夹持，并不损伤导线。

2）应检查卡线器适用导线型号与导线是否对应，钳口有无磨损，钳口长度是否符合要求。

3）使用前，应进行卡线器与导线的配合性试验。对于不同厂家的卡线器和导线应分别进行试验。

（8）提线器的使用应满足如下要求：

1）提线器的吊钩与导线接触面应有橡胶，且橡胶不应有明显磨损和损伤。

2）吊钩应有符合要求的承托面积和曲率半径。

（9）压接机模具的使用应满足如下要求：

1）压接时所使用的压模应与压接管相配套。凡上模与下模有固定方向的，压模应有明显标记，不应放错。

2）对压模应进行定期检查，如发现压模有尺寸超差、变形或磨损现象时应予以更换。

（四）张力放线

（1）多分裂导线的放线方式应根据设备和地形条件进行计算后确定，宜采用同步展放方式。

（2）碳纤维复合芯导线牵张场不受设计耐张段限制，宜在耐张塔前后设置牵张场；可以用直线塔作施工段起止塔，在耐张塔上直通放线，但该直线塔应满足锚线工况的受力要求。

（3）新建线路宜采用非定长放线和集中压接，有条件的区段可采用定长放线。

（4）耐张线夹不宜在压接后升空。

（5）在直通放线的耐张塔上做平衡挂线或半平衡挂线。

（6）同一耐张段中只能使用一个制造厂家的导线通过接续管进行连接。

（7）布线时以减少接头为原则。

（8）牵引板后防扭钢丝绳的长度应使防捻器不碰触导线，如图 5-5 所示。

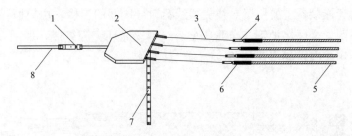

图 5-5　导线牵引示意图

1—旋转连接器；2—牵引板；3—防扭钢丝绳；4—旋转连接器；5—碳纤维复合芯导线；

6—装配式牵引器；7—防捻器；8—牵引绳

（五）连接

1. 连接准备

（1）对碳纤维复合芯导线进行压接操作时，应有质量检查人员在场进行监督，并填写施工记录表。

（2）耐张线夹、接续管储运过程中应避免发生磕碰。

（3）压接用的压模应与压接管配套，压接钳应与压模匹配，工作正常时压力指示准确。

（4）导线的受压部分压接前应顺直完好，距管口 15m 范围内不应有必须进行处理或不能修复的缺陷。

（5）导线端部在切割前应校直，并采取防止散股的措施。

（6）量尺划印的定位印记在划好后应立即复查，确保准确无误。

2. 压接机具准备

（1）根据导线接续管、耐张线夹、引流线夹的外形尺寸，选择与之相匹配的压模及液压机的类型。

（2）对所用导线的结构及规格应进行检查，应与工程设计相符。

（3）测量各种接续管、耐张线夹和引流线夹的内外直径时，应使用精度不低于 0.02mm 的游标卡尺，测量长度时可采用钢尺。金具外观、尺寸、公差应符合 GB/T 2314—2008《电力金具通用技术条件》的要求。

（4）在使用液压设备之前，应检查其完好程度，油压表必须处于有效检定期内；应检查压模的使用状况和压模的尺寸。

3. 连接金具检查

（1）接续管和耐张线夹安装前应按厂家图纸核查所有配套零件，避免错用、混用；尺寸及公差应满足图纸和相关标准要求。

（2）规格应符合设计要求，零件配套应齐全；导线与金具的规格和间隙必须匹配，并符合产品技术文件要求。

（3）金具表面应光洁，无裂纹、伤痕、砂眼、锈蚀、毛刺和凹凸不平等缺陷，锌层不应剥落。

（4）接续管主要包括外压铝管、内衬管、楔形夹座、楔形夹、连接器、连接器内管等部件，如图 5-6 所示。

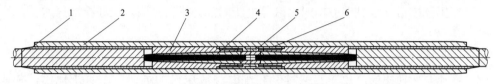

图 5-6　接续管结构示意图

1—内衬管；2—外压铝管；3—楔形夹座；4—楔形夹；5—连接器；6—连接器内管

（5）耐张线夹主要包括连接钢锚、外压铝管、楔形夹座、楔形夹、内衬管等部件，如图 5-7 所示。

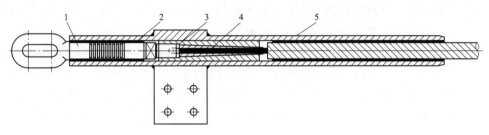

图 5-7　耐张线夹结构示意图

1—连接钢锚；2—外压铝管；3—楔形夹座；4 楔形夹；5—内衬管

（6）导线架线前应做试压接试验，且试件不少于 3 组。压接前应对工艺性进行评定，工艺性评定内容包括：导线外观无明显的松股、背股及压接管弯曲现象。握力试验应加载至试件破坏，握力值不小于计算拉断力的 95％。如果发现有一根试件的握力值未达到要求，应查明原因，改进后对两倍数量的试件进行试验。

4. 端部处理

（1）导线切割时应与轴线垂直，切口应整齐。切断铝股时不应伤及芯棒。

（2）碳纤维复合芯棒应采用锯断方式，并保证锯断后芯棒未开裂、起皮，不应采用剪、压方式。

5. 清洗

（1）接续管、耐张线夹和引流线夹在使用前应清洗管内壁的油垢，并清除影响穿管的切屑等。清洗后短期内不使用时，应将管口临时封堵，并以包装物加以封装。

（2）对去除铝线后裸露的芯棒部分应清除残留的油垢，清除后应进行检查，确认不存在任何残留物后方可进行下一步的穿管工序。穿管前应清除导线外表面的油垢，先穿管一侧的绞线表层的清除长度不应短于铝管套入长度，直线搭接的另一侧的清除长度不应短于压接长度的 1.2 倍。

6. 楔形夹连接

(1) 连接之前，应对照图纸检查零件是否齐全，尺寸是否一致。

(2) 连接过程中，应保持各零件的清洁，避免因污垢导致安装不到位。

7. 涂导电脂

(1) 在即将施压部位的导线表面涂导电脂，涂抹长度不小于 1.2 倍压接长度。

(2) 用钢丝刷沿导线轴线方向对已涂导电脂的部分进行擦刷，保证涂抹均匀。

8. 压接要求

(1) 应将连接金具的外压铝管及内衬管安装到位，并对外压铝管采取易脱模措施。

(2) 液压时所使用的压模应与接续管相配套。液压机的缸体应垂直于地面，并放置平稳。

(3) 液压管放入下压模时，位置应正确。检查定位印记是否处于指定位置，双手把住管、线后合上模。此时应使导线与压接管保持水平状态，并与液压机轴心相一致，以避免管受压后产生弯曲，然后开动液压机。

(4) 液压机的操作应使每模合模，且多模压接应连续完成。

(5) 施压时相邻两模重叠不应小于 10mm。

(6) 各种压接管在第一模压好后应检查压后对边距的尺寸，符合规定后再继续液压操作。

(7) 当压接管压完后有飞边时，应将飞边锉掉。对于铝管，应锉为圆弧状，同时用 0号砂纸将锉过处磨光。管子压完后对边距尺寸超过规定值时，应将飞边锉掉后重新施压。

9. 压接后质量检查

(1) 将钢锚旋入楔形夹座的深度应符合产品技术文件规定，钢锚环的方向应符合设计要求。

(2) 压接管压接后，其弯曲度不宜大于压接管全长的 1%。

(3) 压接后不应使压接管口附近导线有隆起和松股现象，压接管表面应光滑、无裂纹。

(4) 铝管压后对边距最大允许值为 $0.86D + 0.2$mm、最小允许值为 $0.86D - 0.2$mm（D 为压接管标称外径），三个对边距只允许有一个达到最大值或最小值。

(5) 当铝管任何一个压后对边距超差时应更换压模。更换压模后，对正误差超差的压接管再次压接至合格，对负误差超差的压接管割掉后重新压接至合格。

(6) 各液压管施压后应认真检查压接尺寸并记录，液压操作人员自检合格并经监理人员验证后，双方在铝管的指定部位打上钢印。

10. 跳线线夹压接

(1) 安装跳线线夹前，应先清除跳线线夹内多余的导电脂。

(2) 在导线端头处量取等长印记点到线夹口的距离，划好印记。

(3) 用钢刷清除导线进入跳线线夹部分的铝股氧化膜。

(4) 将导线穿入跳线线夹内，线夹端口正好和导线上的印记重叠。

(5) 应使跳线线夹方向与原弯曲方向一致，在线夹端口印记处依次施压。

（六）紧线及平衡挂线

（1）弧垂观测档的选择按照 GB 50233—2014《110kV～750kV 架空送电线路施工及验收规范》执行。

（2）弛度观测中，应随时注意环境温度对导线弛度的影响；温度应在观测档内实测，并及时进行调整。

（3）以弛度观测作为标准，紧线应力达到标准后，保持紧线应力不变，在紧线段内的直线塔和耐张塔上同时划印，完成划印后进行线上作业。

（4）导线挂完后，按照产品特性要求注意观察弛度变化，确认无误后再安装附件。

（5）空中临锚专用卡线器与杆塔的距离：当空中安装耐张线夹时取耐张线夹 15m 以外；地面安装耐张线夹时取 3.0 倍挂点高，且前一基塔应过轮临锚。

（6）割断导线前，在专用卡线器后侧 0.5～1.0m 处，用棕绳将导线松绑在锚套上，防止松线时导线出现硬弯；割断后，使用棕绳将导线松下。耐张线夹压接后升空时，应用棕绳将锚环绑在钢丝绳上。

（七）附件安装

1. 一般要求

（1）导线上异物的拆除应按照 GB 50233—2014《110kV～750kV 架空送电线路施工及验收规范》执行。

（2）附件安装前允许对导线上未处理的局部轻微磨伤使用 0 号细砂纸打磨。

（3）在一个档距内，每根导线上只允许有一个接续管，不应超过两个补修管，同时应满足下列规定：

1）各管与耐张线夹出口间的距离应大于 18m。

2）接续管与悬垂线夹中心的距离应大于 8m。

3）补修管与悬垂线夹中心的距离应大于 5m。

4）间隔棒与接续管或补修管的距离应大于 0.5m。

2. 提线

（1）采用对导线具有保护措施的提线器。

（2）导线在单个提线吊钩上接触的包络角不应超过 25°，超过 25°时应采用前后两侧提线方法。提线与导线接触部分应加橡胶衬垫，以防损伤导线。

（3）提线吊钩性能应满足要求，大规格提线吊钩可代替小规格的使用。

3. 跳线串安装

跳线类型应符合设计要求，安装参考 GB 50233—2014《110kV～750kV 架空送电线路施工及验收规范》执行。

（八）验收

（1）放线后碳纤维复合芯导线不允许损伤，在容易损伤处应采取有效的防护措施。

（2）导线损伤处理应符合下列规定：

1）当导线表面出现轻微划痕、毛刺等时为导线轻微损伤，可采用 0 号细砂纸打磨处理。

2）外层若有多股损伤，损伤的股数不超过外层股数的 1/5，且单股损伤深度不超过单股直径的 1/4 时为导线中度损伤，可采用补修条补修。

3）当外层有断股且断股数量不超过 3 根时为导线重度损伤，可采用补修管补修，原则上不轻易开断。

（3）碳纤维复合芯导线补修工艺可按以下规定执行：

1）应确认碳纤维复合芯导线损伤处未伤及碳芯，然后对导线的损伤状态进行分析、计算及判断（一般导线损伤点长度不超过 10cm）。

2）应根据碳纤维复合芯导线的损伤程度和长度选择合适的补修管，补修管的尺寸、型号应与导线的尺寸、型号相配套。

3）补修管的中心应位于铝股损伤最严重处，其两端应超出损伤部位 20mm 以上。

4）损伤的铝股有缺损的，填充同材料的金属股线后，方可进行液压压接。

5）压接前应对补修管及导线进行清洗，并涂抹导电脂。

6）压接完毕后，补修管有飞边时应用锉刀将飞边锉掉，并用砂纸将锉处磨光。

二、直升机组塔施工

利用直升机进行输变电线路建设施工在国内外已有几十年的历史。在输电线路建设中，直升机主要用于施工条件特殊的施工现场，如利用直升机组塔、拆装吊运铁塔、吊运混凝土以及放线施工。这里仅介绍利用直升机进行组塔施工。

（一）直升机吊装铁塔的优缺点

（1）与汽车和索道运输相比，其主要优点：

1）运输速度快，并可将运输和吊装工序相结合，一次完成施工任务，大大加快施工进度。

2）准备工期短，如输电线路施工采用索道运输，架设一条索道一般要几个月（至少也要两个月），修路则更慢，而直升机只需辅助设施（如机场选择等），故准备时间短。

3）对地形的适应性强，运输距离可达 20～30km。

4）在森林地区施工，很少需要砍树伐木。因此，除具有明显的经济效益外，还具有社会环保效益，即有利于森林资源的保护。

（2）采用直升机吊装铁塔的不足：

1）对环境的噪声污染及尘土污染较大。

2）对于天气的要求要比用汽车和索道运输时高。

3）使用费用较高，而且其使用效率在很大程度上与飞行员的飞行技术、地勤人员的配合、管理部门的调度等有关。

（二）直升机组塔施工关键工艺

1. 吊塔锁具及附件的连接

利用直升机进行吊塔和组塔时，需用专门的吊装索具。吊塔索具及附件的连接方式如图 5-8 所示，其下半部分为分组吊装的塔身。索具中主吊索上端与安全钩（即保险专利钩）连接，为防止在吊装过程中因塔体旋转而对直升机产生扭矩，除上端装有旋转器外，其下端还装有电动解脱工作钩。

2. 利用直升机吊塔与组塔

利用直升机吊塔与组塔的施工作业，一般分为三个阶段：起吊阶段、飞行运输阶段和铁塔就位及组装阶段。

（1）起吊阶段。直升机由起降场（一般为 $30m^2$）飞到组塔料厂（最好与起降场一块）上空，且在起吊铁塔上方悬停；挂装铁塔，使铁塔慢慢直立（切忌拖拉铁塔），待吊装铁塔底部离地 3～4m 并趋于稳定后，再向前飞行。

（2）飞行运输阶段。飞行过程中保持均匀加速，飞行速度一般在 50～60km/h。吊挂（铁塔）飞行时，严禁穿云；飞经水面、城市上空时，吊塔至少应距障碍物 100m。在飞行运输铁塔就位过程中，因气流作用，铁塔会发生摆动。当铁塔摆动比较厉害时，飞行员不应急于操作，以免操作失误，待稳定后再进行。铁塔摆动的周期和频率，取决于主吊索的长度。

（3）铁塔就位及组装阶段。铁塔就位及组装是直升机起吊铁塔的关键工作环节。铁塔就位分为整体吊装就位和分解吊装后组装两种情况。

1）整体吊装铁塔时，直升机先将组装完的铁塔吊运到塔基就位上空悬停，再根据地面指挥，对准铁塔基础下降飞行高度。待铁塔安装人员扶住铁塔，使铁塔四个角的螺柱孔能准确套入地脚螺栓后，拧紧螺母，此时飞机便可脱下工作钩，完成该基铁塔的吊装就位作业。就位时，为了防止螺柱孔碰伤地脚螺栓螺纹，应做相应的防护措施，如在螺栓上加球面形小护帽。

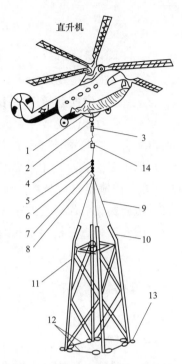

图 5-8　吊塔锁具及附件的连接方式
1—机身钢索；2—安全钩；3—旋转器；
4—主吊索；5—工作钩；6、8—U形环；
7—短绳套；9—吊点绳；10—内导轨；
11—打点处；12—限位绳；
13—挂辅助就位绳的耳板；14—旋转器

2）分解吊装组塔时，借助上下对接的专门装置内、外导轨，如图 5-9 所示，在地面施工人员的协助下，使上下塔段对接。对接就位过程中，指挥人员、施工人员必须紧密配合，迅速完成组装，以减少直升机处于大马力工作状态的时间。

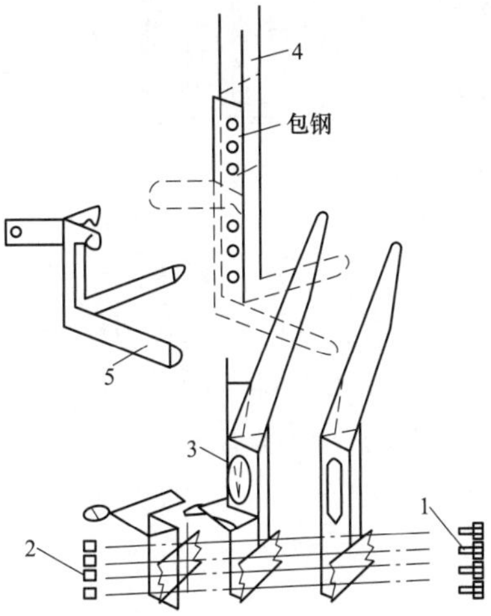

3. 直升机索具和主吊索长度

主吊索是指直升机至配重之间的吊绳。主吊索长度 L 的大小关系着直升机吊塔件就位难易及作业安全的问题。直升机吊挂时，吊物如同钟摆一样，在直升机下面产生摆动，其周期 T 为：

图 5-9　二合式内导轨装置图
1—螺栓；2—螺母；3、4—主材；5—限位板

$$T = 2\pi\sqrt{L/g} = 2\pi\sqrt{L/9.81} \qquad (5-1)$$

$$f = \frac{1}{T} = \frac{1}{2\pi\sqrt{L/9.81}} \qquad (5\text{-}2)$$

式中　L——主吊索长度（m）；

　　　T——主吊索摆动周期（s）；

　　　f——主吊索摆动频率（Hz）；

　　　g——重力加速度（m/s²）。

而事实上，主吊索长度 L 越长，则越有足够的时间来修正直升机的摆动，以保持正常飞行。根据施工经验，当主吊索长度 $L=30\text{m}$ 时，吊件的自动频率为 0.09Hz，摆动周期为 11s，这足以满足飞行员在操作上修正直升机飞行状态的要求。另外，由于气动力的作用，直升机旋翼在工作时会产生 $n\omega$ 阶次的激振力，它必然会导致直升机机体结构产生频率响应。因此，当直升机机型和塔体质量已定的情况下，钢索弹簧刚度的选用就显得十分重要。

三、弹射器跨越施工

（一）弹射器概述

1. 弹射器的结构组成

BQP250 型导引绳弹射器的结构如图 5-10 所示，主要由动力装置、容绳炮弹和发射装置三大部分组成。动力装置包括电动空气压缩机（或汽动空气压缩机）、输气管、发电机；容绳炮弹主要由弹头、弹筒和射绳组成；发射装置主要包括发射筒、快速阀门、瞄准装置及角度测量装置等部件。其中，容绳炮弹及发射筒是整个发射装置的主体，两者之间的配合是整个发射装置设计的难点和关键点。

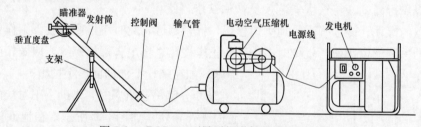

图 5-10　BQP250 型导引绳弹射器结构示意图

2. 弹射器的工作原理

弹射器工作时，由发电机带动空气压缩机制造和储备压缩空气，然后利用压缩空气瞬间释放产生的巨大冲击压力，将容绳炮弹从发射筒内射出。容绳炮弹飞行时，以一定的缠绕方式预装在炮弹内且末端固定在发射筒内的导引绳随炮弹的飞行逐步展开，沿炮弹弹道完成展放。从发射准备到完成导引绳的展放只需 10min 的时间，一次可以最多展放长250m、直径为 2mm 的迪尼玛导引绳。

（二）弹射器主要部件

1. 动力装置

在弹射器动力装置选型时，应对比试验多种动力形式，如弹簧动力、弹性绳索动力、化学制剂、液体燃料、气体燃料等形式。试验证明，空气压缩动力装置具有动力可靠、能量储备调整简单、操控性好、使用广泛、符合环保要求等优点，同时设备保养维护简便，购置及维护费用较低，是适合现场施工的理想动力装置。

2. 容绳炮弹

容绳炮弹是影响整个弹射器发射性能的关键部件。在外形设计上要求尽量降低空气阻力，在表面材料方面要求具有适应气密性和软着陆所需的良好弹性，同时还要求尽量增大炮弹质量以充分储备发射能量。在结构设计上还需要解决弹体和发射筒及导引绳尾端头连接的可靠性问题。容绳炮弹主要由弹头、弹筒、导引绳和密封塞四部分组成。图 5-11 所示为流线型容绳炮弹。

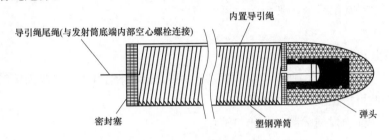

导引绳尾绳(与发射筒底端内部空心螺栓连接)　　内置导引绳

密封塞　　　塑钢弹筒　　弹头

图 5-11　流线型容绳炮弹示意图

流线型容绳炮弹的弹头外形经过风动试验选型采用流线型曲面，弹头选用 Q235 钢材制造，外表附着优质有机橡胶材料，具有空气阻力小、吸收压缩空气能量大、飞行性能稳定的特点。弹筒采用塑钢材料制成，强度高，可重复使用；弹筒内置破断拉力为 4.3kN 的长为 2mm 的迪尼玛绳。

导引绳采用内装填方式，与传统的外挂方式截然不同，使导引绳的展放效果有了质的飞跃，主要体现在以下几个方面：

（1）导引绳预装在弹筒内，无须现场准备，大大提高了现场工作效率。

（2）容绳炮弹携带导引绳以相同速度发射，消除了导引绳瞬间受力过载的情况，从根本上避免了断绳现象。

（3）在发射过程中，导引绳同样吸收了部分动能，增加了炮弹的总体存储能量，有利于增加发射射程。

（4）导引绳采用内装填方式，使已经展放出的导引绳的状态改变对炮弹飞行轨迹的影响较小，即使已展放的导引绳中间碰到其他物体也不会影响炮弹的飞行，提高了发射精度。

3. 发射装置

发射筒采用两段薄壁不锈钢材料钢管组装而成，总长 2m。筒身下端安装有专用快速阀门作为发射开关。筒身下端内部设置了空心螺栓及缓冲弹簧，空心螺栓用于锚固导引绳尾端，小型弹簧用于缓冲发射时对导引绳尾端的冲击。

弹头外径与发射筒内径的配合是发射筒研制过程中的技术难题，其配合程度关系到整套发射装置气密性与摩擦阻力的状况。过紧则摩擦力过大，能量损耗大；过松则空气泄漏量增大，能量利用率降低。可通过多次试验，确定效果较好的配合尺寸。

发射筒筒身安装了调节支架，可以根据需要调整发射角度和发射方向。中间靠上部位设置了垂直度盘，用以显示发射仰角。前段设有瞄准镜，用以确定发射方向。整套辅助装置联合工作，可实现发射角度的可调可控。

（三）弹射器发射过程理论计算

（1）炮弹出口速度计算中，气体状态方程为：

$$PV = \frac{m}{M}RT \tag{5-3}$$

式中　P——压缩空气压强；

　　　V——压缩空气体积；

　　　m——压缩空气质量；

　　　M——空气摩尔质量，常数；

　　　R——常数；

　　　T——空气温度。

发射时空气温度不变，则 $PV = P_1V_1$。P_1、V_1 分别为压缩空气膨胀到发射时的空气压强和体积，如此可求出发射筒的体积 V。

（2）炮弹在弹出发射筒瞬间的出口速度为：

$$v = \alpha t \tag{5-4}$$

式中　α——炮弹在发射筒内的综合加速度；

　　　t——炮弹在发射筒内的加速时间。

（3）射程 L 为：

$$L = vt\cos\theta \tag{5-5}$$

式中　v——炮弹在弹出发射筒瞬间的出口速度；

　　　θ——发射角度；

　　　t——炮弹飞行时间。

式（5-5）只计入了重力加速度对加速过程的影响，并未计入其他影响因素，如炮弹与发射筒之间的摩擦阻力、压缩空气损失、炮弹飞行中受空气阻力的影响等。这些影响因素需要通过试验确定的射程校正系数进行修正。

弹射器研制完成后，为测试在不同炮弹质量、不同导引绳长度、不同发射角度、不同空气压力下理论射程、高度与实际情况的关系，可连续进行多次发射实验，最终确定射程校正系数为 0.72。

（四）弹射器应用于跨越施工

勘察跨越施工现场，根据跨越距离、高程计算或从数据表中选择弹射器所需空气压力值及发射角度。

（1）发射装置准备。现场组装发射筒并与空气压缩机连接，安装支架及瞄准器，调整支架使发射筒到达预定计算好的仰角及方向。

（2）炮弹填装。按射程要求选择相应容绳长度的炮弹，将炮弹尾绳（即导引绳末端）与发射筒内预置锚绳连接；将炮弹弹头朝外，装入弹筒内。

（3）连通空气压缩机电源，充气至预定空气压力值。

（4）打开快速阀门，发射炮弹，铺设导引绳。

实践表明，弹射器安全可靠、操作简便、使用效果极佳，可广泛应用于各种电压等级的输电线路跨越施工，尤其是跨越带电线路、铁路、高等级公路等重要设施时，更具有不可比拟的优势。

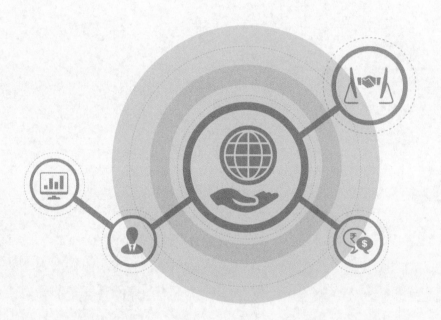

学习与思考

（1）说出碳纤维复合芯导线施工工艺。

（2）简介直升机组塔方法。

（3）简述弹射器跨越施工方法。

（4）简述钢抱杆组合式跨越架在跨越高电压等级线路中的应用。

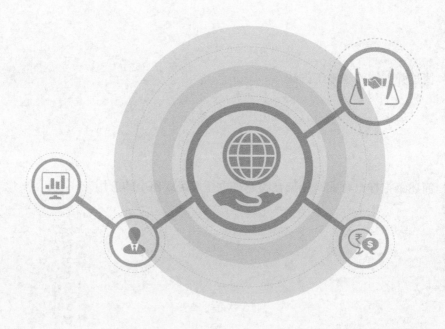

基本技能训练

【情境描述】

本情境包含三项任务，分别是：施工工器具的选择与使用、高处作业。本情境的核心知识点是：输电线路施工基本技能。关键技能项为输电线路施工基本技能训练。

【情境目标】

通过本情境学习，应该达到的知识目标：学会输电线路施工基本技能，掌握输电线路施工工器具的选择与使用、高处作业；应达到的能力目标：组织并实施输电线路基本技能训练；应达到的态度目标：牢固树立输电线路施工基本技能训练过程中的安全风险防范意识，严格按照标准化作业流程进行训练。

任务一　施工工器具的选择与使用

任务描述

选择何种工器具主要是由其承受的荷重性质和大小决定的。在选择或验算其强度时，应将静力学计算受力乘以动荷系数和冲击系数，以此作为该工器具所承受的综合计算荷重。

本学习任务主要是完成施工工器具的选择与使用方案的编制，并实施施工工器具的选择与使用任务。

任务目标

了解输电线路工程常用施工工器具的名称、类别，学会常用施工工器具的选用与使用方法，明确常用施工工器具选择的原则，明确施工前的准备工作、施工危险点及安全防范措施，并依据相关线路施工计算，正确选择常用施工工器具的类别、型号。

任务准备

一、知识准备

输电线路施工常用的工器具有绳索（索具）、滑车、抱杆、机动绞磨、锚固工具、其他起重工具等。

（一）绳索

输电线路施工中常用的绳索有麻绳（或棕绳）和钢丝绳。麻绳及棕绳主要用于临时拉线、捆绑构件、辅助性的起吊作业及一些手动起重工作。钢丝绳作为主要受力绳索，用于起重和作为临时及永久性拉线等。

1. 麻绳

麻绳按以下方法选用：

（1）按其允许拉力选用。麻绳的允许拉力按式（6-1）进行计算：

$$T = \frac{T_B}{KK_1K_2} = \frac{T_B}{T_\Sigma} \tag{6-1}$$

式中　T——麻绳的允许拉力（N）；

　　　T_B——麻绳的破断拉力（N）；

　　　K_Σ——麻绳的综合安全系数，是安全系数 K 和动荷系数 K_1 及冲击系数 K_2 的连乘值，可按表 6-1 选用。

表 6-1　　　　　　　　　　　　麻绳的安全系数

序号	工作性质及条件	K	K_1	K_2	K_Σ
1	通过滑车组整体组塔或紧导、地线时的牵引绳	5.5	1.1	1	6
2	起立杆塔时的吊点固定绳	6.0	1.2	1.0~1.2	7.2/8.6
3	起立杆塔时的根部制动绳	5.5	1.2	1.0~1.2	6.6/7.9
4	起立杆塔时的临时拉线	4.0	1.2	1.1	5.3
5	其他起吊、牵引用的牵引绳及吊点固定绳	5.5	1.2	1.0	6.6

（2）按最小允许卷筒直径选用。起重麻绳除了应满足安全系数的要求外，还必须满足最小卷筒直径的要求：

$$D \geqslant ed \tag{6-2}$$

式中　D——滑车或卷筒直径（mm）；

　　　e——麻绳的标称直径（mm）；

　　　d——滑车或卷筒直径与麻绳的标称直径的允许最小比值，一般取 10。

2. 钢丝绳

钢丝绳是由单根钢丝拧成股，再由股拧成绳，绳芯用浸油的剑麻或棉丝制成，以增加钢丝绳的绕性和弹性。在输电线路施工中常用双重绕捻钢丝绳，其可分为顺绕、交绕、混绕三种。整体组塔宜用交绕、多层股钢丝绳，钢丝绳应镀锌或浸油防腐蚀。

钢丝绳按以下方法选用：

（1）按强度要求选用。钢丝绳绕过滑轮或卷筒时要承受拉力，受拉伸、弯曲、挤压、扭转等多种应力，其中主要承受的是拉伸应力和弯曲应力。通常情况下，只计算拉伸应力，因弯曲引起的弯曲应力以及反复弯曲引起的耐久性问题，用适当提高滑轮或卷筒槽底直径对钢丝绳直径的比值以及加大安全系数来进行适当的控制和补偿。

钢丝绳的允许拉力按式（6-3）进行计算：

$$T = \frac{T_B}{K K_1 K_2} = \frac{T_B}{T_\Sigma} \qquad (6\text{-}3)$$

式中　T——钢丝绳的允许拉力（N）；

　　　T_B——钢丝绳的破断拉力（N）；

　　　K_Σ——钢丝绳综合安全系数，是安全系数 K 和动荷系数 K_1 及冲击系数 K_2 的连乘值，可按表 6-2 选用。

（2）按耐久性要求选用。钢丝绳通过的滑轮槽底直径不宜小于钢丝绳直径的 14 倍；人力或机动绞磨的磨芯直径不宜小于钢丝绳直径的 10～11 倍。

表 6-2　　　　　　　　　　　　　　钢丝绳的安全系数

序号	工作性质	工作条件		K	K_1	K_2	K_Σ
1	通过滑车组整体组塔或紧导、地线时的牵引绳，其他起吊、牵引用的牵引绳	通过滑车组用人力绞磨		4.0	1.1	1.0	4.5
		直接用人力绞磨		4.0	1.2	1.0	5.0
		通过滑车组用机动绞磨、电动绞磨		4.5	1.2	1.0	5.5
		直接用机动绞磨、电动绞磨、拖拉机、汽车		4.5	1.3	1.0	6.0
2	起立杆塔时的吊点固定绳	单杆		4.5	1.2	1.0	5.5
		双杆				1.2	6.5
3	起立杆塔时的根部制动绳	通过滑车组用制动器制动	单杆	4.0	1.2	1.0	4.8
			双杆			1.2	5.5
		直接用制动绳制动	单杆	4.0	1.2	1.0	5.0
			双杆			1.2	6.0
4	临时固定拉线	用手扳葫芦或人力绞车		3.0	1.0	1.0	3.0

（二）滑车

滑车也称滑轮，牵引绳索通过它时产生旋转运动。滑车可分为定滑车和动滑车两类。定滑车可以改变作用力的方向，作导向滑轮；动滑车可以平衡滑车两侧钢绳受力，作平衡滑车。一定数量的定滑车和动滑车组成滑车组，既可按工作需要改变作用力的方向，又可组成省力滑车组。滑车的类型如图 6-1 所示。

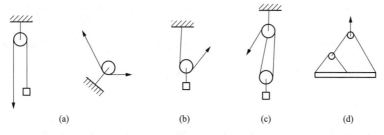

图 6-1　滑车的类型示意图

（a）定滑车；（b）动滑车；（c）滑车组；（d）平衡滑车

1. 滑车的效率

滑车虽然润滑很好，但是由于存在轴承摩擦阻力与绳索刚性阻力，因此起重过程中所做的功小于牵引力所做的功，效率小于 100%。根据单个滑车的效率，可求出钢绳牵引端的力。

(1) 定滑车的效率。被牵引荷重所行进的距离和牵引绳索所行进距离相等，故定滑车的效率为：

$$\eta = \frac{Q}{T} = \frac{1}{\varepsilon_\alpha} \tag{6-4}$$

式中　η——定滑车的效率；

　　　Q——被牵引荷重（kN）；

　　　T——牵引力（kN）；

　　　ε_α——滑车阻力系数。

(2) 动滑车的效率。被牵引荷重所行进的距离为牵引绳索所行进距离的一半，故动滑车的效率为：

$$\eta = \frac{Q}{2T} = \frac{1 + \varepsilon_\alpha}{2\varepsilon_\alpha} \tag{6-5}$$

(3) 牵引绳从定滑车引出的滑车组效率。这种情况下所需的牵引力 F 为：

$$F = \frac{Q}{n\eta_\Sigma} = \frac{Q\varepsilon_\Sigma}{n} = Q\frac{\varepsilon^n(\varepsilon - 1)}{\varepsilon^n - 1} = Q\frac{1 - \eta}{\eta(1 - \eta^n)} \tag{6-6}$$

式中　F——牵引力（kN）；

　　　n——滑车组的滑轮数；

　　　η_Σ——滑车组的综合效率；

　　　ε_Σ——滑车组的综合阻力系数。

当牵引绳从滑车组的定滑车引出后，又通过转向滑车时，这种情况下所需要的牵引力 F' 为：

$$F' = \frac{(1 - \eta)\varepsilon_\alpha}{\eta(1 - \eta^n)}Q \tag{6-7}$$

(4) 牵引绳从动滑车引出的滑车组效率。这种情况下所需的牵引力 F 为：

$$F = \frac{Q}{(n + 1)\eta_\Sigma} = \frac{Q\varepsilon_\Sigma}{n + 1} = Q\frac{\varepsilon^n(\varepsilon - 1)}{\varepsilon^{n+1} - 1} = Q\frac{1 - \eta}{1 - \eta^{n+1}} \tag{6-8}$$

当牵引绳从滑车组的动滑车引出后，又通过转向滑车时，所需要的牵引力 F' 为：

$$F' = \frac{(1 - \eta)\varepsilon_\alpha}{1 - \eta^{n+1}}Q \tag{6-9}$$

2. 滑车的选用

选择滑车时先根据起吊质量和需要的滑车数，按表 6-3 查得滑车滑轮槽底的直径和配合使用的钢丝绳直径，然后核查选用的钢丝绳是否符合规定。

表 6-3　　　　　　　　　　　　　　　滑车系列表

轮槽底直径(mm)	起吊质量(t)														使用钢丝绳直径(mm)	
	0.5	1	2	3	5	8	10	16	20	32	50	80	100	140	适用	最大
	滑轮数															
70	1														5.7	7.7
85		1	2												7.7	11
115			1	2	3										11	14
135				1	2	3	4								12.5	15.5
165					1	2	3	4	5						15.5	18.5
185							2	3	4	6					17	20
210						1			3	5					20	23.5
245								1	2	4	6				23.5	25
280									2	3	5	7			26.5	28
320								1			4	6	8		30.5	32.5
360									1	2	3	5	6	8	32.5	35

（三）抱杆

抱杆是输电线路施工的主要工器具，广泛应用于杆塔组立，也用于装卸材料设备。

1. 抱杆种类

抱杆有圆木抱杆、钢管抱杆、铝合金管抱杆、铝合金抱杆和角钢抱杆等类型，如图 6-2～图 6-4 所示。

图 6-2　铝合金管抱杆

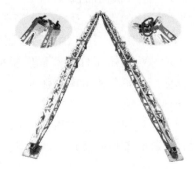

图 6-3　格构式铝合金人字抱杆

2. 抱杆端部支承方式

抱杆端部支承方式对其纵向受压稳定性影响很大。理想的抱杆端部支承方式有铰支端、嵌固端、自由端三种。铰支端有转动而无横向移动；嵌固端不允许杆端截面有转动与移动；自由端允许截面自由转动与横向移动而无约束。

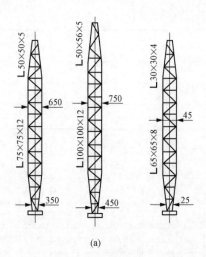
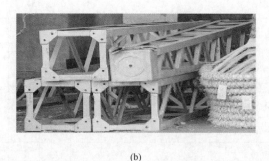

(a)　　　　　　　　　　　　　　　　　(b)

图 6-4　角钢抱杆（单位：mm）

（a）外形和尺寸；（b）实物形状

3. 抱杆强度计算

抱杆是细长的柱体，起重过程中四周都有拉线，在垂直方向上受力保持平衡。抱杆本身可以认为没有弯曲力，顺抱杆方向受力垂直下压。

细长比 λ 是压杆的折算长度 μ_1 和压杆截面惯性半径（或称回转半径）r 之比，即：

$$\lambda = \frac{\mu_1}{r} \tag{6-10}$$

$$r = \sqrt{\frac{J}{F}} \tag{6-11}$$

式中　J——压杆截面的惯性矩（cm^4）；

　　　F——压杆截面面积（cm^2）。

根据细长比的大小，木材 $\lambda \leqslant 75$、钢材 $60 < \lambda \leqslant 100$，称中柔度等截面压杆；木材 $\lambda > 75$、钢材 $\lambda > 100$，称大柔度等截面抱杆。

小柔度等截面短压杆，其强度根据材料强度与许用应力决定；中、大柔度等截面抱杆，选择使用时不仅要考虑其强度，还要考虑其会不会因受力而弯曲，即要有足够的稳定性，才能保持正常工作。

许用应力比简单受压许用应力 $[\sigma]_y$ 要小，其称为稳定许用应力，即 $[\sigma]_w = \varphi [\sigma]_y$。

选择抱杆断面形式及尺寸的计算式为：

$$\varphi F \geqslant \frac{(p + G) \times 0.0098}{[\sigma]_y} \tag{6-12}$$

对于抱杆的强度，当中心受压时：

$$[p] \leqslant \varphi F [\sigma]_y - G \times 0.0098 \tag{6-13}$$

偏心受压时：

$$[p] = \frac{\varphi [\sigma]_y F - G \times 0.0098}{1 + \frac{e}{W} \varphi F} \tag{6-14}$$

式中　p——加于抱杆轴中心的计算荷重（N）；

$[p]$——抱杆允许的轴心压力（kN）；

G——抱杆危险断面以上的抱杆自重（kN）；

F——抱杆危险断面面积（cm²）；

$[\sigma]_y$——允许应力（kN/cm²）；

e——偏心距（cm）；

W——抱杆中部断面的断面系数（cm³）；

φ——折减系数。

4. 抱杆使用须知

抱杆使用时有出厂合格证，并符合行业有关法律、法规及强制性标准和技术规程的要求。抱杆每年需做一次荷重试验，加荷重为允许荷重的 200%，持续 10min。抱杆使用前应检查外观，使用、搬运中严禁抛掷和碰撞，不能超负荷使用。

（四）机动绞磨

1. 机动绞磨种类

（1）按能否自行行进，分为台架卧式机动绞磨和拖拉机式机动绞磨两种。台架卧式机动绞磨需要人力或机动车搬运；拖拉机式机动绞磨可将绞磨装在手扶拖拉机上，无须人力搬运。

（2）按发动机形式，分为汽油机绞磨和柴油机绞磨两种。

（3）按额定牵引力，分为 10、15、20、30、50kN 绞磨五种。

2. 机动绞磨结构特征

机动绞磨由发动机、离合器、变速箱、磨芯等部分组成，如图 6-5 所示。机动绞磨具有体积小、质量轻、牵引力大、操作简单等优点。机动绞磨是一种在无电源的情况下，适应野外施工需要的牵引或起重机械设备。

图 6-5　机动绞磨

3. 机动绞磨操作方法

（1）装设钢丝绳。

（2）发动机启动前应先脱开离合器并挂空挡，参照发动机使用说明书启动发动机。

（3）合上离合器，动作要快，否则容易磨损，脱开时不易过猛。

（4）变速箱换挡前应先脱开离合器。

（5）工作前应进行 10min 空载运行，检查离合器、换挡手柄是否灵活、准确、可靠，各部分是否有异常现象。

4. 机动绞磨使用与维护

（1）发动机的使用、维护，按说明书进行。

（2）绞磨的固定，通过卷筒两侧的轴承支座锚固。

（3）每次使用机器前，应检查机身有无杂物，周围有无影响机器正常运转的障碍，同时应检查各传动机构，一切正常后，方可使用。机器每次使用完毕后，应及时清除机器上的灰尘、油污等脏物，所有清洁工作应在机器停止运转后进行。

（4）绞磨变速箱的箱体多采用 ZL 104 铸铝合金。

（5）新机器使用半年后应由专人进行一次检查。

5. 机动绞磨使用注意事项

（1）绞磨应放置平稳，锚固可靠，受力前方一定范围内不得有人。

（2）拉磨尾绳人员不应少于 2 人。

（3）绞磨受力状态下，不得采用松磨尾绳的方法卸荷，以防其突然滑跑。

（4）牵引磨尾绳应从卷筒下方引出，缠绕不得少于 5 圈，且应排列整体，严禁互相叠压。

（5）拖拉机绞磨的两轮胎应在同一水平面上，前后支架应均匀受力。

（6）绞磨卷筒应与绞磨绳垂直，转向滑车应对正卷筒中心。

（五）锚固工具

锚固工具用于固定绞磨、转向滑车、临时拉线、制动杆根等。常用的锚固工具有地锚、桩锚、钻式地锚、船锚与锚链。

1. 地锚

地锚分为圆木深埋地锚和钢板地锚。圆木深埋地锚采用短圆木作锚体，以钢绞线或钢丝绳卷绕绑扎于圆木中部而成，如图 6-6 所示。钢板地锚用厚 3~5mm 的钢板弯成槽形作挡板，将 U 形环焊在中部立筋板的框架上，再在框架两端各焊接三条筋板而成。埋设钢板地锚时，外力作用线一定要垂直于钢板平面，否则将使地锚挡板有效工作面积减少，从而大大降低地锚允许拉力。

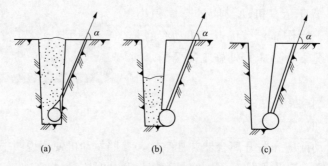

图 6-6　圆木深埋地锚

（a）普通埋土地锚；（b）半嵌入式局部埋土地锚；（c）全嵌入式不埋土地锚

2. 桩锚

桩锚是以角钢、圆钢、钢管或圆木以垂直或斜向（向受力方向倾斜）打入土中，依靠土壤对桩体起嵌固和稳定作用，承受一定拉力。埋设桩锚时，为增加承载力，可采用单桩加埋横木或用多根桩加单根横木的方式，如图 6-7 所示。

3. 钻式地锚

钻式地锚适用于软土地带锚固工具，其端部焊有螺旋形钢板叶片，旋转钻杆时叶片进

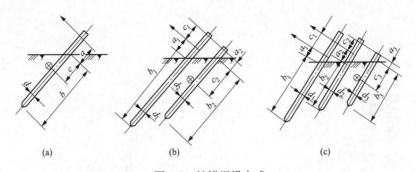

图 6-7　桩锚埋设方式

（a）单桩加横木；（b）双联桩加单横木；（c）三联桩加单横木

入土壤一定深度，靠叶片以上倒锥体土块重力承受荷载，如图 6-8 所示。常用的钻式地锚有最大拉力为 10kN 和 30kN 两种。前者最大钻入深度 1m，叶片直径 250mm；后者最大钻入深度 1.5m，叶片直径 300mm。

　　4. 船锚与锚链

　　船锚有海军锚和霍尔锚两种。海军锚锚干上部有一横杆，与锚臂垂直，投入河底受锚链拉力时，横杆使一个锚爪回转向下插入泥土，抓力为自重力的 12～15 倍，适用于小船；霍尔锚锚爪可活动、无横杆，抓力仅为自重力的 2～4 倍，但抛锚和起锚方便，适用于大型船舶。

（六）其他起重工具

　　1. 起重葫芦

　　起重葫芦是有制动装置的手动省力起重工具，包括手拉葫芦、手摇葫芦及手扳葫芦，如图 6-9 所示。手拉葫芦又称倒链，用手拉链条进行操作；手摇葫芦靠摇动带有换向爪的棘轮手柄进行操作；手扳葫芦利用两对自锁的夹钳交替夹紧钢丝绳，使钢丝绳做直线运动进行操作。

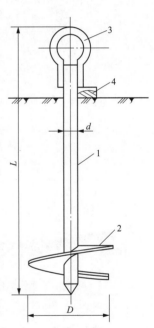

图 6-8　钻式地锚

1—钻杆；2—钻叶；
3—拉线孔；4—垫木

　　2. 双钩紧线器

　　双钩紧线器是输电线路施工收紧或放松的工具，如图 6-10 所示。

　　3. 卡线器

　　卡线器是将钢丝绳和导线连接的工具，具有越拉越紧的特点，如图 6-11 所示。使用时将导线或钢绞线置于钳口内，钢丝绳系于后部 U 形环，受拉力后，由于杠杆作用而卡紧。

二、工器具及材料准备

　　工器具必须具有出厂合格证，应定期维护、保养和进行荷载试验。工器具使用前，应先检查其外观，然后检查其类别及型号。

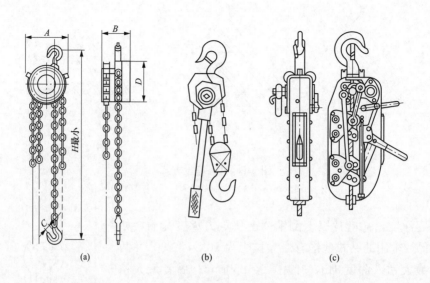

图 6-9　起重葫芦

（a）手拉葫芦；（b）手摇葫芦；（c）手扳葫芦

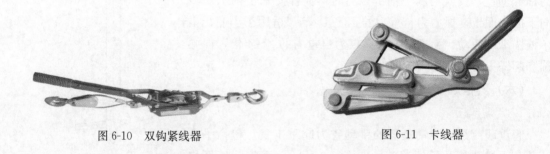

图 6-10　双钩紧线器　　　　　　　　　　图 6-11　卡线器

三、工作危险点分析及防范措施

（一）危险点一：高处坠落伤人

（1）安全带和保护绳应分挂在杆塔不同部位的牢固构件上，不得低挂高用。

（2）高处作业时应使用安全带，杆塔上转移作业位置时，不得失去安全带的保护。

（3）塔上作业人员移动位置时，必须站在连接、紧固好的塔材构件上。

（二）危险点二：高处坠物伤人

（1）严禁工具、塔材、螺栓等塔上坠落。

（2）所使用的工器具、材料等应放在工具袋内，工器具的传递应用绳索。

📽 任务实施

（1）本任务标准化作业指导书的编写。指导学生（学员）完成施工工器具选择与使用作业指导书的编写。

（2）工器具及材料准备。根据施工工器具选择与使用作业指导书，准备需用的工器具清单。

（3）办理施工相关手续。工作负责人按规定办理施工工器具选择与使用作业手续，得到批复后方可进行工作。

（4）召开班前会。

（5）布置工作任务。

（6）作业前的准备。施工工器具使用前，应先检查其外观，然后检查其类别及型号。作业人员应根据作业性质选择施工工器具，且应检查完好。

（7）施工工器具选择与使用。

（8）作业完成后，专责监护人填写工作任务单执行情况。

（9）工作结束。清点工器具，清理工作现场。

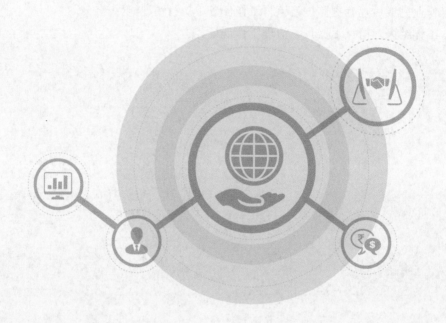

任务评价

本任务评价见表 6-4。

表 6-4　　施工工器具选择与使用任务评价表（以内拉线抱杆分解组塔为例）

姓名			学号			
评分项目		评分内容及要求	评分标准	扣分	得分	备注
施工准备 （25分）	作业方案 （10分）	（1）方案正确。 （2）内容完整	（1）方案错误，扣10分。 （2）内容不完整，每处扣0.5分			
	准备工作 （5分）	（1）安全着装。 （2）场地勘察。 （3）工器具、材料检查	（1）未按照规定着装，每处扣1分。 （2）工器具选择错误，每次扣1分；未检查，扣1分。 （3）材料检查不充分，每处扣1分。 （4）场地不符合要求，每处扣1分			
	班前会 （施工技术交底） （5分）	（1）交代工作任务及任务分配。 （2）危险点分析。 （3）预控措施	（1）未交代工作任务，每次扣2分。 （2）未进行人员分工，每次扣1分。 （3）未交代危险点，扣3分；交代不全，酌情扣分。 （4）未交代预控措施，扣2分。 （5）其他不符合要求，酌情扣分			
	现场安全布置 （5分）	（1）安全围栏。 （2）标识牌	（1）未设置安全围栏，扣3分；设置不正确，扣1分。 （2）未摆放任何标识牌，扣2分；漏摆一处，扣1分；标识牌摆放不合理，每处扣1分。 （3）其他不符合要求，酌情扣分			
工器具的选择 （25分）	杆塔组立所需的主要工器具类别 （10分）	（1）作用。 （2）类别	（1）每缺少一种工器具，扣1分。 （2）作用不正确，扣1分			
	杆塔组立主要工器具的选择方法 （15分）	（1）绳索。 （2）滑车。 （3）抱杆。 （4）机动绞磨。 （5）地锚等	（1）每一种工器具选择方法不正确，扣2分。 （2）其他不符合要求，酌情扣分			

续表

评分项目		评分内容及要求	评分标准	扣分	得分	备注
工器具的使用 (35分)	工器具使用方法 (20分)	(1) 绳索。 (2) 滑车。 (3) 抱杆。 (4) 机动绞磨。 (5) 地锚等	(1) 每一种工器具使用方法不正确，扣3分。 (2) 其他不符合要求，酌情扣分			
	使用安全要求 (10分)	主要工器具使用安全要求	(1) 每缺少一种工器具安全注意事项，扣1分。 (2) 其他不符合要求，酌情扣分			
	整理现场 (5分)	整理现场	(1) 未整理现场，扣1分。 (2) 现场有遗漏，每处扣1分。 (3) 离开现场前未检查，扣1分			
基本素质 (5分)	安全文明 (5分)	(1) 标准化作业。 (2) 安全措施完备。 (3) 作业现场规范	(1) 未按标准化作业流程作业，扣1分。 (2) 安全措施不完备，扣1分。 (3) 作业现场不规范，扣1分			
	团结协作 (5分)	(1) 合理分工。 (2) 工作过程相互协作	(1) 分工不合理，扣1分。 (2) 工作过程不协作，扣1分			
	劳动纪律 (5分)	(1) 遵守工地管理制度。 (2) 遵守劳动纪律	(1) 不遵守工地管理制度，扣2分。 (2) 不遵守劳动纪律，扣2分			
合计	总分100分					
任务完成时间：		时　　　　　分				
	教师					

🧠 学习与思考

（1）麻绳、钢丝绳的用途是什么？其特点分别是什么？

（2）抱杆、绞磨、桩锚、紧线器的种类有哪些？其用途分别是什么？

（3）使用滑车时应注意的事项有哪些？

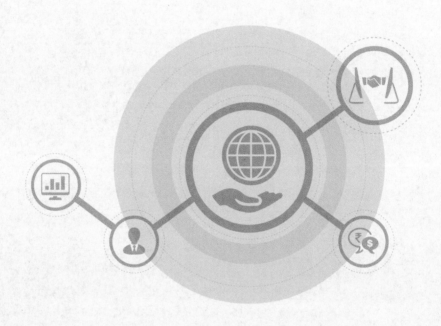

任务二 高 处 作 业

任务描述

高处作业是指人在一定基准的高处进行的作业。在架空输电线路施工作业中高处作业相当多。

本学习任务主要是完成高处作业方案的编制，并实施高处作业任务。

任务目标

了解高处作业的基本概念、高处作业分级、对高处作业人员的基本要求，明确高处作业的准备工作、作业内容，分析高处作业的危险点及安全防范措施，并对高处作业提出预控措施。

任务准备

一、知识准备

在架空电力线路施工、运行及检修工程作业中，因架空输电线路结构的原因，常需要攀爬到离地面一定高度位置来展开作业。在架空电力线路工程作业现场，借助脚扣、三角板（踩板）等登高工具或爬梯、脚钉等登高设施，工作人员攀爬到高处作业点展开的作业称为高处作业，也称登高作业。

（一）高处作业的基本概念

（1）高处作业定义。凡在坠落高度基准面 2m 以上（含 2m）、有可能坠落的高处进行的作业，均称为高处作业。高处作业分为一般高处作业和特殊高处作业两种。特殊高处作业包括强风高处作业、高温高处作业、雪天高处作业、夜间高处作业、带电高处作业、悬空高处作业和抢救高处作业。

（2）坠落高度基准面。可能坠落范围内最低处的水平面称为坠落高度基准面。

（3）可能坠落范围。以作业位置为中心、可能坠落范围半径为半径画成的与水平面垂直的柱形空间，称为可能坠落范围。

（4）基础高度。以作业位置为中心、6m 为半径，画出一个垂直于水平面的柱形空间，该柱形空间内最低处与作业位置间的高度差称为基础高度。

（5）可能坠落范围半径。为确定可能坠落范围而规定的、相对于作业位置的一段水平距离，称为可能坠落范围半径。其大小取决于与作业现场的地形、地势或建筑物分布等有关的基础高度。

（6）高处作业高度。作业区各作业位置至相应坠落高度基准面的垂直距离的最大值，称为该作业区的高处作业高度，简称作业高度。

（二）高处作业分级

（1）高处作业的级别和可能坠落范围半径：

1）一级高处作业。作业高度在 2～5m，可能坠落范围半径为 3m。

2）二级高处作业。作业高度在 5～15m，可能坠落范围半径为 4m。

3）三级高处作业。作业高度在 15～30m，可能坠落范围半径为 5m。

4）四级高处作业。作业高度在 30m 以上，可能坠落范围半径为 6m。

（2）直接引起坠落的客观危险因素：

1）阵风风力六级（风速 10.8m/s）以上。

2）GB/T 4200—2008《高温作业分级》规定的 3 级以上的高温条件。

3）气温低于 10°的室外环境。

4）场地有冰、雪、霜、水、油等易滑物。

5）自然光线不足，能见度差。

6）接近或接触危险电压带电体。

7）摆动、立足处不是平面或只有很小的平面，致使作业者无法维持正常姿势。

8）抢救突然发生的各种灾害事故。

（三）对高处作业人员的基本要求

1. 对高处作业人员的身体要求

经医师鉴定，无妨碍工作的病症，才能进行高处作业。患有高血压、心脏病、恐高症、严重贫血、癫痫病以及其他不宜从事高处作业的病症的人员，不得从事高处作业工作。高处作业人员应每年进行一次体检。

2. 对高处作业人员的知识技能要求

高处作业人员应具备必要的电气知识和业务技能，取得政府颁发的高处作业（登高架设作业）操作证。

3. 对高处作业人员的安全教育

（1）高处作业人员必须经过三级安全教育，并具备必要的安全生产知识，学会紧急救护法，特别要学会触电急救法。三级安全教育是指新入厂（企业）职员、工人的厂级安全教育、车间级安全教育和岗位（工段、班组）安全教育。

（2）高处作业人员必须系好安全带、穿软底鞋、戴安全帽，工作前严禁饮酒。

（3）高处作业所用的工具和材料应放在工具袋内或用绳索绑牢。上下传递物件时应用绳索拴牢传递，严禁上下抛掷。严禁携带器材攀登杆塔或在杆塔上移位。

（4）严禁利用绳索或拉线上下杆塔或顺杆下滑。

（5）在带电体附近进行高处作业时，与带电体的最小安全距离必须符合表 6-5 的规定。遇特殊情况达不到该要求时，必须采取可靠的安全技术措施，方可施工。

表 6-5		高处作业时与带电体的最小安全距离				
带电体的电压等级（kV）	≤10	35	63～110	220	330	500
工具、安装构件、导地线与带电体的距离（m）	2.0	3.5	4.0	5.0	6.0	7.0
作业人员的活动范围与带电体的距离（m）	1.7	2.0	2.5	4.0	5.0	6.0
整体组塔与带电体的距离（m）	应大于倒杆距离					

（四）高处作业现场安全措施

为了高处作业安全，要求现场的生产条件和安全设施等应符合有关标准、规范要求，工作人员的劳动防护用品应合格、齐备。现场使用的安全工器具应合格并符合有关要求。在高处作业现场，工作人员不得站在作业处的垂直下方，可能坠落范围内不得有无关人员通行或逗留。在行人道口或人口密集区从事高处作业时，工作点下方应设围栏或采取其他保护措施。杆塔上作业应在良好的天气下进行，在工作中遇见 6 级以上大风以及雷暴雨、冰雹、大雾等恶劣天气时，应停止工作。

二、工器具及材料准备

（1）杆塔准备。上杆作业前，应先检查杆塔的基础、杆塔身和拉线是否部件齐全且牢固。新组立的杆塔在杆塔基础未完全牢固或做好临时拉线前，严禁攀登。

（2）登高工具和设施准备。登杆塔前应先检查登高工具的设施，如脚扣、升降板、安全带、梯子和脚钉、防坠装置等是否完整、牢靠。

（3）安全带准备。高处作业时，安全带（绳）应挂在牢固的构件上或挂安全带专用的钢架或钢丝绳上，并不得低挂高用；禁止系挂在移动或不牢固的物件上，如避雷器、断路器（开关）、互感器等。系好安全带（绳）后应检查扣环是否扣牢。

三、工作危险点分析及防范措施

（一）危险点一：高处坠落伤人

（1）登杆塔前应戴好安全帽，检查杆跟、拉线、脚钉、爬梯是否完好、牢固。

（2）在距地面 0.5m 处对脚口进行冲击试验，检查脚口的强度。

（3）使用防坠器时，应检验其有效性。

（4）攀登杆塔时，手应攀抓主材，脚应踩稳脚钉。

（5）安全带和保护绳应分挂在杆塔不同部位的牢固构件上，不得低挂高用。

（6）高处作业时应使用安全带，杆塔上转移作业位置时，不得失去安全带的保护。

（7）塔上作业人员移动位置时，必须站在连接、紧固好的塔材构件上。

（8）加强施工过程中的监护。

（二）危险点二：高处坠物伤人

（1）严禁工具、塔材、螺栓等从塔上坠落。

（2）所使用的工器具、材料等应放在工具袋内，工器具的传递应用绳索。

🔭 **任务实施**

一、实施前工作

（1）本任务标准化作业指导书的编写。指导学生（学员）完成登杆塔作业指导书的编写。

（2）工器具及材料准备。根据登杆塔作业指导书，准备需用的工器具及材料清单。

（3）办理施工相关手续。工作负责人按规定办理登杆塔作业手续，得到批复后方可进行工作。

（4）召开班前会。

（5）布置工作任务。

二、实施工作

（一）作业前准备

（1）登杆塔前，应先检查杆塔根部、基础和拉线是否牢固。新立电杆在杆基未完全牢固或未做好临时拉线前，严禁攀登。遇有被冲刷、起土、上拔的电杆，或导地线、拉线松动的电杆，应先培土加固，打好临时拉线或支好杆架后，再行登杆。

（2）作业人员应根据杆塔形式选择攀登杆塔的工器具，且应检查完好。在杆塔高空作业时，应使用有后备绳的全方位双保险安全带。

（3）专责监护人与攀登杆塔作业人员共同核对线路名称、杆号，无误后登杆人员和专责监护人分别在工作任务单上签字，然后由专责监护人发给登杆人员登杆证，方可开始登杆作业。

（二）登杆塔作业

1. 登杆作业

（1）登杆人员解开安全带前带的一端并绕过电杆扣好，双手抓住前带，位置以与前胸平行为宜。

（2）用脚挑平脚扣，套入电杆踩实，两脚依次进行攀登，并防止两脚互相碰撞。步幅约为身高的 1/5~1/4。

（3）遇有叉梁、隔梁、横担时，应将胸部移到与叉梁、隔梁、横担相平的位置，双手倒换，把安全带前带移至叉梁、隔梁、横担的上方。在过叉梁、隔梁、横担时脚扣尽量与其碰撞。

（4）登杆过程中，应顺线路方向，上身与杆身保持平行，并约有 200~300mm 的间隙。登拔梢杆时应加大身体与电杆之间的距离，并保持对带电体的安全距离。

（5）到达作业点后，系好安全带和安全绳，不允许在松动的浮铁上踩、坐。在转位时，手扶的构件应牢固，且不得失去后备绳的保护。在同杆架设的多回路线路中，部分线路停电作业，登杆至横担处时，应再次核对停电线路的名称、杆号、色标，确认无误后方可进入停电线路侧横担。

2. 登铁塔作业

（1）登塔人员将安全带、安全绳盘好系在腰间或肩上，以不影响登塔作业安全为宜。

（2）登塔人员开始登塔，双手应握住主材或牢固的塔材，双脚依次登脚钉或塔材，并检查脚钉或塔材有无松动或缺失。

（3）到达作业点后，系好安全带和安全绳，不允许在松动的浮铁上踩、坐。在转位时，手扶的构件应牢固，且不得失去后备绳的保护。

3. 爬梯类杆塔

（1）登杆塔人员将安全带、安全绳盘好系在腰间或肩上，以不影响登杆塔作业安全为宜。

（2）上爬梯时脚踩登梯，双手抓牢梯边，双脚依次踩登并检查梯子的连接部位是否牢固。

（3）上蜈蚣梯时，双手宜抓紧主材，双脚依次踩登脚钉并检查梯子的连接部位是否良好。

三、实施后工作

（1）下杆塔。作业完成后，杆塔上作业人员下杆塔，将登杆证交还专责监护人，专责监护人填写工作任务单执行情况。

（2）工作结束。清点工器具，清理工作现场。

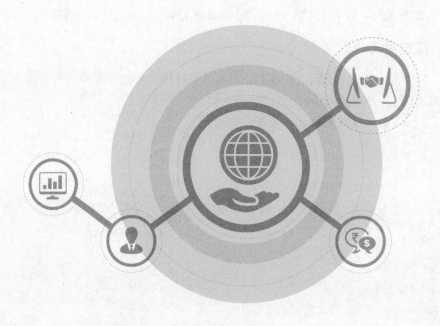

任务评价

本任务评价见表 6-6。

表 6-6　　　　　　　　　　　高处作业（登塔）任务评价表

姓名		学号				
评分项目		评分内容及要求	评分标准	扣分	得分	备注
施工准备 （30 分）	作业方案 （10 分）	(1) 方案正确。 (2) 内容完整	(1) 方案错误，扣 10 分。 (2) 内容不完整，每处扣 0.5 分			
	准备工作 （10 分）	(1) 安全着装。 (2) 场地勘察。 (3) 工器具检查。 (4) 铁塔名称、编号检查	(1) 未按照规定着装，每处扣 1 分。 (2) 工器具选择错误，每次扣 1 分；未检查，扣 1 分。 (3) 场地不符合要求，每处扣 1 分。 (4) 不检查铁塔名称、编号，扣 2 分			
	班前会 （施工技术交底） （5 分）	(1) 交代工作任务及任务分配。 (2) 危险点分析。 (3) 预控措施	(1) 未交代工作任务，每次扣 2 分。 (2) 未进行人员分工，每次扣 1 分。 (3) 未交代危险点，扣 3 分；交代不全，酌情扣分。 (4) 未交代预控措施，扣 2 分。 (5) 其他不符合要求，酌情扣分			
	场地布置 （5 分）	(1) 安全围栏。 (2) 标识牌	(1) 未设置安全围栏，扣 3 分；设置不正确，扣 1 分。 (2) 未摆放任何标识牌，扣 2 分；漏摆一处，扣 1 分；标识牌摆放不合理，每处扣 1 分。 (3) 其他不符合要求，酌情扣分			
任务完成 （55 分）	安全带、安全绳的冲击试验 （10 分）	(1) 安全带的冲击试验。 (2) 安全绳的冲击试验	(1) 未做安全带的冲击试验，扣 5 分。 (2) 未做安全绳的冲击试验，扣 5 分			
	向工作负责人报告准备工作 （5 分）	报告准备工作	未向工作负责人报告准备工作，扣 5 分			
	上塔时安全带、安全绳的系挂 （5 分）	(1) 安全带的系挂。 (2) 安全绳的系挂	(1) 安全带的系挂不符合规范，扣 2 分。 (2) 安全带的系挂方法不正确，扣 2 分			

续表

评分项目	评分内容及要求	评分标准	扣分	得分	备注
任务完成 (55分)	登塔 (10分) (1) 检查脚钉有无缺失、松动情况。 (2) 手扶主材,脚登脚钉	(1) 未检查脚钉有无缺失、松动情况,扣2分。 (2) 登塔动作不规范,扣2分。 (3) 其他不符合要求,酌情扣分			
	到达作业点后移位时的保护 (10分) 塔上作业时移位安全带、安全绳的保护	(1) 塔上移位时无安全保护,扣4分。 (2) 安全带、安全绳系挂不符合规范,扣3分。 (3) 其他不符合要求,酌情扣分			
	得到许可后下塔 (5分) (1) 得到工作负责人许可后下塔。 (2) 动作规范	(1) 未得到工作负责人许可就下塔,扣2分。 (2) 下塔动作不规范,扣2分。 (3) 其他不符合要求,酌情扣分			
	登塔作业完成后办理相关手续 (5分) 办理登塔作业完毕相关手续	(1) 未办理登塔作业完成相关手续,扣3分。 (2) 其他不符合要求,酌情扣分			
	整理现场 (5分) 整理现场	(1) 未整理现场,扣1分。 (2) 现场有遗漏,每处扣1分。 (3) 离开现场前未检查,扣1分			
基本素质 (15分)	安全文明 (5分) (1) 标准化作业。 (2) 安全措施完备。 (3) 作业现场规范	(1) 未按标准化作业流程作业,扣1分。 (2) 安全措施不完备,扣1分。 (3) 作业现场不规范,扣1分			
	团结协作 (5分) (1) 合理分工。 (2) 工作过程相互协作	(1) 分工不合理,扣1分。 (2) 工作过程不协作,扣1分			
	劳动纪律 (5分) (1) 遵守工地管理制度。 (2) 遵守劳动纪律	(1) 不遵守工地管理制度,扣2分。 (2) 不遵守劳动纪律,扣2分			
合计	总分100分				
任务完成时间:	时 分				
教师					

学习与思考

（1）什么叫高处作业？

（2）高处作业分为哪几级？不同等级的高处作业，其可能坠落范围是多少？

（3）高处作业人员必须具备哪些基本条件？

（4）高处作业的危险点及防范措施有哪些？

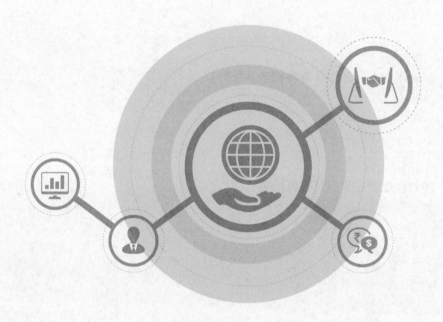

参 考 文 献

[1] 汤晓青. 输电线路施工 [M]. 北京：中国电力出版社，2008.

[2] 杨力. 架空输配电线路施工 [M]. 北京：中国水利水电出版社，2013.

[3] 倪良华，杨成顺. 输电线路施工与运行维护 [M]. 北京：中国电力出版社，2018.

[4] 甘凤林，李光辉. 高压架空输电线路施工 [M]. 北京：中国电力出版社，2008.

[5] 王清葵. 输电线路施工 [M]. 北京：中国电力出版社，2007.

[6] 戴仁发. 输配电线路施工 [M]. 2版. 北京：中国电力出版社，2011.

[7] 费春明，赵志勇. 输电线路施工运行与检修技能实训指导书 [M]. 北京：中国电力出版社，2010.

[8] 国家电网公司基建部. 国家电网公司输变电工程 施工工艺示范手册 送电工程分册 [M]. 北京：中国电力出版社，2006.